高 等 学 校 教 材

发电厂电气部分

（第三版）

河 海 大 学　王士政

华北水利水电学院　冯金光　合编

U0294032

中国水利水电出版社

www.waterpub.com.cn

内 容 提 要

本书主要讲述发电厂一次系统设计与运行方面的基本理论和基本计算方法,相应地介绍与一次系统运行密切相关的二次系统的控制与信号。主要内容有:主要电气设备的原理与特性、短路电流计算、导体和主要电气设备选择、电气主接线和厂用电接线、电气设备的防雷与接地、配电装置与电气设备总体布置以及发电厂的控制与信号等。书中内容取材以我国大中型发电厂目前常用的电气设备和现场布置为主,相应地介绍一些新技术、新设备和新方向。为配合教学,每章都附有思考题与习题。

本书为高等学校"热能与动力工程"专业的教材,亦可用于"电气工程及其自动化"等专业。

图书在版编目 (CIP) 数据

发电厂电气部分/王士政,冯金光编 . —3 版 . —北京:
中国水利水电出版社,2002 (2023.11 重印)
高等学校教材
ISBN 978 - 7 - 5084 - 1197 - 2

Ⅰ. 发… Ⅱ. ①王…②冯… Ⅲ. 发电厂-电气设备-高
等学校-教材 Ⅳ. TM621.7

中国版本图书馆 CIP 数据核字 (2002) 第 068947 号

书　　名	高等学校教材　**发电厂电气部分** (第三版)	
作　　者	河 海 大 学　王士政　　合编 华北水利水电学院　冯金光	
出版发行	中国水利水电出版社 (北京市海淀区玉渊潭南路 1 号 D 座　100038) 网址:www. waterpub. com. cn E - mail: sales@mwr. gov. cn 电话:(010) 68545888 (营销中心)	
经　　售	北京科水图书销售有限公司 电话:(010) 68545874、63202643 全国各地新华书店和相关出版物销售网点	
排　　版	中国水利水电出版社微机排版中心	
印　　刷	清淞永业 (天津) 印刷有限公司	
规　　格	184mm×260mm　16 开本　16.25 印张　385 千字	
版　　次	1981 年 7 月第 1 版　1987 年 6 月第 2 版 2002 年 11 月第 3 版　2023 年 11 月第 24 次印刷	
印　　数	62401—65400 册	
定　　价	**45.00 元**	

第 三 版 前 言

根据教育部审定的最新高等学校本科专业目录，原"水电站动力设备"专业已与"热能工程"专业合并为新的"热能与动力工程"专业。作为"水电站动力设备专业"教材使用多年的《水电站电气部分》（第二版）（河海大学季一峰主编），已不能适应新专业的教学需要。为此，根据普通高等学校水利水电类专业教材第四轮第一批选题和编审出版规划，重新组织力量编写第三版，作为"热能与动力工程"专业的教材，同时，也可用于"电气工程及其自动化"及其他涉电专业。

本书主要讲述发电厂一次系统设计与运行方面的基本理论和基本计算方法，相应地介绍与一次系统运行密切相关的二次系统的控制与信号。主要内容有：主要电气设备的原理与特性、短路电流计算、导体和主要电气设备选择、电气主接线和厂用电接线、电气设备的防雷与接地、配电装置与电气设备总体布置以及发电厂的控制与信号等。书中内容取材以我国大中型发电厂目前常用的电气设备和现场布置为主，相应地介绍一些新技术、新设备和新方向。在编写手法上，兼顾"水动"和"热动"两个培养方向的需要，在保持内容系统完整的同时，突出基本概念和基本原理，努力做到深入浅出，理论紧密联系实际，使读者感到实用、方便。

本书共九章，第一、二、三章由华北水利水电学院冯金光编写，第五、六章及附录部分由河海大学王士政编写，第七、八、九章由华北水利水电学院许强编写，第四章由华北水利水电学院张奎龙编写。全书主编工作前期由冯金光负责，后期工作由王士政负责，最后由王士政进行统稿定稿，由华中科技大学胡能正教授主审。

本书在编写大纲形成及整个编写过程中，得到了华北水利水电学院及河海大学有关教研室同行的热情支持和帮助，并提出了宝贵意见。在此一并致以诚挚的谢意。

为严格控制本书字数，突出重点，并尽量使书稿风格和体例一致，在统稿时对各章节进行了较多的压缩和修改，有的章节改动很大。有不妥与错误之处，恳请读者批评指正，以便再版更正。来信请寄：210098，南京市西康路1号，河海大学电气工程学院王士政收。

编 者
2002 年 5 月

第 一 版 前 言

本书是根据高等学校"水电站动力设备"专业《水电站电气部分》教材编写大纲编写的。书中用小号字排印的部分内容,是为了适应不同地区、不同学校"水电站动力设备"专业的特点,供教学中选择讲授。本书也可作为相近专业的教材或教学参考书。

本书取材以我国水电站(包括排灌站)目前采用的电气设备和现场情况为主,同时,也适当反映在这一学科范围内的新设备、新技术以及发展动向。

参加本书编写工作的有华东水利学院陈鸿喜(第一、二、六章)、李学坚(第五、十章)、包桂林(第五章)、季一峰(第三、四章)和武汉水利电力学院黄日明(第七、八章)、叶念国、王渺、冯军(以上三人合编第九章)等同志。由华东水利学院季一峰担任主编。

本书经1979年9月在南京召开的审稿会议审查,由西北农学院雷践仁同志担任主审,并曾分送有关院校和科研、设计、安装、运行等单位广泛征求意见。在此,谨向在本书编审过程中给予热诚指导和帮助的单位和同志,致以衷心感谢。

由于我们水平有限,教学经验不足,书中的错误和缺点一定很多,恳切希望使用本书的师生和读者给予批评指正。

编　者
1980 年 1 月

第 二 版 前 言

本书是原电力工业出版社 1981 年 7 月出版的《水电站电气部分》的第二版。

1983 年 3 月在武汉召开的高等学校水利水电类专业教材编审委员会电类教材编审小组扩大会议，修订了四年制水电站动力设备专业适用的《水电站电气设备》课程教学大纲。1983 年 9 月在西安召开的教材编写大纲讨论会上制定了水电站动力设备专业适用的《水电站电气部分》教材大纲，本书即按此大纲要求编写。

本书可作为"水电站动力设备""水利工程自动化"专业的教材，或相近专业（如机电排灌专业）的教材或教学参考书，也可供从事水电站、机电排灌站工作的有关人员参考。

本书取材以我国水电站（包括机电排灌站）目前采用的电气设备和现场情况为主，也适当反映在这一学科范围的一些发展动向。因受篇幅限制，本教材只能包括教学计划要求的最基本内容。各院校在采用本教材时，可根据各自专业的特点和要求，适当增删。

本书较第一版有较大的变动，章次作了某些调整；根据新出版的规程和手册，部分内容作了必要的修订；根据专业教学安排，除去了原教材第九章水电站的自动装置（已列入"水电站自动化"课程）；增添了水轮发电机和变压器的运行（列第十章）等。

本书由河海大学季一峰任主编，河海大学邵子刚同志协助主编完成了书稿的修编、整理工作。

参加本书修订的有河海大学陈鸿喜（第一、二、六章）、季一峰（第三、四、五、九章）和武汉水利电力学院黄日明（第七、八章）等同志。新编第十章由黄日明同志编写。

本书由陕西机械学院袁清阁同志主审。

原参加本书（第一版）编写的河海大学李学坚、包桂林和武汉水利电力学院叶念国、王渺、冯军等同志，担任主审的原西北农学院雷践仁同志，因其他工作需要，未参加本书修订工作。修订工作是在第一版本的基础上进行的，甚多内容取材于第一版本。理所当然，在本书修订再版的时候，应该向他们表示由衷的感谢。

在本教材（第一版）出版后，一些使用过本教材的院校和工程单位的同志，曾给予不少热情的批评、帮助和鼓励，在此，顺致谢意。更殷切地期望，使用修订本的师生和读者能继续给予批评指正。

编　者
1985 年 10 月

目　　录

第一章　电力系统概述

第一节　电力系统的构成

电能具有输送方便、控制灵活、转换容易、利用率高、清洁经济、便于自动化等诸多优点，是厂矿企业最主要的动力和社会生活不可缺少的能源。

电能从生产到供给用户使用，一般要经过发电、变电、输电、配电和用电几个环节（图1-1）。由发电机、输配电线路、变配电所以及各种用户用电设备连接起来所构成的整体，被称为电力系统。

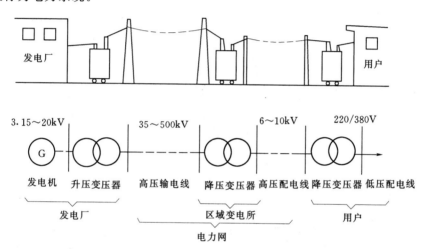

图1-1　从发电厂到用户的送电过程示意图（单线图）

电力系统再加上发电厂的动力部分（火电厂的锅炉、汽轮机、热力管网等；水电厂的水库、水轮机、压力管道等）又构成了动力系统。

图1-2为大型电力系统的系统图（单线图）。

在电力系统中，由各种不同电压等级的电力线路和变配电所构成的网络，称为电力网，简称电网。

图1-3为按地图比例绘制的某大区电力系统（主要部分）地理接线图。

一、各种发电厂简介

生产电能的工厂称为发电厂。按使用能源种类的不同，发电厂有许多种。

1. 火力发电厂

火力发电厂以煤或石油为燃料。发电厂的锅炉将水加热成高温高压蒸汽，驱动汽轮机带动发电机高速旋转发出电力。我国目前电力生产大部分是靠火力发电厂。

2. 热电厂

如果在发电的同时，将一部分做过功的蒸汽从汽轮机抽出用管道输给附近需要热蒸汽的工厂（如纺织厂等）使用，这样的火力发电厂称为热电厂。普通火力发电厂（也称凝汽

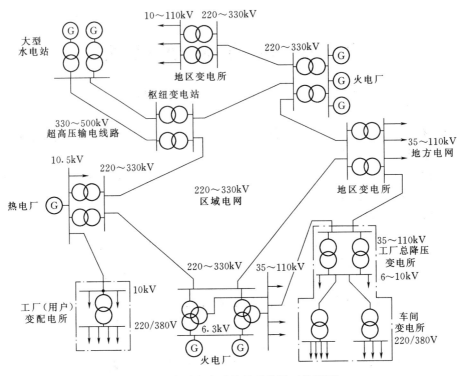

图 1-2 大型电力系统的系统图（单线图）

式火电厂）热能利用率仅为 40% 左右，而热电厂的热能利用率则可提高到 60%～70% 以上。这种热一电联产的综合效益可节约燃料 20%～25% 左右，因此应在具备条件的地方优先采用。

3. 燃气轮机发电厂

燃气轮机发电厂也属于火力发电厂的一种，但它不是以水蒸气作为推动汽轮发电机组的工质，而是燃料（油或天然气）燃烧所产生的高温气体直接冲动燃气轮机的转子旋转。燃气轮机发电厂建设工期短，开停机灵活方便，便于电网调度控制，宜于承担高峰负荷而作为电力系统中的调峰电厂。

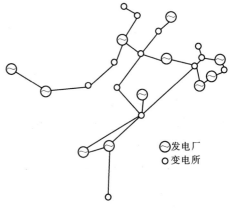

图 1-3 某大区电网（主要部分）地理接线图（单线图）

4. 核电厂

利用原子核裂变产生的高热将水加热为水蒸气驱动汽轮发电机发电的电厂称为核电厂（或原子能发电厂）。核电厂造价较高，但用于燃料的费用低，每年消耗的核燃料可能仅几吨，而相同容量的燃煤发电厂却要消耗煤几百万吨（1kg 铀 235 约折合 2860t 标准煤）。因此，核电厂特别适于建在工业发达而能源（煤、石油）缺乏的地区。

5. 水力发电厂

利用自然界江河水流的落差，通过筑坝等方法提高水位，使水的位能释放驱动水轮发电机组发电的电厂，称为水力发电厂。水电厂一般只能建在远离负荷中心的江河峡谷，其建设周期长，投资也较大。但它不需燃料，发电成本低（仅为火电厂的 1/4～1/3），能量转换效率高，又没有污染，开机停机都十分灵活方便，特别宜于担任系统的调频调峰及事故备用。因此，从环境保护和可持续发展角度，应大力开发水电。

6. 其他能源的发电厂

利用风力、地热、太阳能、潮汐和海洋能发电的发电厂也在研究和发展，一般容量都不大，多为试验性质。但新能源的利用是一项重要的战略性课题，在未来的社会发展中会起到重要的作用。

二、电力网

电力网是连接发电厂和用户的中间环节。一般分成输电网和配电网两部分。

输电网一般是由 220kV 及以上电压等级的输电线路和与之相连的变电所组成，是电力系统的主干部分。它的作用是将电能输送到距离较远的各地区配电网或直接送给大型工厂企业。目前，我国的几大电网已经初步建成了以 500kV 超高压输电线路为骨干的主网架。

配电网是由 110kV 及以下电压等级的配电线路（110kV 和 35kV 为高压配电，10kV 为中压配电，380/220V 为低压配电）和配电变压器组成，其作用是将电能分配到各类用户。

1. 电力网的接线方式

电力网的接线方式可分为无备用方式和有备用方式两大类。

（1）无备用方式。仅用一回电源线向用户供电属于无备用方式。其特点是电网结构简单，运行方便，投资较少，但供电可靠性较低。广泛使用的断路器自动重合闸装置和线路故障带电作业检修，对这种接线供电可靠性较低的缺点有所弥补。无备用接线适宜向一般用户供电。

（2）有备用方式。凡用户能从两回或两回以上线路得到供电的电网属于有备用方式。这种接线供电可靠性高，但运行控制较复杂，适用于对重要用户的供电。

图 1-4 为无备用接线方式，图 1-5为有备用接线方式。

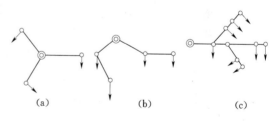

图 1-4　无备用接线

（a）放射式；（b）干线式；（c）树枝式

2. 变（配）电所的类型和作用

变（配）电所是连接电力系统的中心环节，是汇集电源、升降电压、分配电能的枢纽。变电所通常由主变压器、高低压配电装置、主控室及其他辅助设施组成。变电所各种类型及作用见表 1-1。

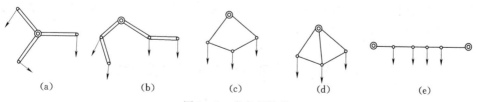

图 1-5　有备用接线

（a）双回路放射式；（b）双回路干线式；（c）单环式；（d）双环式；（e）两端供电式

类 型		作 用 和 特 点
按作用分	升压变电所	一般设于发电厂内或电厂附近，发电机电压经升压变压器升高后，由高压输电线路将电能送出，与电力系统相连
	降压变电所	一般位于负荷中心或网络中心，一方面连接电力系统各部分，同时将电压降低，供给地区负荷用电
	开关站（开闭所）	仅连接电力系统中的各部分，可以进行输电线路的断开或接入，而无变压器进行电压变换，一般是为了电力系统的稳定而设置的
按所处地位分	枢纽变电所	位于电力系统中汇集多个大电源和多条重要线路的枢纽点，在电力系统中具有极为重要的地位。高压侧多为 330～500kV，其高压侧各线路之间往往有巨大的交换功率
	地区变电所	是供电给一个地区的主要供电点。一般从 2～3 个输电线路受电，受电电压通常为 110～220kV，供给中、低压下一级变电所
	工厂企业变电所	专供某工厂企业用电的降压变电所，受电电压可以是 220kV、110kV 或 35kV 及 10kV，因工厂大小而异
	终端变电所	由 1～2 条线路受电，处于电网的终端的降压变电所，终端变电所的接线较简单

三、用户与用电负荷分级

工矿企业、交通运输、农牧饲养、国防、科研、商业、市政和人民生活，方方面面都离不开电能，都是电力系统的用户。

电力用户从电力系统中取用的用电功率，称为用户的用电负荷。

用电设备所消耗的功率分为有功功率和无功功率。因此，用户的用电负荷又分为有功负荷（以千瓦计）和无功负荷（以千乏计）。

按用户用电负荷的重要程度，一般将负荷分为三级：

（1）一级负荷。如果用户供电突然中断，将会导致人身伤亡或重大设备损坏等严重事故，以及国民经济的关键企业的大量减产，造成巨大的损失或政治影响，这样的负荷称为一级负荷。例如炼钢厂、电解铝工厂及矿井用电等。

（2）二级负荷。停电后将引起某些生产设备的损坏、部分产品的报废或造成大量减产，以及城市秩序混乱的，这类负荷属于二级负荷。如纺织厂、造纸厂等许多企业和城市公用事业用电等。

（3）三级负荷。凡不属于一、二级负荷的，都列为三级负荷。如工厂附属车间和居民用电等。

对于一级负荷，应有两个以上独立的电源供电。任一电源故障时，都不致中断供电。有时还有备用的柴油发电机组。

对于二级负荷，一般也应尽量由不同的变压器或两个母线段上取得两路电源。

对于三级负荷，则一般以单回路供电。

第二节 电力系统联网运行的优越性

现代的电力系统越来越大，并还在不断地扩大中。到 2000 年年底，我国发电机总装机容量已达 3.1932 亿万 kW。其中华东电网为国内最大电网，达 5666.33 万 kW。以下为：南方（广东、广西、云南、贵州）5138.67万kW；华中4556.06万kW；华北4276.91万kW；东北3786.21万kW；山东1961.25万kW；西北1922.06万kW；川渝1899.39万kW；福建1041.53万kW；新疆445.86万kW；海南179.13万kW；西藏35.72万kW。

电力系统联网运行，在技术上和经济上都有十分明显的优越性。

一、提高供电的可靠性

电力系统中大量的设备都是不分昼夜地连续运行，难免发生故障。联网后某个设备的故障一般不会危及整个电力系统的继续运行，这就大大提高了对用户供电的可靠性。一般来说，电网规模越大，这种供电可靠性就越高。当然，电网过大也会带来一些新的技术问题，例如系统短路电流增大，容易发生稳定事故等，这需要新的技术手段加以解决。

二、减少系统中总备用容量的比重

为避免系统中因某一发电机故障退出运行而使一些用户停电，一般都使装机容量大于最大用电负荷，即留有备用容量。由于备用容量是可以在整个系统中互相通用的，因此电力系统总容量越大，备用容量的比重就可以减少。

三、减少总用电负荷的峰值

不同地区的电网互连以后，会有明显的"错峰"效益。即不同地区的用电负荷高峰不在同一时间发生，因为各地存在着时差或气候差。这样，联网后系统的最大负荷将小于联网前各地区最大负荷的总和，因而也就减少了对新装发电机组的需求。

四、可以安装高效率的大容量机组

较小容量的系统不允许安装大容量机组。否则，一旦大机组故障退出运行，将导致大规模停电。而大机组单位千瓦造价低，运行效率高，维护费用少，材料消耗和占用土地也少，其经济性指标远高于中、小机组，是今后发展电力工业的主要机型。只有互连成大电网，才为安装大容量机组创造了条件。

五、可以水火互济节约能源改善电网调节性能

大容量电力系统中水电厂和火电厂可以联合调度，发挥各自的特点和优势，取得最好的经济效益。在丰水期让水电厂多发电，火电厂少发电，并适当安排检修；在枯水期则让火电厂多发电，水电厂少发电，亦可安排检修。这样不仅充分利用了水能资源，减少了煤炭消耗，还因水电厂易于调控而使电力系统的调节性能大为改善。

六、可以提高电能质量

电力系统容量越大，因负荷波动所引起的系统频率和电压的波动就越小，电能质量也就越好。

第三节　电能的质量标准

和一切商品一样，电能也有它的质量标准。电能的质量指标主要是频率、电压和波形三项。

一、频率

我国的技术标准规定电力系统的额定频率是50Hz。对大型电力系统，频率的允许范围为（50±0.2）Hz，对中小电力系统，频率的允许范围是（50±0.5）Hz。

频率偏离正常允许范围时，对用户和电力系统本身都会造成很大危害。

当频率高出允许值时，异步电动机转速升高，除使功率损失增加，经济性降低外，还会使某些对转速有严格要求的工业部门产品质量下降，甚至产出废品。同时，还会影响电钟及电子设备的正常工作。

当频率低于允许值时，则异步电动机转速下降，使生产率降低，还影响电动机的寿命。同时，也会使某些部门产出次品甚至废品，影响电钟和电子设备的工作。另外，频率大幅度降低还使发电厂的给水泵、风机等厂用电动机出力大为减少，甚至影响锅炉和汽轮发电机组的出力，导致电力系统有功功率更加不足，频率进一步降低，形成恶性循环，直至发生电力系统"频率崩溃"——这是一种极其严重的系统性大事故，会造成大面积停电的严重后果。

二、电压

所有用电设备都应当按照其设计的额定电压运行，一般仅允许有±5%的变动范围。

电压过高，许多用电设备都会损坏，甚至造成严重事故和巨大损失。

电压过低，许多用电设备都不能正常工作。对异步电动机而言，电压过低时，其输出转矩显著降低，转差加大，电流加大，温度升高，甚至会使电动机烧毁。

为使用户用电设备能得到合适的电压，我国规定用户处的电压容许变化范围是：

(1) 由 35kV 及以上电压供电的用户：±5%。

(2) 由 10kV 及以下电压供电的高压用户和低压电力用户：±7%。

(3) 低压照明用户：-10%～+5%。

三、波形

电力系统供电电压或电流的标准波形应是正弦波。当电源波形不是标准的正弦波时，就包含有各种谐波成分。这些谐波成分的存在不仅会大大影响电动机的效率和正常运行，还可能使电力系统产生高次谐波共振而危及设备的安全运行。同时还将影响电子设备的正常工作，并对通信产生不良的干扰。

变压器铁芯饱和或没有三角形接法的绕组，负荷中有大功率整流设备等，都是产生高次谐波的原因。应注意防止或采取相应措施消除高次谐波。

第四节　电力系统的电压等级

一、电力系统的额定电压等级

我国国家标准规定的三相交流电网和电力设备的额定电压（线电压，下同），如表 1-2 所示。

1. 电网的额定电压

电网的额定电压也就是电力线路以及与之相连的变电所汇流母线的额定电压。确定一级额定电压要根据国民经济发展的需要和电力工业的水平，关系非常重大。

2. 用电设备的额定电压

用电设备的额定电压规定与同级电网的额定电压相同。实际运行中，用电设备的电压允许有±5%的变动范围，而供电线路由于流通电流后产生电压降，故线路首端电压高些，末端电压低些，接于不同地点的用电设备所受电压也有所不同，两者刚好是适应的。

表 1-2　我国三相交流电网和电力设备的额定电压　　单位：kV

分类	电网和用电设备额定电压	交流发电机额定电压	电力变压器额定电压	
			一次绕组	二次绕组
低压	0.22 0.38 0.66	0.23 0.40 0.69	0.22 0.38 0.66	0.23 0.40 0.69
高压	3 6 10 — — 35 110 220 330 500	3.15 6.3 10.5 13.8，15.75 18，20 	3 及 3.15 6 及 6.3 10 及 10.5 13.8，15.75 18，20 35 110 220 330 500	3.15 及 3.3 6.3 及 6.6 10.5 及 11 38.5 121 242 363 525

3. 发电机的额定电压

发电机的额定电压规定比同级电网额定电压高 5%。这是考虑到电力线路允许有 10% 的电压损耗，线路末端允许比电网额定电压低 5%，两者刚好适应。

4. 电力变压器的额定电压

（1）电力变压器一次绕组的额定电压。当变压器直接与发电机相连时，变压器一次绕组的额定电压应当与发电机额定电压相同；当变压器不是与发电机直接相连，而是接于某一电力线路的末端时，则变压器一次绕组的额定电压应当与该线路额定电压相同。

（2）电力变压器二次绕组的额定电压。当变压器二次绕组供电给较长的高压输电线路时，其额定电压应比相应线路额定电压高 10%；而当供电给较短的输电线路时，其额定电压可以只比相应线路额定电压高 5%。

二、电压等级的选择

在输电距离和输电容量一定的条件下，选用较高的电压等级，能使线路上电流小，线路功率损耗和电能损耗低，电压损失也小。同时也可选用较小的导线截面。但另一方面，线路电压越高，线路的绝缘越要加强，导线相间距离和对地距离都要相应增加，使线路杆塔尺寸及造价上升；同时，变压器和开关设备的投资也相应增大。综合以上两个方面的因素，在选择电压等级时，应当进行细致的技术经济比较。

根据电力系统设计和运行的经验，粗略选择输、配电线路电压等级时，可参考表 1-3 的数值。

工矿企业的供电电压视用电容量和地区电网情况而定。大型联合企业用电量很大，往往以 110kV 甚至 220kV 供电，中型企业多以 35kV 供电，一般工厂可用 10kV 供电，

表 1-3　线路电压等级的选择

线路额定电压 （kV）	线路输电距离 （km）	线路输电功率 （kW）
0.38（架空线） 0.38（电缆线）	≤0.25 ≤0.35	≤100 ≤175
6（架空线） 6（电缆线） 10（架空线） 10（电缆线） 35（架空线）	3～10 ≤8 5～15 ≤10 20～50	100～1200 ≤2000 200～2000 ≤5000 2000～10000
110（架空线） 220（架空线）	50～150 100～300	10000～50000 100000～500000
500（架空线）	200～850	1000000～1500000

小型工厂则可用低压 0.38kV 供电。

工矿企业内部配电线路电压，分为高压配电电压和低压配电电压两种。

工厂内部高压配电多为 10kV。如果工厂拥有较多的 6kV 高压用电设备，则可考虑用 6kV 作为工厂高压配电电压；如果仅有个别 6kV 用电设备，则可通过专用的 10/6.3kV 变压器单独供电。大型企业厂区范围很大，也有采用 35kV 作为厂区高压配电电压深入车间，直接降为 0.38kV 供给低压用电设备，从而省去了 10kV 这一中间变压环节，优点很多。

工厂内部低压配电一般为 380/220V。少数采矿、石油和化工企业采用 660V，可有效

地减少线路的电压损失，提高用电设备处电压水平，减少线路电能损耗，节约有色金属及线路投资，增加供电半径，减少变电点，简化工厂内部配电系统，是节电的有效手段之一，有显著的经济效益。由于涉及电机电器制造行业的大量产品，目前我国尚不能大量推广采用660V电压配电。

第五节　电力系统的中性点接地方式

电力系统中，发电机三相绕组通常是接成星形的，变压器高压绕组多数也是接成星形的。这些发电机和变压器星形绕组的中点统称为电力系统的中性点。

电力系统中性点的接地方式分为三种：直接接地方式、不接地方式和经消弧线圈接地方式。

电力系统中性点接地方式，要综合考虑电力系统的过电压与绝缘配合，继电保护与自动装置的配置，短路电流的大小，供电的可靠性，电力系统的运行稳定性以及对通信的干扰等多方面因素，是一项综合性的技术问题。

中性点直接接地方式下，系统发生单相接地故障时短路电流很大（所以又称为大接地电流系统）。同时，非故障相的相电压不会升高，这在电压等级高时对绝缘很有利。

中性点不接地方式和中性点经消弧线圈接地方式下，系统发生单相接地故障时接地故障电流很小（所以又称这两种接地方式为小接地电流系统）。同时，非故障相的相电压会升高为原来的$\sqrt{3}$倍。

一、中性点直接接地系统

我国110kV及以上电网广泛采用中性点直接接地方式。这样对线路的绝缘水平要求较低，能显著地降低线路投资。在运行中，110kV及以上电网的中性点并非全部同时接地，而是只有一部分接地（合上中性点接地刀闸），而其余的则不接地（拉开其中性点接地刀闸）。这由系统调度决定，目的是使系统单相接地时短路电流有一个合适的范围，既能满足继电保护动作灵敏度的需要，又不致太大。一般是希望单相短路电流不大于同一地点的三相短路电流。

这种系统在正常运行时，系统中性点并没有入地电流（或者说只有极小的三相不平衡电流）。

当系统发生单相接地时，短路电流会足够大从而使继电保护装置动作，迅速将故障线路切除。系统非故障部分仍可正常运行。只是接于故障线路的用户被停电，但可在线路上加装自动重合闸装置，如发生的为瞬时性接地故障（约为总数的70%），重合闸大都能重合成功，用户停电仅为0.5s左右，没有什么影响，供电可靠性也得到保障。

单相接地短路电流较大，对邻近的通信线路有较强的电磁干扰，是这种接地方式的一个缺点。

我国低压380/220V三相四线系统，中性点也直接接地，但这是为了取得220V单相电压。

二、中性点不接地系统

因中性点未接地，当发生单相接地时，只能通过线路对地电容（一种非人为的空间分布电容）构成单相接地回路，故障点流过很小的容性电流（电弧），大多能自行熄灭。

在中性点不接地系统中发生单相接地时，系统三个线电压的对称性没有变化，用电设备仍能正常工作，供电可靠性较高，这是采用中性点不接地方式的主要原因。至于非故障相电压升高$\sqrt{3}$倍这一缺点，对较低电压等级并无大的危害。

规程规定，中性点不接地系统发生单相接地故障允许继续运行 2h，应在这段时间内找到接地点并予以消除，以免再有另外一相也发生单相接地而变成两相接地短路。

我国 3kV、6kV、10kV、35kV 系统，当单相接地时的电容电流不大时，都采用中性点不接地（绝缘）方式。具体的规定为：

3～6kV 电网单相接地电容电流不大于 30A；

10kV 电网单相接地电容电流不大于 20A；

35kV 电网单相接地电容电流不大于 10A。

单相接地时电容电流可近似按下式计算：

对架空线
$$I_c = \frac{UL_\Sigma}{350} \quad (A) \tag{1-1}$$

对电缆
$$I_c = \frac{UL_\Sigma}{10} \quad (A) \tag{1-2}$$

式中　U——线路额定电压，kV；

　　　L_Σ——同一电压且互相连通的所有线路总长度，km。

除线路外，发电机、变压器、母线也有单相接地的电容电流数值，在计算某一电压级的系统单相接地电容电流时，也应考虑进去，并应考虑系统 5～10 年的发展。具体计算方法可查阅有关手册。

三、中性点经消弧线圈接地系统

我国 3～35kV 系统，当单相接地时电容电流大于前述规定值时，应采用中性点经消弧线圈接地方式（图 1-6）。因为这种情况下接地电容电流较大，会产生断续电弧，可能使电路中发生危险的电压谐振现象，出现高达相电压 2.5～3 倍的过电压，导致线路上绝缘薄弱处被击穿。

消弧线圈是一个铁芯带有气隙的可调电感线圈，其感抗可通过其绕组抽头进行调节。

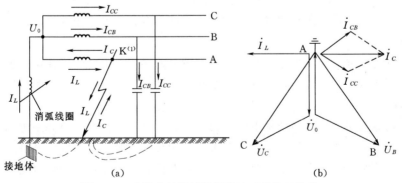

图 1-6　中性点经消弧线圈接地时的单相接地

（a）接线图；（b）相量图

当系统中性点经消弧线圈接地后，在发生单相接地故障时，接地点流过的是原来的电容电流 I_C 与新增加的电感电流 I_L 之差（因为电容电流与电感电流在相位上刚好相差 $180°$），从而使故障点接地电流减少，使电弧容易自行熄灭。

若调节消弧线圈使电感电流刚好等于电容电流，使二者完全抵消，这称为全补偿。由于全补偿时消弧线圈的感抗和非故障相的对地分布电容的容抗刚好构成串联谐振，非常大的谐振电流流经消弧线圈在其感抗上会引起危险的中性点过电压，所以实际运行中不允许采用全补偿方式。

实际运行中通常采用过补偿方式，即让电感电流大于电容电流，接地点电容电流全被抵消后还流有一个很小的电感性电流。

为说明补偿的程度，提出了补偿度和脱谐度的概念：

补偿度 $$k = \frac{I_L}{I_C} \tag{1-3}$$

脱谐度 $$\nu = \frac{I_C - I_L}{I_C} = 1 - k \tag{1-4}$$

采用过补偿方式能保证一些线路退出运行时也不会变成全补偿（即谐振）状态。此时的补偿度 $k > 1$，脱谐度 ν 为负值，数值在 10% 左右为宜。

在选择消弧线圈时，考虑到采用过补偿方式且为该系统稍留发展余地，可用下式计算其容量：

$$S_L = 1.5 I_C U_\varphi \quad (\text{kVA}) \tag{1-5}$$

式中　I_C——系统一相接地的电容电流，A；

　　　U_φ——系统的相电压，kV。

目前，我国大多数 $6 \sim 10\text{kV}$ 系统中性点是不接地的；大多数 35kV 系统中性点是经消弧线圈接地的；在一些多雷山区，为了提高供电可靠性，有的 110kV 系统中性点也经消弧线圈接地。

第六节　电力系统稳定问题概述

衡量电力系统正常运行的一个重要标志，是系统中所有的发电机都保持在同步运行状态。所谓同步运行，是指所有并联运行的发电机都具有相同的电角速度，即每台发电机都以同步转速运行。

正在运行的发电机转速决定于作用在其大轴上的转矩。因此，当作用在机组大轴上的转矩变化时，转速也将相应地发生变化。正常运行时，原动机的输入功率与发电机的输出功率是平衡的，从而保证了发电机以恒定的同步转速运行。

但是，发电机在运行时的功率平衡是相对的、暂时的。例如，电力系统的负荷随时都在变化，负荷功率的瞬时变化将引起发电机输出功率的相应变化，但由于机组调节系统的惯性，使得原动机输入功率的变化总是滞后于发电机输出电磁功率的瞬时变化，于是输入功率与输出功率之间就产生了不平衡，相应地转矩也将产生不平衡。电力系统的电能生产过程也正是这种功率或转矩的平衡不断遭到破坏，同时又不断进行跟踪调节使其恢复平衡的过程。

功率及相应转矩的不平衡将引起发电机转速的变化。例如，当发电机输出功率减小时，由于原动机的输入功率暂时还来不及减小而出现功率过剩，结果使发电机转速增加；相反，当发电机输出功率增加时，因原动机输入功率暂时还来不及跟上输出功率的增加而出现功率缺额，结果使发电机减速。这样，当系统由于负荷变化、操作或发生故障（称为系统受到扰动）而平衡状态被打破后，各发电机组将因功率的不平衡而发生转速的变化。一般情况下，由于各发电机组功率不平衡的程度不同，因此转速变化也不同，有的变化较小，有的变化较大，有的发电机增速，有的发电机减速，从而在各发电机组的转子之间产生相对运动。如果系统各发电机组在经历了一段运动过程后，能自动恢复到原有的平衡状态，或在某一新的平衡状态下同步运行，这时系统的频率和电压虽然发生了一些变化但仍在允许的范围内，这样的系统就称为稳定的。相反，如果系统受到扰动后，产生自发性振荡，或者各机组间产生剧烈的相对运动，以至于系统的频率和电压大幅度变化，不能保证对负荷的正常供电，造成大量用户停电，系统就失去了稳定。

可见，所谓电力系统稳定问题就是当系统受到扰动后能否继续保持各发电机之间同步运行的问题。根据系统受到扰动的大小及运行参数变化特性的不同，通常将系统的稳定问题分为三大类，即静态稳定、暂态稳定和动态稳定。静态稳定是指电力系统在运行中受到微小扰动（如短时的负荷波动）后，能够自动恢复到原有运行状态的能力。暂态稳定是指系统在运行中受到大的扰动（如切除机组、线路或发生短路等）后，经历一个短暂的暂态过程，从原来的运行状态过渡到新的稳定运行状态的能力。动态稳定是指系统在运行中受到大扰动后，保持各发电机在较长的动态过程中不失步，由衰减的同步振荡过程过渡到稳定运行状态的能力。

不难看出，如果系统在受到扰动后是不稳定的，那么在系统的各发电机转子间一直存在相对运行，从而引起系统的电压、电流、功率等运行参数发生剧烈的变化和振荡，致使整个系统不能继续运行，造成系统瓦解。运行经验表明，电力系统的稳定性是影响运行可靠性的一个重要因素，特别是随着电力系统容量和规模的不断扩大，稳定性问题就显得越加突出。国内外电力系统许多大面积停电和系统瓦解事故，大都源于系统稳定性遭到破坏。因此，研究电力系统稳定性的内在规律，采取措施保持和提高电力系统运行的稳定性，对于电力系统安全可靠地运行，具有极其重要的意义。

思 考 题 与 习 题

1. 何谓电力系统、动力系统及电力网？

2. 联合成电力系统并不断扩大有什么优越性？

3. 何谓电力系统额定电压？我国电网和用电设备的额定电压有哪些等级？

4. 电能的质量指标有哪几项？简要说明其内容。

5. 电力系统中性点有哪几种运行方式？各有什么优缺点？我国大体上用怎样的电压等级范围？

6. 如何计算系统单相接地时的电容电流？如何选择消弧线圈容量？

7. 电力系统失去稳定是一种什么状况？稳定问题分为哪几类？

第二章 短路电流的计算

第一节 概 述

"短路"是电力系统中常发生的一种故障。所谓短路是指电网中某一相导体未通过任何负荷而直接与另一相导体或"地"相碰触。电网正常运行的破坏大多数是由短路故障引起的,危害很大。

一、形成短路的原因

电气设备载流部分绝缘的损坏是形成短路的主要原因。绝缘材料因时间太长而老化、操作过电压或雷击过电压、机械力损伤等,均可导致电气设备绝缘的损坏。此外,人员的不正确操作,如带负荷拉刀闸、未拆除接地线就送电等,也是造成短路的重要原因。还有暴风雪、冰雹以及地震等自然灾害和动物误碰等,也常常导致短路故障。

二、短路的危害

发生短路后,电力系统在运行中阻抗突然大为减小,使短路处及供电回路流过巨大的短路电流,可达正常运行电流的几倍、十几倍甚至几十倍,达到几万甚至十几万安培。同时,短路点的电压有可能降低为零,邻近地区网络电压也要大幅度下降。因而,短路故障给电力系统带来的后果是很严重的,具体有以下几方面:

(1)巨大的短路电流会使电气设备急剧发热,可能导致设备损坏;短路处发生的电弧温度高达上万度,会烧坏设备甚至危及人身安全。

(2)巨大的短路电流会产生巨大的电动力,可能使电气设备遭到破坏。

(3)短路时电压的降低会破坏用电设备的正常运行,特别是使厂矿企业中大量使用的异步电动机转速下降甚至停转,给生产带来很大损失。

(4)严重的短路还有可能危及电力系统的稳定运行,使发电机失去同步,导致电力系统解列,甚至引起系统崩溃,造成大面积停电,这是最严重的后果。

(5)当发生不对称短路时,还会产生零序电流及相应的磁场,使邻近的通信线路受到严重的电磁干扰,使通信不能正常进行。

三、短路的类型

短路故障分为对称短路和不对称短路。三相短路是对称性短路,造成的危害最为严重,但发生三相短路的机会较少。其他种类的短路都属于不对称短路,其中单相短路发生的机会最多,约占短路总数中的 70% 以上。图 2-1 画出了短路的各种类型和相应的代表符号。

四、短路电流计算的目的

为了保证电力系统安全运行,在设计选择电气设备时,都要用可能流经该设备的最大短路电流进行热稳定校验和动稳定校验,以保证该设备在运行中能够经受住突发短路引起的发热和电动力的巨大冲击。同时,为了尽快切断电源对短路点的供电,继电保护装置将自动地使有关断路器跳闸。继电保护装置的整定和断路器的选择,也需要准确的短路电流数据。

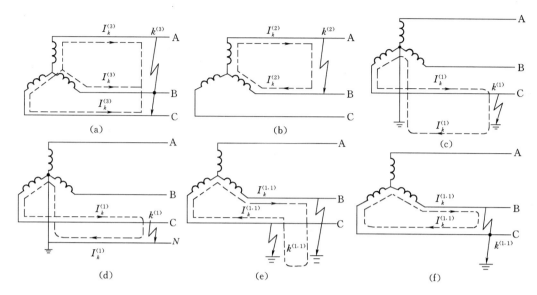

图 2-1 短路的各种类型

(a) 三相短路；(b) 两相短路；(c) 单相接地短路；(d) 单相短路；(e) 两相接地短路；(f) 两相短路接地

五、短路计算的假定条件

短路过程是一种暂态过程。影响电力系统暂态过程的因素很多，若在实际计算中把所有因素都考虑进来，将是十分复杂也是不必要的。因此，在满足工程要求的前提下，为了简化计算，通常采取一些合理的假设，采用近似的方法对短路电流进行计算。

基本假设条件如下：

（1）认为在短路过程中，所有发电机电势的相位及大小均相同，亦即在发电机之间没有电流交换，发电机供出的电流全部是流向短路点的。而所有负荷支路则认为已断开。

（2）不计磁路饱和。这样，系统中各元件的感抗便都是恒定的，可以运用叠加原理。

（3）不计变压器励磁电流。

（4）系统中所有元件只计入电抗。但在计算短路电流非周期分量衰减时间常数，或者计算电压为 1kV 以下低压系统短路电流时，则必须计及元件的电阻。

（5）短路为金属性短路，即不计短路点过渡电阻的影响。

（6）认为三相系统是对称的。对于不对称短路，可应用对称分量法，将每序对称网络简化成单相电路进行计算。

以上假设，使短路电流计算结果稍微偏大一些，但最大误差一般不超过 10%～15%，这对于工程准确度来说是允许的。

六、典型的短路电流波形曲线

为校验各种电气设备，必须找出可能出现的最严重的短路电流。经分析，发现在空载线路上且恰好当某一相电压过零时刻发生三相短路，在该相中就会出现最为严重的短路电流。因此，常常把这种情况下的短路电流波形曲线作为典型的短路电流波形曲线，见图 2-2。

图中，短路电流瞬时值 i_k 是由周期分量 i_p 和非周期分量 i_{np} 合成的，即

$$i_k = i_p + i_{np} = -I_{pm}\cos\omega t + I_{pm}\mathrm{e}^{\frac{-t}{T_a}} \qquad (2-1)$$

式中 i_p——短路电流的周期分量，I_{pm} 为其幅值，$i_p = -I_{pm}\cos\omega t$；

                    i_{np}——短路电流的非周期分量，按指数规律衰减，$i_{np} = I_{pm}\mathrm{e}^{-\frac{t}{T_a}}$；

                    T_a——短路电流非周期分量衰减时间常数，$T_a = \dfrac{L_\Sigma}{R_\Sigma} = \dfrac{X_\Sigma}{\omega R_\Sigma}$；

L_Σ、X_Σ、R_Σ——短路点到电源的总电感、总电抗和总电阻。

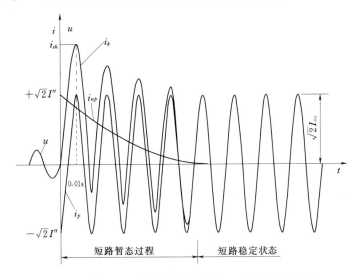

图 2-2 典型的短路电流波形曲线（无限大系统供电）

从图中还可以看出，当短路初瞬（$t=0\mathrm{s}$），周期分量为负的最大值，而非周期分量则为正的最大值，使合成短路电流从零开始，迅速增大，在 $t=0.01\mathrm{s}$ 时出现一个最大的短路全电流瞬时值，被称为三相短路冲击电流 i_{sh}，其值可从下式求出：

$$i_{sh} = I_{pm} + I_{pm}\mathrm{e}^{-\frac{0.01}{T_a}} = I_{pm}(1 + \mathrm{e}^{-\frac{0.01}{T_a}}) = \sqrt{2}\,I'' K_{sh} \qquad (2-2)$$

$$K_{sh} = (1 + \mathrm{e}^{-\frac{0.01}{T_a}})$$

式中 I''——短路电流周期分量在第一个周期内的有效值，被称为次暂态短路电流，$I'' = \dfrac{I_{pm}}{\sqrt{2}}$；

        K_{sh}——短路电流的冲击系数，$1 < K_{sh} < 2$，具体数值与短路回路的时间常数 T_a 有关。

短路全电流最大有效值用 I_{sh} 表示，用下式计算：

$$I_{sh} = I'' \sqrt{1 + 2(K_{sh} - 1)^2} \qquad (2-3)$$

短路电流非周期分量 i_{np} 约经 10 个周波左右即衰减为零，此后短路电流中只剩下周期分量，称为稳态短路电流，其有效值用 I_∞ 表示（读成 I 无穷大）。

在由无穷大电源供电的系统中，短路电流周期分量的幅值是恒定不变的，因而有

$$I'' = I_\infty = I_t$$

式中 I_t——任意时刻周期分量的有效值。

但是在有限大容量电源系统供电网络中，短路电流的周期分量的幅值也是随时间而变化的，如图 2-3 所示（短路前有较小的负荷电流）。

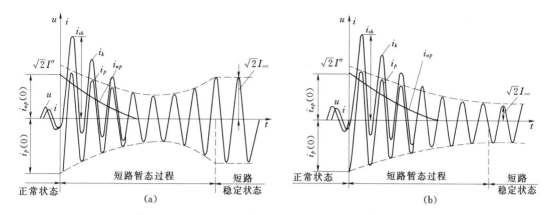

图 2-3 有限容量系统供电的短路电流波形曲线

（a）有自动调节励磁装置的；（b）没有自动励磁调节装置的

由图可见，此时 $I'' \neq I_\infty$。在发电机没有自动励磁调节器时，$I'' > I_\infty$；当发电机有自动励磁调节器时，I'' 可能大于 I_∞，也可能小于或等于 I_∞。

第二节 电网的等值电路

一、电网中各元件的等值电路

1. 同步发电机

同步发电机等值电路如图 2-4 所示。正常运行时为同步电势 E_G 和同步电抗 X_G 相串联，而在短路瞬间则变为由次暂态电势 E'_G 和次暂态电抗 X''_G 相串联。在短路计算中，还可近似地认为次暂态电势 E''_G 等于发电机额定电压 U_N。

电抗值的计算按下列公式：

$$\left.\begin{array}{l} X_G = X_d\% \cdot \dfrac{U_N^2}{S_N} \quad (\Omega) \\[3mm] X''_G = X''_d\% \cdot \dfrac{U_N^2}{S_N} \quad (\Omega) \end{array}\right\} \qquad (2-4)$$

式中　　$X_d\%$——发电机同步电抗百分数；

$\quad\quad X''_d\%$——发电机次暂态电抗百分数；

$\quad\quad U_N$——发电机的额定电压，kV；

$\quad\quad S_N$——发电机的额定容量，MVA。

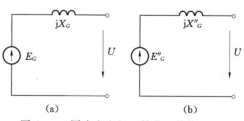

图 2-4 同步发电机（简化）等值电路

（a）稳态运行时；（b）短路初瞬

2. 变压器

（1）双绕组变压器等值电路见图 2-5，各参数计算按下列公式：

$$\text{电阻} \qquad R_T = \frac{\Delta P_k}{1000} \frac{U_N^2}{S_N^2} \quad (\Omega)$$

$$\text{电抗} \qquad X_T = \frac{U_k\%}{100} \frac{U_N^2}{S_N} \quad (\Omega)$$

$$\text{电导} \qquad G_T = \frac{\Delta P_o}{1000 U_N^2} \quad (S)$$

$$\text{电纳} \qquad B_T = \frac{I_o\%}{100} \frac{S_N}{U_N^2} \quad (S)$$

$$(2-5)$$

式中　U_N——变压器额定电压，kV，一般用高压侧值（也可视电网情况用低压侧值）；

$\qquad S_N$——变压器额定容量；MVA；

$\qquad \Delta P_k$——变压器的短路损耗，kW；

$\qquad \Delta P_o$——变压器的空载损耗，kW；

$\qquad U_k\%$——变压器短路电压百分数；

$\qquad I_o\%$——变压器空载电流百分数。

以上均为变压器的铭牌参数。等值电路中电阻、电抗的单位为欧姆（Ω），电导、电纳的单位为西门子（S）。西门子为欧姆的倒数。

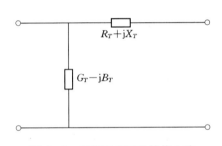

图 2-5　双绕组变压器等值电路

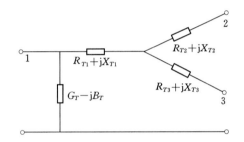

图 2-6　三绕组变压器等值电路

（2）三绕组变压器的等值电路见图 2-6，参数计算按下列公式：

$$R_{T1} = \frac{\Delta P_{k1} \cdot U_N^2}{1000 S_N^2} \quad (\Omega) \qquad X_{T1} = \frac{U_{k1}\% \cdot U_N^2}{100 S_N} \quad (\Omega)$$

$$R_{T2} = \frac{\Delta P_{k2} \cdot U_N^2}{1000 S_N^2} \quad (\Omega) \qquad X_{T2} = \frac{U_{k2}\% \cdot U_N^2}{100 S_N} \quad (\Omega)$$

$$R_{T3} = \frac{\Delta P_{k3} \cdot U_N^2}{1000 S_N^2} \quad (\Omega) \qquad X_{T3} = \frac{U_{k3}\% \cdot U_N^2}{100 S_N} \quad (\Omega)$$

$$G_T = \frac{\Delta P_o}{1000 U_N^2} \quad (S) \qquad B_T = \frac{I_o\% \cdot S_N}{100 U_N^2} \quad (S)$$

$$(2-6)$$

式中

$$\Delta P_{k1} = \frac{1}{2}\left[\Delta P_{k(1-2)} + \Delta P_{k(1-3)} - \Delta P_{k(2-3)}\right]$$

$$\Delta P_{k2} = \frac{1}{2}\left[\Delta P_{k(1-2)} + \Delta P_{k(2-3)} - \Delta P_{k(1-3)}\right]$$

$$\Delta P_{k3} = \frac{1}{2}\left[\Delta P_{k(1-3)} + \Delta P_{k(2-3)} - \Delta P_{k(1-2)}\right]$$

$$U_{k1}\% = \frac{1}{2}\left[U_{k(1-2)}\% + U_{k(1-3)}\% - U_{k(2-3)}\%\right]$$

$$U_{k2}\% = \frac{1}{2}\left[U_{k(1-2)}\% + U_{k(2-3)}\% - U_{k(1-3)}\%\right]$$

$$U_{k3}\% = \frac{1}{2}[U_{k(1-3)}\% + U_{k(2-3)}\% - U_{k(1-2)}\%]$$

上述各式中，S_N（MVA）为变压器高压绕组额定容量（也就是变压器的铭牌额定容量）；U_N（kV）一般用高压侧的额定电压，也可以采用中、低压侧的额定电压（要看折算到哪一侧进行网络计算方便而定）；$\Delta P_{k(1-2)}$、$\Delta P_{k(1-3)}$、$\Delta P_{k(2-3)}$（kW）为变压器厂家给出的短路损耗数据；$U_{k(1-2)}\%$、$U_{k(1-3)}\%$、$U_{k(2-3)}\%$为变压器厂家给出的短路电压数据。

3. 电抗器

电抗器的等值电路仅是一个电抗：

$$X_R = \frac{X_R\%}{100} \frac{U_N}{\sqrt{3} \cdot I_N} \ (\Omega) \tag{2-7}$$

式中　$X_R\%$——电抗器的电抗相对百分数；

$\quad\quad U_N$——电抗器的额定电压，kV；

$\quad\quad I_N$——电抗器的额定电流，kA。

以上均为电抗器的铭牌参数。

4. 输电线路

一般的输电线路（长度小于 300km 的架空线路或长度小于 100km 的电缆线路）多用 π 型等值电路，见图 2-7。

$$\left. \begin{aligned} R_L &= r_1 \cdot L \ (\Omega) \\ X_L &= x_1 \cdot L \ (\Omega) \\ B_L &= b_1 \cdot L \ (S) \end{aligned} \right\} \tag{2-8}$$

式中　r_1、x_1、b_1——每千米线路的电阻（Ω/km）、电抗（Ω/km）、电纳（S/km），可由导线规范查得；

$\quad\quad L$——线路长度，km。

在一般情况下，高压架空输电线路可近似取 $x_1 = 0.4$（Ω/km）；而电缆线路的电抗则小得多，约为架空线路电抗的 $1/6 \sim 1/4$。

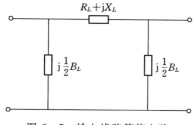

图 2-7　输电线路等值电路

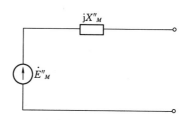

图 2-8　短路瞬间异步电动机等效电路

5. 异步电动机

异步电动机在稳定运行时，相当于一个阻抗。然而在短路初瞬次暂态时段内，接在短路点附近（一般为 5m 以内）的较大容量异步电动机（高压电动机容量在 800kW 以上、低压电动机容量在 200kW 以上）却类似于一台发电机，也能向短路点供出短路电流，其等值电路如图 2-8 所示。图中 E''_M 为电动机次暂态电势，可近似取为 $0.9U_N$；次暂态电抗 $X''_M = \frac{X_M\% \cdot U_N^2}{100S_N} = \frac{1}{K_{st}} \cdot \frac{U_N^2}{S_N}$（$\Omega$）。式中 K_{st} 为电动机起动电流倍数，一般为 $5 \sim 6.5$。

二、采用有名值的电力网等值电路

电力网的等值电路均以单相图表示。各元件按接线顺序连接。由于电网中有变压器，各元件分别处于不同的电压等级，在连接成等值电路时，变压器本身已经变成了阻抗和导纳，变换电压的作用不见了，因此，必须将各元件有名值参数"折算"到某一指定的电压级（可自行选定），从而使所有元件及其连通后的整个网络都处于同一个电压级中。为了简化这种"折算"和网络计算，各电压级都可采用其平均电压进行计算，变压器也不用实际变比而改用两侧平均电压比。

1. 各级电压的平均电压 U_{av}

各输电线路首端电压可达 $1.1U_N$，而线路末端电压为 U_N，因而其平均电压约为 $1.05U_N$。现在各级电压的平均电压已有统一规定，见表 2-1。

表 2-1 　　　　　　　　　　各级额定电压和相应的平均电压

各级额定电压 U_N （kV）	0.38	3	6	10	35	110	220	330	500
相应的平均电压 U_{av} （kV）	0.4	3.15	6.3	10.5	37	115	230	345	525

2. 阻抗和导纳的"折算"方法

将原处于 U_1 电压级的阻抗和导纳"折算"到 U_2 电压级的计算方法是：

$$\left.\begin{array}{c} Z' = Z\left(\dfrac{U_2}{U_1}\right)^2 \\[2mm] Y' = Y\left(\dfrac{U_1}{U_2}\right)^2 \end{array}\right\} \tag{2-9}$$

式中　Z'、Y'——折算后的阻抗和导纳（U_2 级）；

　　　Z、Y——折算前的阻抗和导纳（U_1 级）。

3. 电源电势的折算方法

无论原来电源电势是多少，都改为折算后电压级的平均电压即可。

【例 2-1】 原始电力网如图 2-9 所示，画出其等值电路。

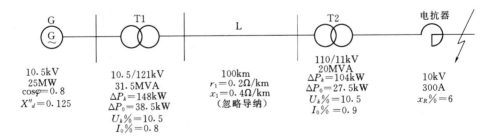

10.5kV
25MW
$\cos\varphi=0.8$
$X''_d=0.125$

10.5/121kV
31.5MVA
$\Delta P_k=148\text{kW}$
$\Delta P_0=38.5\text{kW}$
$U_k\%=10.5$
$I_0\%=0.8$

100km
$r_1=0.2\Omega/\text{km}$
$x_1=0.4\Omega/\text{km}$
（忽略导纳）

110/11kV
20MVA
$\Delta P_k=104\text{kW}$
$\Delta P_0=27.5\text{kW}$
$U_k\%=10.5$
$I_0\%=0.9$

10kV
300A
$x_R\%=6$

图 2-9　原始电力网络及其参数（具有三个电压级）

解 先画出对应的电网短路时的等值电路。各元件标明其代表符号并在下方划一横线，将折算后的等值参数（本题选择折算到短路点电压级）填写在横线下方（图 2-10）。电源电势也要折算。由于短路点处的平均电压是 10.5kV，刚好与原来的电源电势相同，因此在本例中电源电势似乎没变动。

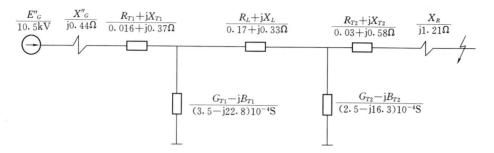

图 2-10　折算到短路点电压级的等值电路（只有一个电压级：10.5kV）

$$X''_{G} = \frac{12.5}{100} \times \frac{10.5^2}{25/0.8}\left(\frac{10.5}{10.5}\right)^2 = 0.44\,（\Omega）$$

$$R_{T1} = \frac{148}{1000} \times \frac{115^2}{31.5}\left(\frac{10.5}{115}\right)^2 = \frac{148}{1000} \times \frac{10.5^2}{31.5^2} = 0.016\,（\Omega）$$

$$X_{T1} = \frac{10.5}{100} \times \frac{10.5^2}{31.5} = 0.37\,（\Omega）$$

$$G_{T1} = \frac{38.5}{1000} \times \frac{1}{10.5^2} = 3.5 \times 10^{-4}\,（S）$$

$$B_{T1} = \frac{0.8}{100} \times \frac{31.5}{10.5^2} = 22.8 \times 10^{-4}\,（S）$$

$$R_L = 0.2 \times 100\left(\frac{10.5}{115}\right)^2 = 0.17\,（\Omega）$$

$$X_L = 0.4 \times 100\left(\frac{10.5}{115}\right)^2 = 0.33\,（\Omega）$$

$$R_{T2} = \frac{104}{1000} \times \frac{10.5^2}{20^2} = 0.03\,（\Omega）$$

$$X_{T2} = \frac{10.5}{100} \times \frac{10.5^2}{20} = 0.58\,（\Omega）$$

$$G_{T2} = \frac{27.5}{1000} \times \frac{1}{10.5^2} = 2.5 \times 10^{-4}\,（S）$$

$$B_{T2} = \frac{0.9}{100} \times \frac{20}{10.5^2} = 16.3 \times 10^{-4}\,（S）$$

$$X_R = \frac{6}{100} \times \frac{10.5}{\sqrt{3} \times 0.3} = 1.21\,（\Omega）$$

　　从以上计算中可见，发电机和变压器参数在计算时只要用折算后的平均电压代替原来的额定电压就等于折算过了。另外，导纳数值都很小，可略去不计。与电抗相比，电阻也较小，在短路计算时一般也可略去不计。于是进一步简化成图 2-11（符号 j 都可略去）。

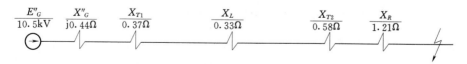

图 2-11　等值电路的化简（仅计电抗）

由于各元件都处于同一个电压级（10.5kV），可相加求得电源到短路点的总电抗 X_Σ：

$$X_\Sigma = 0.44 + 0.37 + 0.33 + 0.58 + 1.21 = 2.93 \ (\Omega)$$

三、采用标么值的电力网等值电路

标么值是一种无量纲的相对值。在短路计算中，采用标么值比采用有名值更为方便。

1. 标么值的定义和基准值的确定

$$标么值 = \frac{有名值}{同名的基准值} \quad （用下角标 * 表示标么值） \tag{2-10}$$

在短路计算中，一般取容量基准值为 100MVA（也可以取为 1000MVA 或其他值），各级电压的基准值就取为各级平均电压，表示为

$$S_d = 100 \ (MVA)$$

$$U_d = U_{av} \ (kV)$$

电流基准值和阻抗基准值则需由上述两基准值算出：

$$\left. \begin{aligned} I_d &= \frac{S_d}{\sqrt{3}\,U_d} \ (kA) \\ Z_d &= \frac{U_d}{\sqrt{3}\,I_d} = \frac{U_d^2}{S_d} \ (\Omega) \end{aligned} \right\} \tag{2-11}$$

2. 化标么的第一种方法：统一化成标么值

将原始网络先用折算的方法画出有名值等值电路，再将各元件有名值除以统一的基准值即可得出各元件的标么值，见例 2-2。

【例 2-2】 将〔例 2-1〕题的有名值等值电路再化为标么值等值电路。取基准容量为 100MVA。

解

$$S_d = 100 \ (MVA)$$

$$U_d = 10.5 \ (kV)$$

$$Z_d = \frac{10.5^2}{100} = 1.1 \ (\Omega)$$

$$I_d = \frac{100}{\sqrt{3} \times 10.5} = 5.5 \ (kA)$$

电源电势的标么值为

$$E''_{G*} = \frac{E''_G}{U_d} = \frac{10.5}{10.5} = 1.0$$

各元件电抗的标么值为

$$E''_{G*} = \frac{0.44}{1.1} = 0.4; \quad X_{T1*} = \frac{0.37}{1.1} = 0.34; \quad X_{L*} = \frac{0.33}{1.1} = 0.3;$$

$$X_{T2*} = \frac{0.58}{1.1} = 0.53; \quad X_{R*} = \frac{1.21}{1.1} = 1.1$$

标么值等值电路，见图 2-12。

$$X_{\Sigma*} = (0.4 + 0.34 + 0.3 + 0.53 + 1.1) = 2.67$$

为与有名值方法比较，可将其还原成有名值：

图 2-12 标么值等值电路

$$X_{\Sigma} = X_{\Sigma *} \cdot Z_d = 2.67 \times 1.1 = 2.93 \ (\Omega)$$

可见这与［例2-1］的最后结果是一致的。

3. 化标么的第二种方法：就地化成标么法

这种方法不必先用折算方法化为有名值等值电路，而是直接用各元件有名值阻抗除以本电压级的阻抗基准值即可，具体计算见［例2-3］。

【例2-3】 用就地化标么方法将［例2-1］原始网络化为标么值等值电路。仍取 $S_d = 100\text{MVA}$。

解 电源电势标么值仍为

$$E''_{G*} = \frac{10.5}{10.5} = 1.0$$

求出各元件电抗有名值并随即除以本级阻抗基准值（或乘以阻抗基准值的倒数）：

$$X''_{G*} = 0.125 \times \frac{10.5^2}{25/0.8} \bigg/ \frac{10.5^2}{100} = 0.125 \times \frac{10.5^2}{25/0.8} \times \frac{100}{10.5^2} = 0.125 \times \frac{100}{25/0.8} = 0.4$$

$$X_{T1*} = \frac{10.5}{100} \times \frac{10.5^2}{31.5} \times \frac{100}{10.5^2} = 0.105 \times \frac{100}{31.5} = 0.34$$

$$X_{L*} = 0.4 \times 100 \times \frac{100}{115^2} = 0.3$$

$$X_{T2*} = \frac{10.5}{100} \times \frac{10.5^2}{20} \times \frac{100}{10.5^2} = 0.105 \times \frac{100}{20} = 0.53$$

$$X_{R*} = \frac{6}{100} \times \frac{10.5}{\sqrt{3} \times 0.3} \times \frac{100}{10.5^2} = 1.1$$

这与第一种方法的结果完全相同。

通过上述算例可以看出，就地化标么时很简单，可以直接计算出各元件的阻抗标么值：

$$Z_* = Z \frac{S_d}{U_d^2} \tag{2-12}$$

式中　　Z——各元件按本身额定电压（或采用相应的平均电压）计算出的有名值阻抗，Ω；

S_d——化标么时统一规定的容量基准值，MVA；

U_d——本级基准电压（一般采用本级平均电压），kV。

四、电力网络等值电路有关公式和数据

常用电压级的基准值见表2-2，电力网络等值电路的有关公式汇集见表2-3。

表 2-2　　　　常用电压级的各项基准值（$S_d = 100\text{MVA}$；$U_d = U_{av}$）

额定电压（kV）	3	6	10	35	110	220	500
基准电压（kV）	3.15	6.3	10.5	37	115	230	525
基准电抗（Ω）	0.099	0.397	1.1	13.7	132	529	2756
基准电流（kA）	18.3	9.16	5.5	1.56	0.502	0.251	0.11

参数名称	有 名 值	标 么 值	说　　明
功率	$S=S_* \cdot S_d$	$S_*=\dfrac{S}{S_d}$	一般取 $S_d=100\mathrm{MVA}$
电压	$U=U_* \cdot U_d$	$U_*=\dfrac{U}{U_d}$	一般取 $U_d=U_{av}$（平均电压）
电流	$I=I_* \cdot I_d=I_* \dfrac{S_d}{\sqrt{3}U_d}$	$I_*=\dfrac{I}{I_d}$	$I_d=\dfrac{S_d}{\sqrt{3}U_d}$
电抗	$X=X_* \cdot X_d=X_* \dfrac{U_d^2}{S_d}$	$X_*=\dfrac{X}{X_d}=X\dfrac{S_d}{U_d^2}$；$\ X'_*=X_* \dfrac{S'_d}{S_d}$	X'_* 是以 S'_d 为基准容量的标么值；X_* 是以 S_d 为基准容量的标么值
发电机电抗	$X''_G=\dfrac{S_G\%}{100}\dfrac{U_N^2}{S_N}$	$X''_{G*}=\dfrac{X_G\%}{100}\dfrac{S_d}{S_N}=\dfrac{X_G\%}{100}\dfrac{S_d}{P_N/\cos\varphi_N}$	次暂态电抗用于短路计算
电动机电抗	$X''_M=\dfrac{X_M\%}{100}\dfrac{U_N^2}{S_N}$	$X''_{M*}=\dfrac{1}{K_{st}}\dfrac{S_d}{S_N}=\dfrac{1}{K_{st}}\dfrac{S_d}{P_N/\cos\varphi_N}$	次暂态电抗用于短路计算；K_{st} 为起动电流倍数
变压器电抗	$X_T=\dfrac{U_k\%}{100}\dfrac{U_N^2}{S_N}$	$X_{T*}=\dfrac{U_k\%}{100}\dfrac{S_d}{S_N}$	当为三绕组变压器时，各侧的 $U_k\%$ 要经计算得出，见式（2－6）
线路电抗	$X_L=x_1L$	$X_{L*}=x_1L\dfrac{S_d}{U_d^2}$	x_1 为线路每公里电抗值（Ω/km）；L 为线路长度（km）
电抗器电抗	$X_R=\dfrac{X_R\%}{100}\dfrac{U_N}{\sqrt{3}I_N}$	$X_{R*}=\dfrac{X_R\%}{100}\dfrac{U_N}{\sqrt{3}I_N}\dfrac{S_d}{U_d^2}$	$X_R\%$ 为电抗器铭牌上的电抗百分数；U_N、I_N 为其额定电压、额定电流
系统等值电抗	$X_s=\dfrac{U_N^2}{S_k}$	$X_{s*}=\dfrac{S_d}{S_k}$　　（$S_k=\sqrt{3}I_kU_N$）	S_k 为系统某一点的短路容量（MVA）；I_k 为该点的三相短路电流（kA）；U_N 为该点的额定电压（kV）

第三节　短路计算中的网络化简

一、高压电网的网络化简

对高压电网，一般短路回路中 $X\gg R$，在短路计算中可以仅计入电抗。网络化简时常要进行一些网络的等值变换，常用的网络等值变换见表 2－4。

表 2－4　　　　　　　　　　网络化简时常用的等值变换公式

变换名称	变换前网络	变换后等效网络	等效网络的阻抗
有源电动势支路的并联			$Z_{eq}=\dfrac{1}{\dfrac{1}{Z_1}+\dfrac{1}{Z_2}+\cdots+\dfrac{1}{Z_n}}$ $\dot{E}_{eq}=Z_{eq}\left(\dfrac{\dot{E}_1}{Z_1}+\dfrac{\dot{E}_2}{Z_2}+\cdots+\dfrac{\dot{E}_n}{Z_n}\right)$
三角形变星形			$Z_L=\dfrac{Z_{ML}Z_{LN}}{Z_{ML}+Z_{LN}+Z_{NM}}$ $Z_M=\dfrac{Z_{MN}Z_{ML}}{Z_{ML}+Z_{LN}+Z_{NM}}$ $Z_N=\dfrac{Z_{LN}Z_{NM}}{Z_{ML}+Z_{LN}+Z_{NM}}$

变换名称	变换前网络	变换后等效网络	等效网络的阻抗
星形变三角形			$Z_{ML} = Z_M + Z_L + \dfrac{Z_M Z_L}{Z_N}$ $Z_{LN} = Z_L + Z_N + \dfrac{Z_L Z_N}{Z_M}$ $Z_{NM} = Z_N + Z_M + \dfrac{Z_N Z_M}{Z_L}$
n 支路星形变为网形，消去原星形的中心点 N（以 $n=4$ 为例）			$Z_{AB} = Z_A Z_B \sum \dfrac{1}{Z}$ $Z_{BC} = Z_B Z_C \sum \dfrac{1}{Z}$（其余略） $\vdots$ $\sum \dfrac{1}{Z} = \dfrac{1}{Z_A} + \dfrac{1}{Z_B} + \dfrac{1}{Z_C} + \dfrac{1}{Z_D}$

此外，还可利用网络的对称性找到等电位点，然后可将等电位点短路起来，此时原来两等电位点间如果有电抗，也被短接掉了，使网络化简更加容易。

二、低压电网的网络化简

在 1000V 以下电网中，电阻 R 较大，也需计入，使网络化简稍稍复杂一些。

1. 串联电路中

$$\left.\begin{array}{l} 总电阻\ R_\Sigma = \sum R = R_1 + R_2 + \cdots + R_n \\ 总电抗\ X_\Sigma = \sum X = X_1 + X_2 + \cdots + X_n \end{array}\right\} \qquad (2-13)$$

2. 两条支路并联时

$$\left.\begin{array}{l} 总电阻\ R_\Sigma = \dfrac{R_1(R_2^2 + X_2^2) + R_2(R_1^2 + X_1^2)}{(R_1 + R_2)^2 + (X_1 + X_2)^2} \\[3mm] 总电抗\ X_\Sigma = \dfrac{X_1(R_2^2 + X_2^2) + X_2(R_1^2 + X_1^2)}{(R_1 + R_2)^2 + (X_1 + X_2)^2} \end{array}\right\} \qquad (2-14)$$

但当两条支路符合 $\dfrac{R_1}{R_2} \approx \dfrac{X_1}{X_2}$ 时，则可认为中间是等位点因而可以短接起来，如图 2-13 所示。直接简化得：

$$\left.\begin{array}{l} R_\Sigma = \dfrac{R_1 R_2}{R_1 + R_2} \\[3mm] X_\Sigma = \dfrac{X_1 X_2}{X_1 + X_2} \end{array}\right\} \qquad (2-15)$$

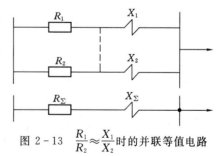

图 2-13 $\dfrac{R_1}{R_2} \approx \dfrac{X_1}{X_2}$ 时的并联等值电路

第四节 三相短路的计算方法

一、无穷大电源系统供给的短路电流

1. 无穷大电源的概念

无穷大电源理论上是指系统容量 $S \to \infty$，系统电抗 $X_s \to 0$，其出口分界母线的电压在短路时能够保持不变。实际上，当系统容量很大，加之发电机自动电压调节器及强行励磁装置的作用以及枢纽变电所无功/电压自动控制装置的作用，在短路时系统某一枢纽变电所高压母线电压是可以保持不变的，这样的大容量系统就可以认为是无穷大电源系统。

2. 无穷大电源系统供出的三相短路电流计算方法

无穷大电源系统供出的短路电流周期分量幅值是不衰减的，可以很方便地算得。

（1）直接用有名值计算（根据折算到短路点的等值电路）：

$$I'' = I_\infty = I_t = \frac{U_{av}}{\sqrt{3}\, X_\Sigma} \quad (\text{kA}) \qquad (2-16)$$

$$S_k = \sqrt{3}\, I'' U_N \quad (\text{MVA})$$

$$i_{sh} = \sqrt{2}\, K_{sh} I'' \quad (\text{kA})$$

式中　I''——短路点处的次暂态短路电流（有效值），kA；

　　　S_k——短路点处的短路容量，MVA；

　　　U_{av}——短路点处的平均额定电压（线电压），kV；

　　　X_Σ——系统电源到短路点之间的总电抗，Ω；

　　　i_{sh}——短路点处的冲击短路电流（瞬时值），kA；

　　　K_{sh}——短路电流冲击系数。

如果短路点在低压电网中，电阻 R 也要计入，则公式中 X_Σ 要用 Z_Σ 代替，即

$$Z_\Sigma = \sqrt{R_\Sigma{}^2 + X_\Sigma{}^2} \qquad (2-17)$$

（2）用标么值进行计算：无穷大系统电源电压保持不变，电源相电压的标么值为1.0，故

$$I''_* = I_{\infty *} = I_{t*} = \frac{1}{X_{\Sigma *}} \qquad (2-18)$$

$$I'' = I_\infty = I_t = \frac{1}{X_{\Sigma *}} \cdot I_d = \frac{1}{X_{\Sigma *}} \cdot \frac{S_d}{\sqrt{3}\, U_d} \quad (\text{kA})$$

$$S_k = \sqrt{3}\, I'' U_N \quad (\text{MVA})$$

$$i_{sh} = \sqrt{2}\, K_{sh} I'' \quad (\text{kA})$$

式中　S_d——计算 $X_{\Sigma *}$ 时所选用的基准容量，一般选 100MVA；

　　　U_d——短路点处的基准电压，一般为该点的平均电压 U_{av}（线电压），kV；

　　　I_d——短路点处的基准电流，kA。

二、有限容量电源供给的短路电流

有限容量电源系统在短路过程中电源电压是变化的，因而短路电流周期分量的幅值也是随时间变化的。这样，$I'' \neq I_\infty \neq I_t$，不能像无穷大系统那样简单地算出来。在工程实用计算中，一般采用运算曲线法求取任意时刻的短路电流周期分量有效值 I_t（通常需要计 0s 时刻的 I''；0.1s 或 0.2s 时刻的 $I_{0.1}$、$I_{0.2}$；4s 时刻的 I_4——即稳态短路电流 I_∞），同时求出短路冲击电流 i_{sh}。

1. 运算曲线法概述

运算曲线是一族反映短路电流周期分量（标么值）随时间 t 和计算电抗 X_{cs*} 的不同而

变化的曲线。只要知道了某电源到短路点的计算电抗，就可以从曲线族中查得短路后任意时刻该电源供到短路点的短路电流（标么值）。

过去我国一直沿用前苏联制作的运算曲线。1982 年我国科研人员根据我国的发电机组的实际参数编制了一套新运算曲线。对汽轮发电机选择了容量从 12MW 到 200MW 的 18 种型号样机，对水轮发电机则选择了容量从 12.5MW 到 225MW 的 17 种型号样机。对每一给定的时间 t 和计算电抗 X_{ca*}，分别对每种型号的发电机计算出所供出的短路电流周期分量标么值，然后取其算术平均值，最后就分别绘制成一族汽轮发电机运算曲线和一族水轮发电机运算曲线（见本书附录十二）。

某电源到短路点的计算电抗 X_{ca*}，是该电源到短路点的直连电抗（经网络化简后得出）标么值。需要注意的是，这个标么值的基准电抗是以该电源额定容量作为基准容量算得的，而不是用任意选定的 100MVA 作基准容量。

运算曲线只作到 $X_{ca*}=3.45$ 为止。当 $X_{ca*}>3.45$ 时，可近似认为短路点太远，因而对发电机机端电压没有影响，即机端电压在短路时保持不变，从而使短路电流周期分量的值也不随时间 t 变化。这种情况就与无穷大电源供电类似了，即

$$I''_* = I_{\infty *} = I_{t*} = \frac{1}{X_{ca*}} \qquad (2-19)$$

$$I'' = I_{\infty} = I_t = \frac{1}{X_{ca*}} \cdot \frac{S'_d}{\sqrt{3} U_{av}} \quad (\text{kA})$$

式中　S'_d——该电源的额定容量，MVA；

　　　U_{av}——短路点的平均电压，kV。

2. 运算曲线法的步骤

采用运算曲线法求取任意时刻的短路电流可分以下若干步骤：

(1) 画出以标么值电抗表示的等值电路图（取 $S_d = 100\text{MVA}$，$U_d = U_{av}$），原始网络中所有的负荷均认为是断开的（直接接在短路点处的大容量电动机除外）。

(2) 进行等值的网络化简，最终要简化成各个电源与短路点之间都是只经过一个电抗直接相连。这个直连电抗就称为该电源对短路点的"转移电抗"（仍然是以 $S_d = 100\text{MVA}$ 为基准的标么值）。

(3) 将各"转移电抗"分别换算成以各自的电源总容量为基准容量的新标么值，即为各电源到短路点的"计算电抗"X_{ca}。

(4) 用各"计算电抗"在"运算曲线"上查出各电源供给的短路电流周期分量任意时刻的标么值。（注意这些周期分量标么值不可以相加，因为它们的基准值不相同！）

(5) 将各电源供给的短路电流标么值乘以各自的电流基准值（分别以各自的电源总容量和短路点平均电压为基准值算出），就得到短路点处由各电源供给的短路电流周期分量有名值。

(6) 将各电源点供出的短路电流有名值相加，就得到了短路点总的三相短路电流有名值。

(7) 同样可求出三相短路冲击电流的有名值。

【例 2-4】　如图 2-14 所示的电力系统，求 K 点三相短路时短路点的短路电流 I''、

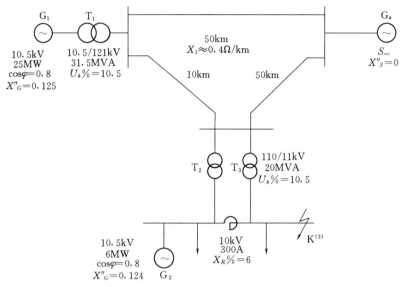

图 2-14 电力系统短路原始网络图

$I_{0.2}$、I_∞ 和 i_{sh}。

解 （1）网络化简。

1）画等值电路图 2-15，各电抗按顺序编号。

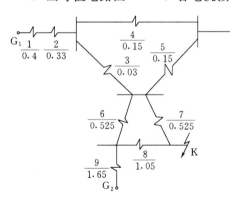

图 2-15 等值电路图

2）将 3、4、5 号电抗组成的三角形网络化成由 10、11、12 号电抗构成的星形网络，将 6、7、8 号电抗组成的三角形网络化成由 13、14、15 号电抗构成的星形网络，如图 2-16 所示。

3）将 1、2、10 号电抗合并为 16 号电抗，将 12、13 号电抗合并为 17 号电抗；将 9、14 号电抗合并为 18 号电抗，如图 2-17 所示。

4）将 16、17、11 号电抗构成的星形化为由 19、20、21 号电抗构成的三角形。因 21 号电抗是连接两个电源的支路，与短路点电流无关，故可略去不画，见图 2-18。

5）用星→网变换公式，将图 2-18 的星形化为如图 2-19 的网形，其中两个电源之间的连接支路均可略去不画，这样，只画出 G_2 到短路点的直连电抗 22、G_1 到短路点的直连电抗 23 和 G_s 到短路点的直连电抗 24。电抗 22、23、24 就分别是电源 G_2、G_1 和系统 G_s 对短路点的转移电抗。

（2）参数计算（均用标幺值，为方便省去 * 号）。

1）各元件参数：

取 $S_d = 100\text{MVA}$，$U_d = U_{av}$（本例中分别为 115kV 和 10.5kV）。

$$X_1 = 0.125 \times \frac{100}{25/0.8} = 0.4$$

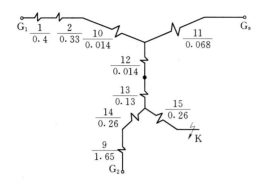

图 2-16 等值电路的化简（一）

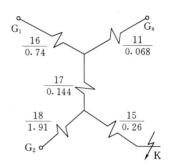

图 2-17 等值电路的化简（二）

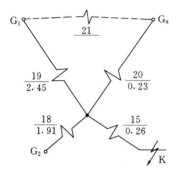

图 2-18 等值电路的化简（三）

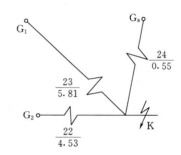

图 2-19 等值电路的化简（四）

$$X_2 = 0.105 \times \frac{100}{31.5} = 0.33$$

$$X_3 = 0.4 \times 10 \times \frac{100}{115^2} = 0.03$$

$$X_4 = X_5 = 0.4 \times 50 \times \frac{100}{115^2} = 0.15$$

$$X_6 = X_7 = 0.105 \times \frac{100}{20} = 0.525$$

$$X_8 = 0.06 \times \frac{10}{\sqrt{3} \times 0.3} \times \frac{100}{10.5^2} = 1.05$$

$$X_9 = 0.124 \times \frac{100}{6/0.8} = 1.65$$

2）△→Y变换：

$$X_{10} = \frac{X_3 X_4}{X_3 + X_4 + X_5} = \frac{0.03 \times 0.15}{0.03 + 0.15 + 0.15} = 0.014$$

$$X_{11} = \frac{X_4 X_5}{X_3 + X_4 + X_5} = \frac{0.15 \times 0.15}{0.03 + 0.15 + 0.15} = 0.068$$

$$X_{12} = \frac{X_3 X_5}{X_3 + X_4 + X_5} = \frac{0.03 \times 0.15}{0.03 + 0.15 + 0.15} = 0.014$$

$$X_{13} = \frac{X_6 X_7}{X_6 + X_7 + X_8} = \frac{0.525 \times 0.525}{0.525 + 0.525 + 1.05} = 0.13$$

$$X_{14} = X_{15} = \frac{0.525 \times 1.05}{0.525 + 0.525 + 1.05} = 0.26$$

3）串联电抗合并：

$$X_{16} = 0.4 + 0.33 + 0.014 = 0.74$$

$$X_{17} = 0.014 + 0.13 = 0.144$$

$$X_{18} = 0.264 + 1.65 = 1.91$$

4）丫→△变换：

$$X_{19} = X_{16} + X_{17} + \frac{X_{16} X_{17}}{X_{11}} = 0.74 + 0.144 + \frac{0.74 \times 0.144}{0.068} = 2.45$$

$$X_{20} = X_{17} + X_{11} + \frac{X_{17} X_{11}}{X_{16}} = 0.144 + 0.068 + \frac{0.144 \times 0.068}{0.74} = 0.23$$

X_{21} 连接两个电源，已经与短路点的短路电流无关，不必计算了。

5）星→网变换求出各电源对短路点的转移电抗：

$$X_{22} = X_{18} \cdot X_{15} \left(\frac{1}{X_{18}} + \frac{1}{X_{15}} + \frac{1}{X_{19}} + \frac{1}{X_{20}} \right)$$

$$= 1.91 \times 0.26 \times \left(\frac{1}{1.91} + \frac{1}{0.26} + \frac{1}{2.45} + \frac{1}{0.23} \right)$$

$$= 1.91 \times 0.26 \times 9.126 = 4.53$$

$$X_{23} = X_{19} \cdot X_{15} \left(\frac{1}{X_{18}} + \frac{1}{X_{15}} + \frac{1}{X_{19}} + \frac{1}{X_{20}} \right) = 2.45 \times 0.26 \times 9.126 = 5.81$$

$$X_{24} = X_{20} \cdot X_{15} \left(\frac{1}{X_{18}} + \frac{1}{X_{15}} + \frac{1}{X_{19}} + \frac{1}{X_{20}} \right) = 0.23 \times 0.26 \times 9.126 = 0.55$$

6）将转移电抗化为各电源到短路点的计算电抗：

$$X_{ca}(G_1) = X_{23} \frac{S_{G1}}{S_d} = 5.81 \times \frac{25/0.8}{100} = 1.82$$

$$X_{ca}(G_2) = X_{22} \frac{S_{G2}}{S_d} = 4.53 \times \frac{6/0.8}{100} = 0.34$$

由于 G_s 代表无穷大电源系统，不能求它的计算电抗，所以直接用转移电抗 X_{24} 进行计算。

（3）计算各电源供给的短路电流。有限容量电源根据其计算电抗查运算曲线（本例查汽轮发电机曲线），可求出各个时刻的短路电流标么值，进而求出其有名值；无穷大电源则根据其转移电抗直接计算。

1）电源 G_1 供给在短路点处产生的短路电流：先求以电源 G_1 容量为基准容量、以短路点平均电压为基准电压的电流基准值。

$$I_{d1} = \frac{25/0.8}{\sqrt{3} \times 10.5} = 1.72 \text{ (kA)}$$

查附录十二的 0s 曲线，对应 $X_{ca} = 1.82$：

$$I''_* = 0.57 \quad I'' = 0.57 \times 1.72 = 0.98 \text{ (kA)}$$

查附录十二的0.2s曲线，对应 $X_{ca}=1.82$：

$$I_{(0.2)*}=0.539 \quad I_{(0.2)}=0.539\times1.72=0.93 \ (\text{kA})$$

查附录十二的4s曲线，对应 $X_{ca}=1.82$：

$$I_{\infty*}=0.584 \quad I_{\infty}=0.584\times1.72=1.0 \ (\text{kA})$$

2）电源 G_2 供给在短路点处产生的短路电流：求以电源 G_2 容量为基准容量、以短路点平均电压为基准电压的电流基准值。

$$I_{d2}=\frac{6/0.8}{\sqrt{3}\times10.5}=0.41 \ (\text{kA})$$

查附录十二的0s曲线，对应 $X_{ca}=0.34$：

$$I''_{*}=3.16 \quad I''=3.16\times0.41=1.3 \ (\text{kA})$$

查附录十二的0.2s曲线，对应0.34：

$$I_{(0.2)*}=2.52 \quad I_{(0.2)}=2.52\times0.41=1.03 \ (\text{kA})$$

查附录十二的4s曲线，对应0.34：

$$I_{\infty*}=2.28 \quad I_{\infty}=2.28\times0.41=0.94 \ (\text{kA})$$

3）无穷大电源供给在短路点处产生的短路电流：

$$I_{d(s)}=\frac{100}{\sqrt{3}\times10.5}=5.5 \ (\text{kA})（就是短路处电流基准值，S_d=100\text{MVA}）$$

$$I''_{*}=I_{(0.2)*}=I_{\infty*}=\frac{1}{X_{24}}=\frac{1}{0.55}=1.82$$

$$I''=I_{(0.2)}=I_{\infty}=1.82\times5.5=10 \ (\text{kA})$$

（4）求短路点总的三相短路电流。

$$I''_{k}=0.98+1.3+10=12.28 \ (\text{kA})$$

$$I_{k(0.2)}=0.93+1.03+10=11.96 \ (\text{kA})$$

$$I_{k\infty}=1.0+0.94+10=11.94 \ (\text{kA})$$

（5）求短路点的短路容量。

$$S''_{k}=\sqrt{3}\times12.28\times10=212.7 \ (\text{MVA})$$

（6）求三相短路冲击电流（取 $K_{sh}=1.8$）。

$$i_{sh}=\sqrt{2}\times1.8\times12.28=31.26 \ (\text{kA})$$

三、短路电流计算中的几个问题

1. 电源的合并问题

当几个电源的类型和容量相近，且各自到短路点的电气距离（即电抗值）相差不大时，可以将它们合并成一个等值电源。等值电源的容量就等于各电源的容量之和，等值电抗则是各电源支路电抗的并联。两个电源的合并，见图2-20。

当两个电源类型不同，或到短路点的电气距离相差很大时，就不可以合并，否则误差就太大了。

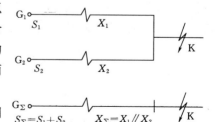

图2-20 两个电源的合并

一般，可以合并电源的条件是：

$$\frac{S_1 X_1}{S_2 X_2} = 0.4 \sim 2.5 \qquad (2-20)$$

式中　S_1、S_2——两个电源的容量；

　　　X_1、X_2——两个电源到短路点的等值电抗。

2. 短路电流冲击系数 K_{sh} 的不同取值

冲击系数 $K_{sh} = \left(1 + e^{-\frac{0.01}{T_a}}\right)$。在电网的不同地点短路，冲击系数 K_{sh} 取值不同：

在发电机出口短路时，取 $K_{sh} = 1.9$；

在发电厂升压变压器高压侧短路时，取 $K_{sh} = 1.85$；

在高压电网其他地点短路时，取 $K_{sh} = 1.8$；

在 1000kVA 及以下变压器低压侧 0.4kV 短路时，取 $K_{sh} = 1.3$。

K_{sh} 与短路回路参数 X_Σ / R_Σ 有关（$T_a = \dfrac{X_\Sigma}{\omega R_\Sigma}$，$\dfrac{X_\Sigma}{R_\Sigma} = \omega T_a = 314 T_a$），也可由图 2-21 查得。

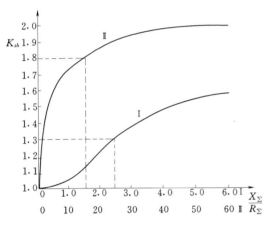

图 2-21　短路电流冲击系数 K_{sh} 曲线

在发电厂以外高压电网中短路回路时间常数 T_a 通常约为 0.05s，则 $\dfrac{X_\Sigma}{R_\Sigma} = 314 \times 0.05 = 15.7$，此时取 $K_{sh} = 1.8$：

$$i_{sh} = \sqrt{2} \times 1.8 I'' = 2.55 I'' \qquad (2-21)$$

$$I_{sh} = I'' \sqrt{1 + 2(1.8-1)^2} = 1.51 I'' \qquad (2-22)$$

在计算多电源网络中某点短路时，也要分别求出各自供给的冲击短路电流有名值，最后再总加起来。因为各自的 K_{sh} 是不同的。

3. 对电网中负荷的处理

（1）一般综合负荷。在发生短路时，一般综合负荷的电流会因电压下降而大为减小，与巨大的短路电流相比，完全可以略去不计，也就是认为此刻负荷均从网络中断开，不参与短路电流计算。

（2）异步电动机。一些接在短路点附近（5m 以内）且容量较大的异步电动机（高压电机容量大于 800kW，低压电机大于 200kW），在短路初瞬次暂态阶段则可看作一台发电机，能向短路点反馈次暂态短路电流和冲击短路电流。可按下列公式计算：

$$I''_M = \frac{E''_{M*}}{X''_{M*}} \cdot I_{MN} \approx \frac{0.9}{0.17} I_{MN} \approx 5.3 I_{MN} \qquad (2-23)$$

$$i_{sh} = \sqrt{2} K_{sh(M)} I''_M \approx \sqrt{2} K_{sh(M)} \times 5.3 I_{MN} = 7.48 K_{sh(M)} I_{MN} \qquad (2-24)$$

式中　E''_{M*}——电动机次暂态电势标么值，一般取 0.9（即电动机额定电压的 90%）；

　　　X''_{M*}——电动机次暂态电抗标么值（以本身容量为基准），一般取其平均值为 0.17

（或等于起动电流倍数的倒数）；

$K_{sh(M)}$——电动机短路电流冲击系数，一般估算时，高压电动机可取 1.4～1.6，低压电动机可取 1.0，也可由图 2-22 查得；

I_{MN}——电动机额定电流。

在其他情况下，均不考虑异步电动机的反馈电流。

（3）同步电动机和同步调相机。接于系统中某一点上的同步电动机或同步调相机，当容量大于 1000kVA 时，在短路计算中应看作附加电源，可用运算曲线法计算其供出的短路电流。对同步电动机可查有自动电压调整装置的水轮发电机运算曲线，但查曲线时所用的时间要改为等值时间，即 $t'=2t$（如查 0.2s 的 $I_{0.2}$，要查 0.4s 的曲线）。这是由于两者定子开路时励磁绕组的时间常数不同，水轮发电机一般为 5s，而同步电动机一般平均值为 2.5s。

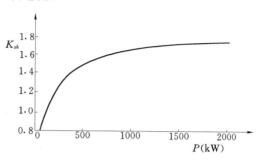

图 2-22　异步电动机冲击系数曲线

对同步调相机，可查有自动励磁调节装置的汽轮发电机运算曲线。

4. 系统的等值电抗的估算

在计算短路电流时，有时供电部门只给出系统总容量以及某个分界母线处的短路容量，有时则只知道分界母线上的断路器的额定断流容量，这时可用下式估算出系统的等值电抗标么值 X_{s*}：

$$X_{s*}=\frac{1}{S_{k*}}=\frac{S_d}{S_k} \qquad (2-25)$$

式中　S_{k*}——系统中某点短路容量的标么值；

S_k——系统分界母线处的短路容量（有时要用该处断路器额定断流容量代替），MVA；

S_d——基准容量，一般取 100MVA。

5. 短路时母线残压的计算

电网中发生三相短路时，短路点的电压降为零，短路点邻近地点电压也大为降低。为分析短路时电力系统的运行状态或因继电保护整定计算的要求，常常需计算系统中某点在短路时的电压——称为残压，以 U_{re} 表示。

稳态短路时系统某点残压（标么值）的计算按下式进行：

$$U_{re*}=I_{\infty*}\cdot X_* \qquad (2-26)$$

式中　X_*——由短路点算起到系统某点的电抗标么值。

【例 2-5】　如图 2-23 所示电网，计算在 K_1、K_2、K_3、K_4 点发生三相短路时的短路电流。有关数据已标于图中。

解　画出等值电路，见图 2-24。

取 $S_d=100$MVA　$U_d=U_{av}$

$$X_1=0.264\times\frac{100}{110/0.85}=0.204$$

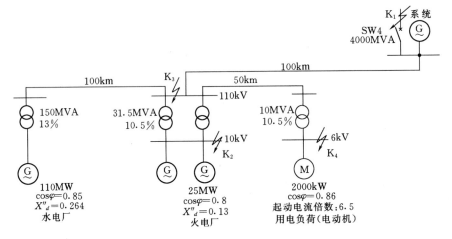

图 2-23 短路计算原始网络图

$$X_2 = 0.13 \times \frac{100}{150} = 0.087$$

$$X_3 = 0.4 \times 100 \times \frac{100}{115^2} = 0.3$$

$$X_4 = X'_4 = 0.105 \times \frac{100}{31.5} = 0.33$$

$$X_5 = X'_5 = 0.13 \times \frac{100}{25/0.8} = 0.416$$

$$X_6 = 0.4 \times 50 \times \frac{100}{115^2} = 0.15$$

$$X_7 = 0.105 \times \frac{100}{10} = 1.05$$

$$X_8 = \frac{1}{6.5} \times \frac{100}{2/0.86} = 6.62$$

$$X_9 = 0.4 \times 100 \times \frac{100}{115^2} = 0.3$$

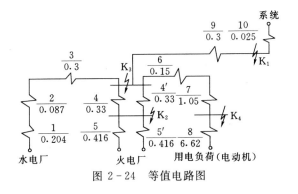

图 2-24 等值电路图

$$X_{10} = \frac{100}{4000} = 0.025（以 SW_4—110 断路器额定断流容量作为该点的系统短路容量）$$

（1）K_1 点短路的短路电流。网络化简为图 2-25，负荷支路断开不必画出。

$$X_{11} = X_1 + X_2 + X_3 = 0.204 + 0.087 + 0.3 = 0.591$$

$$X_{12} = \frac{1}{2}(X_4 + X_5) = \frac{1}{2} \times (0.33 + 0.416) = 0.373$$

火电厂总容量：

$$S_2 + S_3 = 2 \times \frac{25}{0.8} = 62.5 \ (MVA)$$

再用星→网变换进一步化简为图 2-26，便得出各电源的转移电抗：

$$X_{13} = X_{11} + X_9 + \frac{X_{11} \cdot X_9}{X_{12}} = 0.591 + 0.3 + \frac{0.591 \times 0.3}{0.373} = 1.37$$

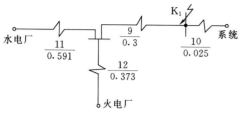

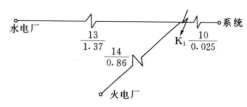

图 2-25　K_1 点短路时的等值电路　　　　图 2-26　K_1 点短路时的转移电抗

$$X_{14} = X_{12} + X_9 + \frac{X_{12} \cdot X_9}{X_{11}} = 0.373 + 0.3 + \frac{0.373 \times 0.3}{0.591} = 0.86$$

求各支路计算电抗：

水电厂：　　　　　　　　$X_{ca} = 1.37 \times \frac{110/0.85}{100} = 1.77$

火电厂：　　　　　　　　$X_{ca} = 0.86 \times \frac{62.5}{100} = 0.54$

求各支路供给的短路电流：

水电厂供给：

$$I''_* = 0.59（由 1.77 查曲线）\qquad I'' = 0.59 \times \frac{110/0.85}{\sqrt{3} \times 115} = 0.38 \text{（kA）}$$

火电厂供给：

$$I''_* = 1.92（由 0.54 查曲线）\qquad I'' = 1.92 \times \frac{62.5}{\sqrt{3} \times 115} = 0.6 \text{（kA）}$$

系统供给：

$$I''_* = \frac{1}{0.025} = 40 \qquad I'' = 40 \times \frac{100}{\sqrt{3} \times 115} = 20 \text{（kA）}$$

求总的短路电流和冲击短路电流：

$$I''_{(k1)} = 0.38 + 0.6 + 20 = 21 \text{（kA）} \quad i_{sh(k1)} = \sqrt{2} \times 1.8 \times 21 = 53.5 \text{（kA）}$$

实际上系统在 K_1 点的短路容量要小于断路器额定断流容量 4000MVA。所以系统电抗标幺值应大于前面算得的 0.025，这样实际的短路总电流和冲击短路电流也比上面算得的要小些。可见，这样计算的短路电流偏大些，选择设备时更安全。

（2）K_2 点短路的短路电流。利用上面的结果，可画出 K_2 点短路时等值电路图 2-27，再进一步化简为图 2-28。

$$X'_9 = 0.3 + 0.025 = 0.325$$

图 2-27　K_2 点短路时的等值电路　　　　图 2-28　K_2 点短路时的转移电抗

$$X_{15} = \frac{1}{2} X_4 = \frac{1}{2} \times 0.33 = 0.165$$

$$X_{16} = \frac{1}{2} X_5 = \frac{1}{2} \times 0.416 = 0.208$$

$$X_{17} = 0.591 + 0.165 + \frac{0.591 \times 0.165}{0.325} = 1.06$$

$$X_{18} = 0.325 + 0.165 + \frac{0.165 \times 0.325}{0.591} = 0.58$$

求各支路计算电抗：

水电厂：
$$X_{ca} = 1.06 \times \frac{110/0.85}{100} = 1.37$$

火电厂：
$$X_{ca} = 0.208 \times \frac{62.5}{100} = 0.13$$

求各支路供给的短路电流：

水电厂供给：
$$I''_* = 0.77（由 1.37 查曲线） \qquad I'' = 0.77 \times \frac{110/0.85}{\sqrt{3} \times 10.5} = 5.48（kA）$$

火电厂供给：
$$I''_* = 8.34（由 0.13 查曲线） \qquad I'' = 8.34 \times \frac{62.5}{\sqrt{3} \times 10.5} = 28.67（kA）$$

系统供给：
$$I''_* = \frac{1}{0.58} = 1.72 \qquad I'' = 1.72 \times \frac{100}{\sqrt{3} \times 10.5} = 9.46（kA）$$

求总的短路电流及冲击短路电流：
$$I''_{(k2)} = 5.48 + 28.67 + 9.46 = 43.9（kA）$$
$$i_{sh(k2)} = \sqrt{2} \times 1.8 \times 5.48 + \sqrt{2} \times 1.9 \times 28.67$$
$$+ \sqrt{2} \times 1.8 \times 9.46 = 115（kA）$$

注意 K_{sh} 有不同的取值。

（3）K_3 点短路的短路电流。K_3 点短路的等值电路简化为图 2-29。可直接求计算电抗。

水电厂：
$$X_{ca} = 0.591 \times \frac{110/0.85}{100} = 0.765$$

火电厂：
$$X_{ca} = 0.373 \times \frac{62.5}{100} = 0.233$$

求各支路供给的短路电流：

水电厂供给：
$$I''_* = 1.46（由 0.765 查曲线）$$
$$I'' = 1.46 \times \frac{110/0.85}{\sqrt{3} \times 115} = 0.95（kA）$$

火电厂供给：
$$I''_* = 4.8（由 0.233 查曲线）$$

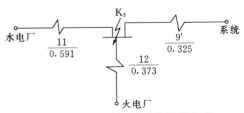

图 2-29　K_3 点短路时的等值电路

$$I'' = 4.8 \times \frac{62.5}{\sqrt{3} \times 115} = 1.51 \text{ (kA)}$$

系统供给：

$$I''_* = \frac{1}{0.325} = 3.07 \quad I'' = 3.07 \times \frac{100}{\sqrt{3} \times 115} = 1.54 \text{ (kA)}$$

求总的短路电流及冲击短路电流：

$$I''_{(k3)} = 0.95 + 1.51 + 1.54 = 4 \text{ (kA)}$$

$$i_{sh(k3)} = \sqrt{2} \times 1.8 \times 0.95 + \sqrt{2} \times 1.85 \times 1.51 + \sqrt{2} \times 1.8 \times 1.54 = 10.29 \text{ (kA)}$$

注意 K_{sh} 有不同的取值。

（4）K_4 点短路的短路电流。K_4 点短路的等值电路简化为图 2-30，再进一步简化为图 2-31。

$$X_{19} = 0.151 + 1.05 = 1.2$$

$$X_{20} = 0.591 \times 1.2 \times \left(\frac{1}{0.591} + \frac{1}{1.2} + \frac{1}{0.373} + \frac{1}{0.325} \right)$$

$$= 0.591 \times 1.2 \times 8.28 = 5.87$$

$$X_{21} = 0.373 \times 1.2 \times 8.28 = 3.7$$

$$X_{22} = 0.325 \times 1.2 \times 8.28 = 3.23$$

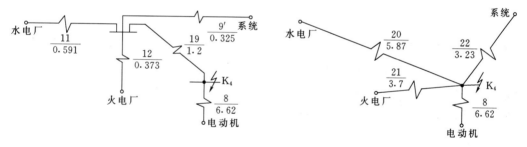

图 2-30　K_4 点短路时的等值电路　　　　图 2-31　K_4 点短路时的转移电抗

求各支路计算电抗：

水电厂：
$$X_{ca} = 5.87 \times \frac{110/0.85}{100} = 7.6$$

火电厂：
$$X_{ca} = 3.7 \times \frac{62.5}{100} = 2.3$$

求各支路供给的短路电流：

水电厂供给：

$$I''_* = \frac{1}{7.6} = 0.13 (X_{ca} > 3.5 \text{ 时用其倒数}) \quad I'' = 0.13 \times \frac{110/0.85}{\sqrt{3} \times 6.3} = 1.54 \text{ (kA)}$$

火电厂供给：

$$I''_* = 0.445 (\text{由 } 2.3 \text{ 查曲线}) \quad I'' = 0.445 \times \frac{62.5}{\sqrt{3} \times 6.3} = 2.55 \text{ (kA)}$$

系统供给：

$$I''_* = \frac{1}{3.23} = 0.31 \qquad I'' = 0.31 \times \frac{100}{\sqrt{3} \times 6.3} = 2.84 \ (\text{kA})$$

电动机供给

$$I''_{*M} = \frac{E''_{M*}}{X''_{M*}} = \frac{0.9}{6.62} = 0.136 \qquad I''_M = 0.136 \times \frac{100}{\sqrt{3} \times 6} = 1.31 \ (\text{kA})$$

求总的短路电流：
$$I''_{(k4)} = 1.54 + 2.55 + 2.84 + 1.31 = 8.24 \ (\text{kA})$$

求总冲击短路电流，各电源 K_{sh} 取 1.8，高压电动机 K_{sh} 取 1.5。

$$i_{sh(k4)} = \sqrt{2} \times 1.8 \times (1.54 + 2.55 + 2.84) + \sqrt{2} \times 1.5 \times 1.31 = 20.42 \ (\text{kA})$$

第五节 不对称短路的计算方法

三相短路（$K^{(3)}$）属于对称性短路故障。此外，还有两相短路（$K^{(2)}$）、两相短路接地（$K^{(1.1)}$）和单相短路（$K^{(1)}$），都属于不对称短路故障。发生不对称短路的机会远比发生三相短路的机会多，尤其是单相短路（接地）故障，约占全部短路故障中的 70% 以上。

不对称短路的计算，一般都采用对称分量法。

一、对称分量法

设有正向旋转（逆时针方向）且相位互差 120° 的一组矢量 $\dot{I}_{a1}$、$\dot{I}_{b1}$、$\dot{I}_{c1}$ 构成三相对称系统；另有反向旋转（顺时针方向）且相位互差 120° 的一组矢量 $\dot{I}_{a2}$、$\dot{I}_{b2}$、$\dot{I}_{c2}$ 也构成一组三相对称系统；还有正向旋转但相位完全相同的一组矢量 $\dot{I}_{a0}$、$\dot{I}_{b0}$、$\dot{I}_{c0}$（幅值也完全相等）构成特殊的对称系统，如图 2-32（a）～（c）所示。三组矢量之间在相位和幅值上都不存在任何特殊关联，完全是任意的。

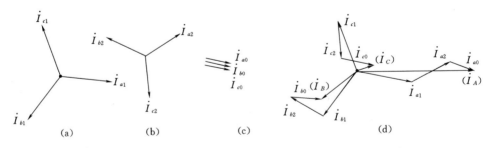

图 2-32 三组旋转矢量及其合成
（a）正序分量；（b）负序分量；（c）零序分量；（d）三组矢量的合成

现将它们按着 A 相、B 相、C 相分别合成为 $\dot{I}_A$、$\dot{I}_B$、$\dot{I}_C$，即令

$$\left. \begin{array}{l} \dot{I}_A = \dot{I}_{a1} + \dot{I}_{a2} + \dot{I}_{a0} \\ \dot{I}_B = \dot{I}_{b1} + \dot{I}_{b2} + \dot{I}_{b0} \\ \dot{I}_C = \dot{I}_{c1} + \dot{I}_{c2} + \dot{I}_{c0} \end{array} \right\} \qquad (2-27)$$

合成的结果如图 2-32（d）所示。从图中可见，合成得到的 $\dot{I}_A$、$\dot{I}_B$、$\dot{I}_C$ 幅值上大小不等，相位上也毫无规律，是一组不对称的三相矢量。反过来说，图 2-32（d）中不对称的三相矢量 $\dot{I}_A$、$\dot{I}_B$、$\dot{I}_C$ 完全可以分解成图 2-32（a）～（c）所示的三组对称分量。

可以证明：任何一组不对称三相系统 $\dot{I}_A$、$\dot{I}_B$、$\dot{I}_C$（或者 $\dot{U}_A$、$\dot{U}_B$、$\dot{U}_C$），都可以分解成三组对称的分量系统，其中正向旋转的一组称为正序分量，反向旋转的一组称为负序分量，相位相同的一组称为零序分量。

为了表明各序分量与合量之间的关系，要引入一个"旋转因子" a，它是一个模为 1 幅角为 $120°$ 的旋转矢量，任何矢量乘以 a 以后幅值不变仅仅正向旋转 $120°$，其数学表达式为

$$\left.\begin{aligned}
a &= \mathrm{e}^{\mathrm{j}120°} = \cos 120° + \mathrm{j}\sin 120° = -\frac{1}{2} + \mathrm{j}\frac{\sqrt{3}}{2} \\
a^2 &= \mathrm{e}^{\mathrm{j}240°} = \cos 240° + \mathrm{j}\sin 240° = -\frac{1}{2} - \mathrm{j}\frac{\sqrt{3}}{2} \\
a^3 &= \mathrm{e}^{\mathrm{j}360°} = 1
\end{aligned}\right\} \tag{2-28}$$

这样，B 相和 C 相的分量都可以用 A 相的分量来表示：

$$\left.\begin{aligned}
\dot{I}_A &= \dot{I}_{A1} + \dot{I}_{A2} + \dot{I}_{A0} \\
\dot{I}_B &= a^2 \dot{I}_{A1} + a \dot{I}_{A2} + \dot{I}_{A0} \\
\dot{I}_C &= a \dot{I}_{A1} + a^2 \dot{I}_{A2} + \dot{I}_{A0}
\end{aligned}\right\} \tag{2-29}$$

也可以用矩阵形式表达：

$$\begin{bmatrix} \dot{I}_A \\ \dot{I}_B \\ \dot{I}_C \end{bmatrix} = \begin{bmatrix} 1 & 1 & 1 \\ a^2 & a & 1 \\ a & a^2 & 1 \end{bmatrix} \begin{bmatrix} \dot{I}_{A1} \\ \dot{I}_{A2} \\ \dot{I}_{A0} \end{bmatrix} \tag{2-30}$$

反过来，分量也可用合量表达，解此矩阵方程组得到：

$$\begin{bmatrix} \dot{I}_{A1} \\ \dot{I}_{A2} \\ \dot{I}_{A0} \end{bmatrix} = \frac{1}{3} \begin{bmatrix} 1 & a & a^2 \\ 1 & a^2 & a \\ 1 & 1 & 1 \end{bmatrix} \begin{bmatrix} \dot{I}_A \\ \dot{I}_B \\ \dot{I}_C \end{bmatrix} \tag{2-31}$$

展开：

$$\left.\begin{aligned}
\dot{I}_{A1} &= \frac{1}{3}\left[\dot{I}_A + a\dot{I}_B + a^2\dot{I}_C\right] \\
\dot{I}_{A2} &= \frac{1}{3}\left[\dot{I}_A + a^2\dot{I}_B + a\dot{I}_C\right] \\
\dot{I}_{A0} &= \frac{1}{3}\left[\dot{I}_A + \dot{I}_B + \dot{I}_C\right]
\end{aligned}\right\} \tag{2-32}$$

这就是由已知合量（即不对称系统矢量）求各对称分量的数学公式。B 相和 C 相的分量亦可求出：

$$\left.\begin{aligned}
\dot{I}_{B1} &= a^2 \dot{I}_{A1} \quad \dot{I}_{C1} = a\dot{I}_{A1} \\
\dot{I}_{B2} &= a\dot{I}_{A2} \quad \dot{I}_{C2} = a^2 \dot{I}_{A2} \\
\dot{I}_{B0} &= \dot{I}_{A0} \quad \dot{I}_{C0} = \dot{I}_{A0}
\end{aligned}\right\} \tag{2-33}$$

综上所述，任一不对称三相系统均可分解成正序分量系统、负序分量系统和零序分量系统这样的三组三相对称系统，从而可以使用求解三相对称系统的各种方法求解，最后将结果再按 A、B、C 三相叠加合成，就得到了求解三相不对称系统的最终结果。这种方法就是对称分量法。

二、短路回路中各元件的序电抗

按照对称分量法的观点，当电网中发生不对称短路时，三相短路电流 $\dot{I}_{KA}$、$\dot{I}_{KB}$、$\dot{I}_{KC}$ 是不对称的，因而可以分解成正序分量短路电流、负序分量短路电流和零序分量短路电流。各元件通过各序分量电流时，应分别产生正序分量压降、负序分量压降和零序分量压降。现定义：

正序压降与正序短路电流之比，称为元件的正序电抗 X_1；

负序压降与负序短路电流之比，称为元件的负序电抗 X_2；

零序压降与零序短路电流之比，称为元件的零序电抗 X_0。

元件各序电抗的数值是不同的，分述如下：

1. 正序电抗 X_1

正序电抗 X_1 的数值，即为第二节电网各元件参数计算公式所算得的电抗值（发电机为 X''_G）。

2. 负序电抗 X_2

对于静止的电气设备，如变压器、线路、电抗器等，其负序电抗值与正序电抗值完全相同，即 $X_2 = X_1$；对旋转电机，$X_2 \neq X_1$，可查各型号电机参数。一般计算时可采用表 2-5 中的数值（两者相差并不大，亦可认为 $X_2 \approx X_1$）。

3. 零序电抗 X_0

零序电抗 X_0 的情况比较复杂。零序电流从短路点出发，由于三相电路的零序电流相位相同，如果前方变压器的绕组中性点没有接地（△或Y），零序电流就不能流通，相当于该变压器的零序电抗为无穷大。因此零序电抗与电网中性点是否接地以及其他许多因素密切相关，要分别加以说明：

（1）架空及电缆线路的零序电抗比它们的正序电抗大许多，与许多因素有关，可查表 2-5。

表 2-5　　　　　　　各种元件的各序电抗平均值

序号	元件名称	电抗平均值			备注
		正序电抗	负序电抗	零序电抗	
1	汽轮发电机	$X''_{G*} = 0.125$	$X_{2*} = 0.16$	$X_{0*} = 0.06$	以电机额定参数为基准的标么值
2	有阻尼绕组的水轮发电机	$X''_{G*} = 0.20$	$X_{2*} = 0.25$	$X_{0*} = 0.07$	
3	无阻尼绕组的水轮发电机	$X''_{G*} = 0.27$	$X_{2*} = 0.45$	$X_{0*} = 0.07$	
4	同步调相机和大型同步电动机	$X''_{G*} = 0.20$	$X_{2*} = 0.24$	$X_{0*} = 0.08$	
5	110kV 和 220kV 单芯电缆	$X_1 = 0.18\Omega/\text{km}$	$X_2 = X_1$	$X_0 = (0.8 \sim 1.0)X_1$	
6	35kV 三芯电缆	$X_1 = 0.12\Omega/\text{km}$	$X_2 = X_1$	$X_0 = 3.5X_1$	
7	20kV 三芯电缆	$X_1 = 0.11\Omega/\text{km}$	$X_2 = X_1$	$X_0 = 3.5X_1$	
8	6~10kV 三芯电缆	$X_1 = 0.08\Omega/\text{km}$	$X_2 = X_1$	$X_0 = 3.5X_1$	
9	1kV 三芯电缆	$X_1 = 0.06\Omega/\text{km}$	$X_2 = X_1$	$X_0 = 0.7\Omega/\text{km}$	
10	1kV 四芯电缆	$X_1 = 0.066\Omega/\text{km}$	$X_2 = X_1$	$X_0 = 0.17\Omega/\text{km}$	

序号	元 件 名 称		电 抗 平 均 值			备 注
			正序电抗	负序电抗	零序电抗	
11	无避雷线的架空输电线路	单回路	35～220kV：$X_1 = 0.4\Omega/km$	$X_2 = X_1$	$X_0 = 3.5X_1$	
12		双回路			$X_0 = 5.5X_1$	系每一回路
13	有钢质避雷线的架空输电线路	单回路		$X_2 = X_1$	$X_0 = 3X_1$	
14		双回路	3～10kV：$X_1 = 0.35\Omega/km$		$X_0 = 4.7X_1$	系每一回路
15	有良导体避雷线的架空输电线路	单回路		$X_2 = X_1$	$X_0 = 2X_1$	
16		双回路			$X_0 = 3X_1$	系每一回路

（2）同步电机的 X_0 比 X_1 小，通常 $X_0 = (0.15 \sim 0.6)X_1$，一般常取表 2-5 中的数值。

（3）变压器的零序电抗，当零序电流可以顺畅地流通时，就等于其正序电抗；当零序电流不能顺畅地流通时，则可近似认为 $X_0 = \infty$。具体情形可见表 2-6 和表 2-7。

三、不对称短路时的序网图

发生不对称短路时，可以认为各序电流分别流经各自的序网。

1. 正序网络

正序网络就是前面三相短路计算时所用的等值电路，电源的参数和电抗的参数都没有变动。实际上，可以把三相短路看作不对称短路的特例：只有正序电流流经正序网络，而没有负序电流（流经负序网）和零序电流（流经零序网）。对正序网的求解也完全与前面三相短路电流计算方法相同。

2. 负序网络

负序网络与正序网络仅有两点不同：

（1）所有元件的电抗都用负序电抗 X_2。实际上，对不旋转的静止元件，$X_2 = X_1$。只有旋转电机，X_2 稍大于 X_1。当无详细资料时，也可近似采用 $X_2 = X_1$。

（2）负序网络中原来的电源没有了（因为这些电源也属于正序），而是将电源点接地。推动负序电流流动的负序电压是作用在短路点处，即负序电流是从短路点流出，最后从接地点（即原来电源点）入地返回。

3. 零序网络

零序网络与正序、负序网络差别很大。推动零序电流的零序电压也作用于短路点处。零序电流从短路点出发，遇到线路、电抗器以及 YN，yn 接法的变压器时，都可以顺畅地流过去（但注意各元件要采用其零序电抗），而遇到 Y、y 接法，Y、yn 接法，D、y 接法或 D、yn 接法的变压器时则不能流通。最后只有流经 YN，d 接法的变压器才能够流入"地"（一般情况下均可认为变压器激磁电抗 $X_{\mu 0}$ 为无穷大），完成零序电流的闭合回路。如果变压器中性点是经过阻抗而接地的，则须将此阻抗值乘 3 后串接在零序电流回路中。凡没有流通零序电流的各个元件，均不出现在零序网络中。

四、序网络的化简和各序的综合电抗

各序网络均可化简为一个综合电抗。

正序网络一般有多个电源点，可先按三相短路计算方法求得各电源对短路点的转移电

表 2－6

双绕组变压器的零序电抗

序号	接线图	等值网络	等值电抗 三个单相 三相五柱式	等值电抗 三相三柱式	备注
1	线圈 I 任意连接	M — X_I U_0	$X_0 = \infty$	$X_0 = \infty$	零序电流根本不能入变压器
2		M X_I N X_{p0} U_0	$X_{p0} = \infty$ $X_0 = X_I + \cdots$	$X_0 = X_I + \cdots$	零序电流能顺畅地流过本变压器，X_1 为本变压器正序电抗。是否能继续向前流取决于前方有无入地点
3		M X_I N X_{p0} U_0	$X_{p0} = \infty$ $X_0 = \infty$	$X_0 = X_I + X_{p0}$	零序电流能入本变压器，但前方没有入地。只好从数值很大的 X_{p0} 入地，能流到 N 点
4		M X_I N X_{p0} U_0	$X_{p0} = \infty$ $X_0 = X_I$	$X_0 = X_I + \dfrac{X_{II} X_{p0}}{X_{II} + X_{p0}} \approx X_1$	零序电流能顺畅地流通原，副绕组并入地。但仅在三角形绕组内部环流，无法到 N 点出去到 N 点
5	Z	M X_I N X_{p0} $3Z$ U_0	$X_{p0} = \infty$ $X_0 = X_I + 3Z$	$X_0 = X_I + \dfrac{(X_{II} + 3Z) X_{p0}}{X_{II} + 3Z + X_{p0}}$ $\approx X_1 + 3Z$	零序电流能顺畅地流通原，副绕组并入地，无法流出去。该阻抗上流过三相零电压降，星形绕组中性点经阻抗 Z 接地，产生三倍零序分量，故在单相零压图中应乘 3
6	短路点 Z	M X_I N X_{p0} $3Z$ U_0	$X_0 = X_I + 3Z + \cdots$	$X_0 = X_I + (X_{II} + 3Z + \cdots) \dfrac{X_{p0}}{X_{p0} + 3Z + \cdots}$	零序电流能顺畅地流过本变压器，能否再向前流要看前方有无入地点

注　1. X_{p0} 为变压器的零序励磁电抗。三相三柱式为 $X_{p0} = 0.3 \sim 1.0$，通常在 0.5 左右（以额定容量为基准）；三个单相，三相五柱式，三相壳式变压器 $X_{p0} \approx \infty$。
2. X_I、X_{II} 为变压器各线圈的正序电抗，二者大致相等，$X_1 = X_I + X_{II}$。

序号	接 线 圈	等 值 网 络	等 值 电 抗	说 明
1			$X_0 = X_{\mathrm{I}} + X_{\mathrm{III}}$	零序电流不能进入第Ⅱ绕组。能在第Ⅲ绕组内部顺畅地流通（图中 I_0 可入地），但无法流到第Ⅲ绕组外面去，不能流到 P 点
2			$X_0 = X_{\mathrm{I}} + \dfrac{X_{\mathrm{III}}(X_{\mathrm{II}} + \cdots)}{X_{\mathrm{III}} + X_{\mathrm{II}} + \cdots}$	零序电流可以顺畅地流出第Ⅱ绕组继续向前流（前方需有 YN，D 变压器才能入地）。第Ⅲ绕组情况同上
3			$X_0 = X_{\mathrm{I}} + \dfrac{X_{\mathrm{III}}(X_{\mathrm{II}} + 3Z + \cdots)}{X_{\mathrm{III}} + X_{\mathrm{II}} + 3Z + \cdots}$	第Ⅱ绕组中性点经阻抗 Z 接地，以 3 倍 Z 值串接于 X_{II} 之后。第Ⅲ绕组情况同上
4			$X_0 = X_{\mathrm{I}} + \dfrac{X_{\mathrm{II}} X_{\mathrm{III}}}{X_{\mathrm{II}} + X_{\mathrm{III}}}$	第Ⅱ绕组与第Ⅲ绕组都是三角形，零序电流仅能在它们内部流通（图中 I_0 有 2 个入地点），不能流到 N 点和 P 点

注　1. X_{I}、X_{II}、X_{III} 为三绕组变压器等值星形各支路的正序电抗。

　　2. 直接接地 YN，yn，yn 和 YN，yn，d 接线的自耦变压器与 YN，yn，d 接线的三绕组变压器的等值电路是一样的。

抗，然后将各电源支路合并为一个等值电源（不必计算等值电势）和一个等值电抗，这个等值电抗就是正序网络的综合电抗，用 $X_{1\Sigma}$ 表示。如果各电源相差很大，就不要进行合并，还是分别计算各电源供出的短路电流为宜。

负序和零序网络都只有一个电源点（即短路点）和多个接地点。从短路点看出去，对各支路进行合并化简，最后就化简为一个位于短路点（电源点）和"地"之间的综合电抗，分别用 $X_{2\Sigma}$ 和 $X_{0\Sigma}$ 表示。实际上，多数情况下 $X_{2\Sigma} \approx X_{1\Sigma}$，而 $X_{0\Sigma} > X_{1\Sigma}$。

五、利用正序增广网络和正序增广法则求解不对称短路

可以利用正序增广网络求解不对称短路，即在正序网络化简到各电源点到短路点仅为转移电抗时，在原来短路点 K 处插入一个附加电抗 $X_{\triangle}$（此附加电抗与短路类型有关，见表 2－8）后再接地（新接地点处可称为 K′），然后再重新求出各电源点到 K′ 点的转移电抗，用前述求三相短路同样的方法求得各电源点对 K′ 处三相短路时供出的短路电流，该电流也就是在 K 处不对称短路时短路电流中的正序分量。最后再乘以一个与短路类型有关的故障电流系数 m（见表 2－8），就最终求得 K 点不对称短路时故障点的实际短路电流。这称为正序增广法则，详见［例 2－6］。

41

表 2-8   **各种短路的附加电抗 $X_\triangle$ 和故障电流系数 m**

短路类型	代表符号	附加电抗 $X_\triangle$	故障电流系数 m ($I_K^{(n)}=m^{(n)}I_{K1}^{(n)}$)
三相短路	$K^{(3)}$	0	1
二相短路	$K^{(2)}$	$X_{2\Sigma}$	$\sqrt{3}$
单相短路	$K^{(1)}$	$X_{2\Sigma}+X_{0\Sigma}$	3
二相短路接地	$K^{(1,1)}$	$\dfrac{X_{2\Sigma}\cdot X_{0\Sigma}}{X_{2\Sigma}+X_{0\Sigma}}$	$\sqrt{3}\times\sqrt{1-\dfrac{X_{2\Sigma}\cdot X_{0\Sigma}}{(X_{2\Sigma}+X_{0\Sigma})^2}}$

图 2-33 绘出了各种短路时的正序增广网络图。

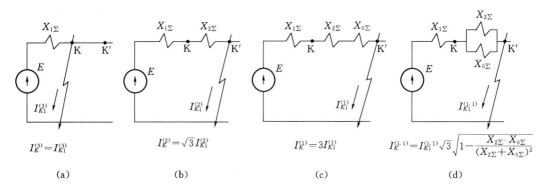

图 2-33 各种短路时的正序增广网络图

(a) 三相短路时（无任何变化，$X_\triangle=0$，$m=1$）；(b) 二相短路时（K→K'，$X_\triangle=X_{2\Sigma}$，$m=\sqrt{3}$）；

(c) 单相短路时（K→K'，$X_\triangle=X_{2\Sigma}+X_{0\Sigma}$，$m=3$）；

(d) 两相短路接地时 K→K'，$X_\triangle=X_{2\Sigma}//X_{0\Sigma}$，$m=\sqrt{3}\times\sqrt{1-\dfrac{X_{2\Sigma}X_{0\Sigma}}{(X_{2\Sigma}+X_{0\Sigma})^2}}$

六、和三相短路的比较

1. 两相短路与三相短路的比较

由图 2-33(a) 可见：
$$I_{K1}^{(3)}=\frac{E}{X_{1\Sigma}}=I_K^{(3)}$$

式中 $I_{K1}^{(3)}$——三相短路电流的正序分量，也就等于三相短路电流本身；

        E——电源电势（经合并以后的总电源），实用计算中其标么值为 1.0；

        $X_{1\Sigma}$——正序综合电抗。

由图 2-33 (b) 可见：
$$I_{K1}^{(2)}=\frac{E}{X_{1\Sigma}+X_{2\Sigma}}\approx\frac{E}{2X_{1\Sigma}}=\frac{I_{K1}^{(3)}}{2}=\frac{I_K^{(3)}}{2}$$

式中 $I_{K1}^{(2)}$——两相短路电流的正序分量。

因而有
$$I_K^{(2)}=\sqrt{3}I_{K1}^{(2)}\approx\frac{\sqrt{3}}{2}I_K^{(3)}=0.866I_K^{(3)} \tag{2-34}$$

这是一个很有用的结论，即：在由无穷大系统供电时，二相短路电流总是小于同一点三相短路电流，为三相短路电流的 86.6%。

2. 单相短路与三相短路的比较

假设零序电抗近似与正序、负序电抗相等，$X_{0\Sigma} \approx X_{1\Sigma} \approx X_{2\Sigma}$，由图 2-33 （c）可知：

$$I_{K1}^{(1)} = \frac{E}{X_{1\Sigma} + X_{2\Sigma} + X_{0\Sigma}} \approx \frac{E}{3X_{1\Sigma}}$$

$$I_K^{(1)} = 3I_{K1}^{(1)} \approx \frac{3E}{3X_{1\Sigma}} \approx I_K^{(3)}$$

可见这时单相短路电流等于三相短路电流。

实际上，$X_{0\Sigma}$ 往往大于 $X_{1\Sigma}$，因此一般而言单相短路电流小于同一点的三相短路电流。但也可能出现 $X_{0\Sigma} < X_{1\Sigma}$ 的个别情况，此时单相短路电流就大于三相短路电流了。$X_{0\Sigma}$ 的大小可以用改变系统中性点接地的数量和分布来进行调控，一般应使 $X_{0\Sigma} > X_{1\Sigma}$，以避免出现 $I_K^{(1)} > I_K^{(3)}$ 的情况。

【例 2-6】 如图 2-34 所示的电网，有关参数已注明，求图中 K 点发生各种短路时的短路电流（输电线路 $X_1 = 0.4\Omega/\text{km}$，$X_0 = 3X_1$）。

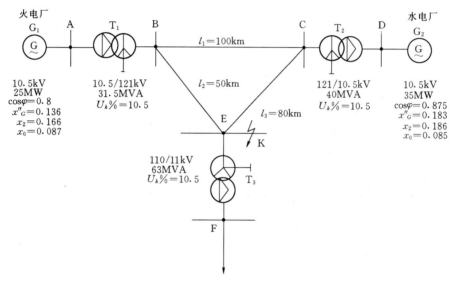

图 2-34 不对称短路计算的原始网络图

解 取 $S_d = 100\text{MVA}$，$U_d = U_{av}$。

（1）各序网及参数计算（为简便计，略去表示"序"的下标及表示标么值的"＊"号）。

1）原始网络等值电路（标么值）（图 2-35）：

$$X_1 = 0.136 \times \frac{100}{25/0.8} = 0.435$$

$$X_2 = 0.105 \times \frac{100}{31.5} = 0.33$$

$$X_3 = 0.105 \times \frac{100}{40} = 0.26$$

$$X_4 = 0.183 \times \frac{100}{35/0.875} = 0.458$$

$$X_5 = 0.4 \times 100 \times \frac{100}{115^2} = 0.3$$

$$X_6 = 0.4 \times 50 \times \frac{100}{115^2} = 0.15$$

$$X_7 = 0.4 \times 80 \times \frac{100}{115^2} = 0.24$$

$$X_8 = 0.105 \times \frac{100}{63} = 0.167$$

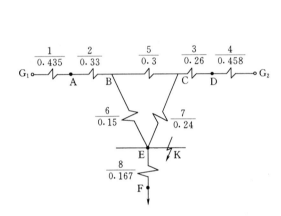

图 2-35　原始网络的等值电路图（标么值）　　　　图 2-36　正序网络及其化简

2）正序网络及其化简（参见图 2-36）：

$X_8 = 0.167$　（但因是负荷支路，可断开，在正序网络中不画了）

$$X_9 = \frac{0.3 \times 0.15}{0.3 + 0.15 + 0.24} = 0.065$$

$$X_{10} = \frac{0.3 \times 0.24}{0.3 + 0.15 + 0.24} = 0.104$$

$$X_{11} = \frac{0.15 \times 0.24}{0.3 + 0.15 + 0.24} = 0.052$$

$$X_{12} = (0.435 + 0.33 + 0.065) + 0.052 + \frac{(0.435 + 0.33 + 0.065) \times 0.052}{(0.458 + 0.26 + 0.104)} = 0.94$$

$$X_{13} = (0.458 + 0.26 + 0.104) + 0.052 + \frac{(0.458 + 0.26 + 0.104) \times 0.052}{0.435 + 0.33 + 0.065} = 0.93$$

$$X_{1\Sigma} = \frac{0.94 \times 0.93}{0.94 + 0.93} = 0.467$$

3）负序网络及其化简（G_1 及 G_2 处接地，见图 2-37）：

$$X'_1 = 0.166 \times \frac{100}{25/0.8} = 0.531$$

$$X'_4 = 0.186 \times \frac{100}{35/0.875} = 0.465$$

$$X_{2\Sigma} = (0.531 + 0.33 + 0.065)//(0.465 + 0.26 + 0.104) + 0.052$$

$$= \frac{0.926 \times 0.829}{0.926 + 0.829} + 0.052 = 0.437 + 0.052 = 0.489$$

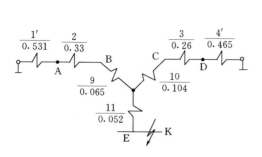

图 2-37 负序网络及其化简

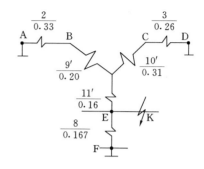

图 2-38 零序网络及其化简

4）零序网络及其化简（A 点、D 点及 F 点三处接地，见图 2-38）：

$$X'_9 = \frac{(3 \times 0.3) \times (3 \times 0.15)}{3 \times (0.3 + 0.15 + 0.24)} = 3 \times 0.065 = 0.20（参见图 2-35、图 2-36）$$

$$X'_{10} = 3 \times 0.104 = 0.31$$

$$X'_{11} = 3 \times 0.052 = 0.16$$

$$X'_{0\Sigma} = 0.167//[0.16 + (0.33 + 0.20)//(0.26 + 0.31)]$$

$$= 0.167//[0.16 + 0.275] = 0.167//0.435 = 0.12$$

（2）K 点发生单相短路的短路电流。

单相短路时的附加电抗：

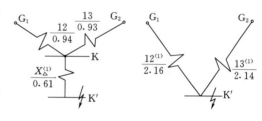

图 2-39 单相短路时的正序增广网络及其化简

$$X_\Delta^{(1)} = X_{2\Sigma} + X_{0\Sigma}$$

$$= 0.489 + 0.12 = 0.61$$

作出正序增广网络并化简成各电源到新的短路点 K' 的转移电抗（参见图 2-39），再求出火电厂和水电厂到新短路点 K' 的计算电抗：

$$X_{12}^{(1)} = 0.94 + 0.61 + \frac{0.94 \times 0.61}{0.93} = 2.16$$

$$X_{13}^{(1)} = 0.93 + 0.61 + \frac{0.93 \times 0.610}{0.94} = 2.14$$

$$X_{ca(火)} = 2.16 \times \frac{25/0.8}{100} = 0.675$$

$$X_{ca(水)} = 2.14 \times \frac{35/0.875}{100} = 0.856$$

根据计算电抗查运算曲线或查表（0s）得到短路电流标么值，进而求出其有名值：

$$I''_{(火)*} = 1.58 \qquad I''_{(火)} = 1.58 \times \frac{25/0.8}{\sqrt{3} \times 115} = 0.248（kA）$$

$$I_{(水)*} = 1.25 \qquad I''_{(水)} = 1.25 \times \frac{35/0.875}{\sqrt{3} \times 115} = 0.251（kA）$$

这是在 K′点发生三相短路时各电厂供出流到短路点的电流，也是在原 K 点发生单相短路时各电厂供给短路点短路电流中的正序分量，乘以故障电流系数 $m^{(1)}=3$ 以后，才是在 K 点发生单相短路时的短路点故障电流。

$$I''^{(1)} = m^{(1)} I_{K1}^{(1)} = 3(0.248 + 0.251) = 3 \times 0.5 = 1.5 \text{ (kA)}$$

（3）K 点发生二相短路时的短路电流。二相短路时的附加电抗：

$$X_\triangle^{(2)} = X_{2\Sigma} = 0.489$$

作出正序增广网络（见图 2-40），求到 K′的转移电抗和计算电抗：

$$X_{12}^{(2)} = 0.94 + 0.489 + \frac{0.94 \times 0.489}{0.93} = 1.92$$

$$X_{13}^{(2)} = 0.93 + 0.489 + \frac{0.93 \times 0.489}{0.94} = 1.90$$

$$X_{ca(火)} = 1.92 \times \frac{25/0.8}{100} = 0.6$$

$$X_{ca(水)} = 1.90 \times \frac{35/0.875}{100} = 0.76$$

查运算曲线或查表（0s）得到短路电流的标么值，进而求出其有名值：

$$I''_{(火)*} = 1.765 \qquad I''_{(火)} = 1.765 \times \frac{25/0.8}{\sqrt{3} \times 115} = 0.277 \text{ (kA)}$$

$$I''_{(水)*} = 1.42 \qquad I''_{(水)} = 1.42 \times \frac{35/0.875}{\sqrt{3} \times 115} = 0.285 \text{ (kA)}$$

二相短路时故障电流系数 $m^{(2)} = \sqrt{3}$，K 点二相短路时故障点的短路电流为：

$$I''^{(2)} = \sqrt{3} \times (0.277 + 0.285) = 0.974 \text{ (kA)}$$

（4）K 点发生二相短路接地时的短路电流。二相短路接地时的附加电抗：

$$X_\triangle^{(1,1)} = \frac{X_{2\Sigma} \times X_{0\Sigma}}{X_{2\Sigma} + X_{0\Sigma}} = \frac{0.489 \times 0.120}{0.489 + 0.120} = 0.096$$

作出正序增广网络（见图 2-41），求到 K′的转移电抗和计算电抗：

$$X_{12}^{(1,1)} = 0.94 + 0.096 + \frac{0.94 \times 0.096}{0.93} = 1.13$$

$$X_{13}^{(1,1)} = 0.93 + 0.096 + \frac{0.93 \times 0.096}{0.94} = 1.12$$

$$X_{ca(火)} = 1.13 \times \frac{25/0.8}{100} = 0.35$$

$$X_{ca(水)} = 1.12 \times \frac{35/0.875}{100} = 0.45$$

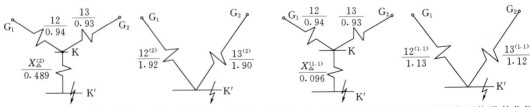

图 2-40　两相短路时的正序增广网络及其化简　　图 2-41　两相短路接地时的正序增广网络及其化简

$$I''_{(火)*} = 3.1 \qquad I''_{(火)} = 3.1 \times \frac{25/0.8}{\sqrt{3} \times 115} = 0.486 \text{ (kA)}$$

$$I''_{(水)*} = 2.4 \qquad I''_{(水)} = 2.4 \times \frac{35/0.875}{\sqrt{3} \times 115} = 0.48 \text{ (kA)}$$

二相短路接地时故障电流系数：

$$m^{(1,1)} = \sqrt{3} \times \sqrt{1 - \frac{X_{2\Sigma} \cdot X_{0\Sigma}}{(X_{2\Sigma} + X_{0\Sigma})^2}} = \sqrt{3} \times \sqrt{1 - \frac{0.489 \times 0.120}{(0.489 + 0.120)^2}} = 1.589$$

K 点二相短路接地时故障点的短路电流为：

$$I''^{(1,1)} = 1.589 \times (0.486 + 0.48) = 1.535 \text{ (kA)}$$

（5）K 点发生三相短路时的短路电流。三相短路时附加电抗 $X^{(3)}_{\triangle} = 0$。因此不需增广，直接由到 K 点的转移电抗 X_{12}、X_{13} 求计算电抗（见图 2-36）。

$$X_{ca(火)} = 0.94 \times \frac{25/0.8}{100} = 0.294$$

$$X_{ca(水)} = 0.93 \times \frac{35/0.875}{100} = 0.372$$

查运算曲线或查表（0s）得到短路电流的标么值，进而求出其有名值：

$$I''_{(火)*} = 3.70 \qquad I''_{(火)} = 3.70 \times \frac{25/0.8}{\sqrt{3} \times 115} = 0.580 \text{ (kA)}$$

$$I''_{(水)*} = 2.98 \qquad I''_{(水)} = 2.98 \times \frac{35/0.875}{\sqrt{3} \times 115} = 0.598 \text{ (kA)}$$

三相短路时故障电流系数 $m = 1$，直接将火电厂和水电厂供给短路点的短路电流相加：

$$I''^{(3)} = 0.580 + 0.598 = 1.18 \text{ (kA)}$$

本例中只计算了 0s 时刻的短路电流，同样方法可查曲线得到任意时刻的短路电流。由本例可见，用正序增广网络方法求各种不对称短路非常简便。

在本例中 $\qquad\qquad\qquad X_{1\Sigma} = 0.467$

$$X_{2\Sigma} = 0.489$$

$$X_{0\Sigma} = 0.12$$

可见，$X_{2\Sigma}$ 略大于 $X_{1\Sigma}$，近似认为 $X_{2\Sigma} = X_{1\Sigma}$ 也是可以的。而 $X_{0\Sigma}$ 却没能大于 $X_{1\Sigma}$，因此使单相短路电流（1.5kA）大于同一点的三相短路电流（1.18kA）。如果打开负荷支路 63MVA 变压器中性接地刀闸，则零序网络中就去掉了经 8# 电抗接地的并联支路，此时 $X_{0\Sigma} = 0.435$，变大许多，单相短路电流也就会相应减少。

由于本例中不是无限大电源系统供电，二相短路电流（0.974kA）仅为三相短路电流（1.18kA）的 82.5%，这个结果是正确的。

思 考 题 与 习 题

1. 何谓短路？引起短路的主要原因是什么？发生短路后可能有什么后果？

2. 何谓次暂态短路电流、冲击短路电流、短路全电流最大有效值及稳态短路电流？计算这些电流的用途是什么？

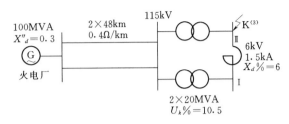

图 2-42 第 8 题计算用图

3. 用标幺值对元件电抗和短路电流计算有什么好处？如何将任意基准下元件电抗的标幺值换算成选定基准下元件电抗的标幺值？

4. 何谓无限大容量电源？无限大容量电源供电的短路暂态过程有什么特点？如何计算无限大容量电源供电的短路电流？

5. 如何用运算曲线计算发电机供电的任意时刻三相短路电流周期分量的有效值？

6. 何谓对称分量法？何谓正序增广法则？如何求解不对称短路？

7. 二相短路与三相短路哪种情况严重？单相短路与三相短路相比又如何？

8. 如图 2-42 所示电力系统，计算 K 点三相短路时，每回输电线路上的 I''、i_{sh}、$I_{0.2}$ 和 I_∞，并计算未故障母线 I 段上的残压。（提示：I 段母线的残压即 I 段母线对短路点的电压）

9. 如图 2-43 所示的电力系统，计算 K 点三相短路时短路处和每个电源供给短路点的 I''。

10. 如图 2-44 所示的电力系统，计算 K 点三相短路、二相短路及单相短路时短路点的 I''、i_{sh}、I_∞。

11. 如图 2-45 所示电力系统，已知 K_1 短路时短路点的 $I''=2.51\text{kA}$，求 K_2 点三相短路时短路点的 I''。

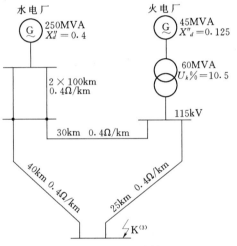

图 2-43 第 9 题计算用图

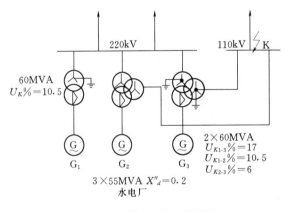

图 2-44 第 10 题计算用图

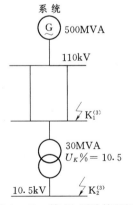

图 2-45 第 11 题计算用图

第三章 导体的发热和电动力、导体的选择

第一节 概 述

导体通过电流后，由于各种损耗会引起发热，这些损耗来源于：①导体本身及其接触连接部分通过电流时，在其电阻上产生的功率损耗；②导体周围的铁磁物质（如支持导体和设备的金属构架等），在导体大电流产生的交变磁场作用下，因磁滞和涡流产生的功率损耗；③导体的绝缘材料，在强电场作用下产生的介质损耗。所有这些损耗几乎全部变成热能，从而使导体的温度升高。

当导体温度升高到一定数值后，将对导体的运行产生以下不良影响。

1. 使导体材料的机械强度显著下降

当导体的温度超过一定允许值后，温度过高会导致导体材料退火，使其机械强度显著下降。例如铝和铜导体在温度分别超过 100℃ 和 150℃ 后，其抗拉强度急剧下降。这样当短路时在电动力的作用下，就可能使导体变形，甚至使导体结构损坏。

2. 破坏接触连接部分的工作

当接触连接处温度过高时，接触连接表面会强烈氧化并产生一层电阻率很高的氧化层薄膜，从而使接触电阻增加，接触连接处的温度更加升高，当温度超过一定允许值后，就会形成恶性循环，导致接触连接处烧红、松动甚至熔化。

3. 显著降低导体绝缘材料的绝缘强度

导体的绝缘材料在温度的长期作用下会逐渐老化，丧失原有的机械性能和绝缘性能。老化的速度与导体的温度有关。当导体的温度超过一定的允许值后，绝缘材料的老化速度加剧，使用寿命明显缩短。由于绝缘材料变脆，绝缘强度显著下降，结果就可能被过电压甚至被正常电压所击穿。

通常导体有两种发热状态：一种是导体长期流过工作电流引起的发热，称为长期发热；另一种是导体短时间流过短路电流引起的发热，称为短时发热。为了保证导体的运行安全，我国规定了两种不同发热状态下导体的最高允许温度。当导体与导体或导体与设备之间采用螺栓连接时，从接触连接处的工作可靠性考虑，导体的正常工作温度不应超过70℃。在计及太阳辐射影响时，钢芯铝绞线及管形导体，可按不超过 80℃ 考虑。当导体的接触面处采用搪锡处理具有可靠的过渡覆盖层时，可提高到 85℃。

导体通过短路电流时，考虑到短路电流持续时间比较短暂，规定导体具有较高的允许温度，对于硬铝及铝锰合金可取 200℃，硬铜可取 300℃。

导体在通过电流时，除了受到温度的作用外，还要受到电动力的作用。正常运行时，由工作电流产生的电动力数值较小，对导体不会造成任何破坏。短路时，导体中流过数值很大的短路电流，由此产生的电动力可能达到很高的数值，有可能造成导体变形或结构损坏。

综上所述，发热和电动力是导体（或电器）在设计和运行中必须要考虑的问题。为了保证导体在工作中具有足够的热稳定性和动稳定性，选择导体时必须进行发热和电动

力计算。

第二节 导体的长期发热和短时发热

一、导体的长期发热与计算

1. 通过电流后导体的稳定温升和稳定温度

导体未通过电流时，导体的温度等于周围环境温度。当流通电流后导体中便产生热量使导体温度升高，同时又以对流和辐射方式向周围散发热量。当发热和散热达到平衡时，其热平衡方程式为

$$I^2 R \mathrm{d}t = mC \mathrm{d}\theta + \alpha A(\theta - \theta_0) \mathrm{d}t \qquad (3-1)$$

式中　I——通过导体的电流，A；

　　　R——导体的交流电阻，Ω；

　　　m——导体的质量，kg；

　　　C——导体的比热容，J/（kg·℃）；

　　　α——导体总散热系数，W/（m^2·℃）；

　　　A——导体散热表面积，m^2；

　　　θ——导体的温度，℃；

　　　θ_0——导体周围环境温度，℃。

正常运行时，由负荷电流变化引起的导体温度变化范围不大，故可将 R、C、α 均看成是与温度无关的常量。这样，式（3-1）便为一阶常系数线性非齐次微分方程式。

以导体的初始工作状态（温度为 θ_s）作为计时起点，对式（3-1）进行整理并积分，则

$$\int_0^t \mathrm{d}t = \int_{\theta_s}^{\theta} \frac{mc}{I^2 R - \alpha A(\theta - \theta_0)} \mathrm{d}\theta \qquad (3-2)$$

解式（3-2）得

$$\theta - \theta_0 = \frac{I^2 R}{\alpha A}(1 - e^{-\frac{\alpha A}{mc}t}) + (\theta_s - \theta_0) e^{-\frac{\alpha A}{mc}t} \qquad (3-3)$$

令 $\theta_s - \theta_0 = \tau_0$，称为起始时刻的温升，$\theta - \theta_0 = \tau$ 为任意时刻的温升，则式（3-3）变为

$$\tau = \frac{I^2 R}{\alpha A}(1 - e^{-\frac{t}{T}}) + \tau_0 e^{-\frac{t}{T}} \qquad (3-4)$$

$$T = \frac{mc}{\alpha A}$$

式中　T——导体的发热时间常数，s。

对一般截面大于 $16mm^2$ 的导体，$T \geqslant 600s$ 左右。

式（3-4）表明，导体任意时刻的温升按指数规律增长，见图3-1。从式（3-4）和图3-1都不难看出，若导体中在起始时刻没有电流，则 $\theta_s = \theta_0$，$\tau_s = 0$，导体温升由式（3-4）前项决定，变化规律如曲线1所示；若起始时刻导体中已有电流，则变化规律如曲线2所示。

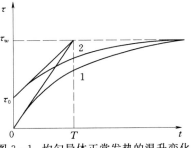

图 3-1 均匀导体正常发热的温升变化

1—起始时刻导体中无电流；

2—起始时刻导体中有电流

但无论导体起始工作状况如何，当 $t \to \infty$ 时，导体温升均将达到稳定温升，即

$$\tau_w = \frac{I^2 R}{\alpha A} \qquad (3-5)$$

此时，$I^2 R = \tau_w \alpha A$，表示电流在导体中产生的热量就等于散发到周围介质的热量，导体温度达到某一稳定温度而不再升高。实际上，当 $t = (3 \sim 4) T$ 时（约为 30min），导体的温度已趋于稳定温度。

2. 导体的安全载流量

设导体已达到其长期发热最高允许温度 θ_{al} 和允许温升 τ_{al}，则此时导体中流通的即为其最大长期允许电流 I_{al}，亦即该导体的安全载流量，可用下式表示：

$$I_{al} = \sqrt{\frac{\alpha A \tau_{al}}{R}} = \sqrt{\frac{\alpha A (\theta_{al} - \theta_0)}{R}} \qquad (3-6)$$

由式（3-6）可见，导体最大长期允许电流取决于导体材料的长期发热允许温度、表面散热能力和导体的电阻。为了提高导体的载流能力，导体材料宜采用电阻率小的材料，如铝、铝合金、铜等。同时，改进导体接头的连接方法，可以提高其 θ_{al}，如铝导体接头螺栓连接时 θ_{al} 为 70℃，改为超声搪锡方法则可提高到 85℃。而导体的散热能力则与导体的形状、布置方式及散热方式有关。在相同截面积的条件下，扁矩形截面的周长大，故导体截面形状宜采用扁矩形或槽形，以获得较大的散热表面积。导体的布置宜采用散热效果最佳的布置方式，矩形截面导体竖放比平放散热效果好，两半槽组成的槽形截面，立缝置于铅垂面比水平面的散热效果好。导体的散热方式包括传导、辐射和对流三种形式。置于液体介质中或由液体内冷的导体，主要散热方式是传导；置于室外或采用强制通风的导体，则主要通过对流散热；置于室内空气中的导体，辐射和对流是它的主要散热方式。由于油漆的辐射系数较大，所以室内硬母线都按 A、B、C 的相序分别涂以黄、绿、红三种颜色，除了便于识别相序，还能加强散热。

有关研究和设计部门已按自然冷却条件，如裸导体按周围环境温度为 +25℃，允许最高温度为 +70℃ 等，经过计算和试验，编制了各种标准截面导体的长期允许电流表，可直接查阅本书附录一及有关手册。

对于电气设备，则是按照一定的标准使用条件，如环境温度为 +40℃，允许最高温度为 +75℃ 等，通过计算和试验，规定了允许的最大工作电流，即额定电流。可查有关设备的铭牌或产品手册。

当周围环境温度与标准的条件不同时，导体的安全载流量应加以修正，温度修正系数 K_θ 可查有关手册，也可由下式求出：

$$K_\theta = \sqrt{\frac{\theta_{al} - \theta_0}{\theta_{al} - \theta_N}} \qquad (3-7)$$

式中　θ_{al}——导体或电器的最高长期允许温度，℃；

　　　θ_N——与导体或电器载流量相对应的标准环境温度，℃；

　　　θ_0——导体或电器实际环境温度，℃。对室外的导体一般取使用地区最热月平均日最高气温，室内可取通风设计时所采用的最高室温。

当流经导体的负荷电流 I 小于其允许载流量 I_{al} 时，负荷电流使导体达到的稳定温度

可由下式求出：

$$\theta_w = \theta_0 + (\theta_{al} - \theta_0)\left(\frac{I}{I_{al}}\right)^2 \qquad (3-8)$$

式中　θ_{al}——导体材料最高允许长期发热温度，℃。

二、导体的短时发热与计算

与长期发热相比，短时发热的特点是：导体中流过的是短路电流，数值大，但持续的时间很短，一般为零点几秒到几秒钟。短路电流产生的热量几乎来不及向周围散热，所以导体的温度在短时间内上升很快。同时，因导体温度变化很大，R、C 已不能看作常数，而是温度的函数。

（一）短时发热过程及导体的最高温度

导体在短路后的温度变化如图 3-2 所示。可以看出，短路瞬间 t_1 导体的温度即为短路前工作电流产生的温度 θ_w，以后温度急剧上升，短路在 t_2 时刻被切除，此时温度达到最大值 θ_k。之后，导体温度便逐渐下降，直到等于周围环境温度 θ_0 为止。

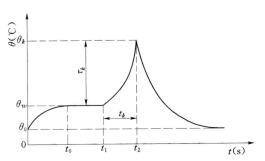

图 3-2　短路前后导体温度的变化

根据上述分析，可以近似认为短路时发热过程为一绝热过程（即导体来不及向周围散热），可得短路时导体发热的平衡方程式为

$$I_{kt}^2 R_\theta \mathrm{d}t = mC_\theta \mathrm{d}_\theta \qquad (3-9)$$

$$m = \rho_m LS$$

$$R_\theta = \rho_0(1 + \alpha_t \theta)\frac{L}{S}$$

$$C_\theta = C_0(1 + \beta\theta)$$

式中　I_{kt}——短路全电流有效值，A；

　　　m——导体的质量，kg；

　　　R_θ——温度为 θ℃时的导体电阻，Ω；

　　　C_θ——温度为 θ℃时的导体比热容，J/（kg·℃）；

　　　ρ_m——导体材料密度，kg/m³；

　　　L——导体的长度，m；

　　　S——导体的截面积，m²；

　　　ρ_0——0℃时导体的电阻率，Ω·m；

　　　α_t——导体电阻的温度系数，1/℃；

　　　C_0——0℃时导体比热容，J/（kg·℃）；

　　　β——导体的比热容温度系数，1/℃。

将以上各项代入式（3-9）得

$$I_{kt}^2 \rho_0(1 + \alpha_t\theta)\frac{L}{S}\mathrm{d}t = \rho_m LSC_0(1 + \beta\theta)\mathrm{d}\theta \qquad (3-10)$$

将式（3-10）整理得

$$\frac{1}{S^2} I_{kt}^2 \, \mathrm{d}t = \frac{\varrho_m C_0}{\rho_0} \left(\frac{1 + \beta\theta}{1 + \alpha_t\theta} \right) \mathrm{d}\theta \qquad (3-11)$$

将式（3-11）左边从短路瞬间（$t=0$）到短路切除时刻（$t=t_k$）积分，相应地等式右边从导体起始温度（$\theta=\theta_w$）到导体最高温度（$\theta=\theta_k$）积分，则

$$\frac{1}{S^2} \int_0^{t_k} I_{kt}^2 \, \mathrm{d}t = \frac{\varrho_m C_0}{\rho_0} \int_{\theta_w}^{\theta_k} \left(\frac{1 + \beta\theta}{1 + \alpha_t\theta} \right) \mathrm{d}\theta \qquad (3-12)$$

等式右边积分得

$$\frac{\varrho_m C_0}{\rho_0} \int_{\theta_w}^{\theta_k} \left(\frac{1 + \beta\theta}{1 + \alpha_t\theta} \right) \mathrm{d}\theta = \frac{\varrho_m C_0}{\rho_0} \left[\frac{\alpha_t - \beta}{\alpha_t^2} \ln(1 + \alpha_t\theta_k) + \frac{\beta}{\alpha_t}\theta_k \right]$$
$$- \frac{\varrho_m C_0}{\rho_0} \left[\frac{\alpha_t - \beta}{\alpha_t^2} \ln(1 + \alpha_t\theta_w) + \frac{\beta}{\alpha_t}\theta_w \right]$$

令

$$\left. \begin{aligned} \frac{\varrho_m C_0}{\rho_0} \left[\frac{\alpha_t - \beta}{\alpha_t^2} \ln(1 + \alpha_t\theta_k) + \frac{\beta}{\alpha_t}\theta_k \right] = A_k \\ \frac{\varrho_m C_0}{\rho_0} \left[\frac{\alpha_t - \beta}{\alpha_t^2} \ln(1 + \alpha_t\theta_w) + \frac{\beta}{\alpha_t}\theta_w \right] = A_w \end{aligned} \right\} \quad [A\ 的单位为\ \mathrm{J/(\Omega \cdot m^4)}]$$

于是式（3-12）可写成

$$\frac{1}{S^2} \int_0^{t_k} I_{kt}^2 \, \mathrm{d}t = A_k - A_w \qquad (3-13)$$

A_k 和 A_w 中，ϱ_m、C_0、ρ_0、α_t、β 都是与导体材料有关的量，材料一定时均为常量。此时的 A 值仅是导体温度的函数，据此即可作出不同导体材料的 $\theta = f(A)$ 曲线，见图 3-3。

θ_w 一般为已知或根据短路前导体的工作状况计算出来，再由 θ_w 查 $\theta = f(A)$ 曲线得到 A_w。这样，可将式（3-13）进一步变成：

$$A_k = \frac{1}{S^2} \int_0^{t_k} I_{kt}^2 \, \mathrm{d}t + A_w \qquad (3-14)$$

积分 $\int_0^{t_k} I_{kt}^2 \, \mathrm{d}t$ 代表短路全电流在其存在时间 t_k 内产生的热效应，可用 Q_k 表示，则上式变为

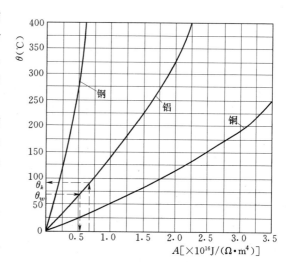

图 3-3　导体的 $\theta = f(A)$ 曲线

$$A_k = \frac{1}{S^2} Q_k + A_w \qquad (3-15)$$

求出 A_k 之后，就能根据 $\theta = f(A)$ 曲线查得短路时导体的最高温度 θ_k。

可见，求解短路时导体最高温度，主要是如何计算 Q_k 的问题。

（二）短路电流热效应值 Q_k 的计算

对 Q_k 较为准确的计算方法是解析法，但由于 I_{kt}^2 的变化规律复杂，故一般不予采用。

以前工程上常用的计算方法是等值时间法，但对于容量为 50MW 以上的发电机计算误差较大。现在一般用近似数值积分法。

短路全电流中包含周期分量 I_p 和非周期分量 I_{np}，其热效应 Q_k 也由两部分构成：

$$Q_k = Q_p + Q_{np} \tag{3-16}$$

1. 短路周期电流热效应 Q_p 的计算

$$Q_p = \int_0^{t_k} I_p^2 \, \mathrm{d}t \tag{3-17}$$

对于任意函数 $y = f(x)$ 的定积分，可采用辛普生公式计算，即

$$\int_a^b f(x)\mathrm{d}x = \frac{b-a}{3n}\left[(y_0 + y_n) + 4(y_1 + y_3 + \cdots + y_{n-1}) + 2(y_2 + y_4 + \cdots + y_{n-2})\right]$$

$$\underline{\text{头与尾}} \qquad\qquad \underline{\text{奇数项}} \qquad\qquad\qquad \underline{\text{偶数项}} \tag{3-18}$$

式中　　b、a——积分区间的上、下限；

n——把整个区间分为长度相等的小区间数（偶数）；

y_i——函数值（$i = 1, 2, \cdots, n$）。

实用计算中，取 $n = 4$ 已足够准确，将其代入式（3-18）得

$$\int_a^b f(x)\mathrm{d}x = \frac{b-a}{12}(y_0 + 4y_1 + 2y_2 + 4y_3 + y_4) \tag{3-19}$$

为了进一步简化计算，可近似认为 $y_2 = \frac{1}{2}(y_1 + y_3)$

代入式（3-19）得

$$\int_a^b f(x)\mathrm{d}x = \frac{b-a}{12}(y_0 + 10y_2 + y_4) \tag{3-20}$$

公式（3-20）又称为 1-10-1 法（各项系数可总结为 1 头、1 尾、10 中间）。

对于周期分量电流的发热，相似地可写成：

$$Q_p = \int_0^{t_k} I_p^2 \mathrm{d}t = \frac{t_k}{12}\left[I''^2 + 10I_{0.5t}^2 + I_t^2\right] \tag{3-21}$$

式中　　I_t——短路切除瞬间的周期分量有效值；

$I_{0.5t}$——$0.5t$ 瞬间的有效值。

式（3-21）适于单电源支路短路周期电流热效应的计算。若有多电源支路向短路点供给短路电流时，应先求出短路点周期分量的总电流，再利用式（3-21）求出短路点总周期电流的热效应。

2. 短路非周期分量热效应 Q_{np} 的计算

$$Q_{np} = \int_0^{t_k} i_{np}^2 \mathrm{d}t = \int_0^{t_k} (\sqrt{2}\,I''\mathrm{e}^{-\frac{t}{T_a}})^2 \mathrm{d}t = T_a(1 - \mathrm{e}^{-\frac{2t_k}{T_a}})I''^2 \tag{3-22}$$

当 $t_k > 0.1\mathrm{s}$ 时，$\mathrm{e}^{-\frac{2t_k}{T_a}} \approx 0$，因此式（3-22）简化为

$$Q_{np} = T_a I''^2 \tag{3-23}$$

$t_k > 1.0\mathrm{s}$ 时，非周期分量早已衰减完毕，Q_{np} 与 Q_p 相比很小可以忽略不计。

表 3-1 为非周期分量时间常数 T_a 值。

短 路 点	T_a (s)	
	$t_k \leqslant 0.1s$	$t_k > 0.1s$
发电机出口及母线	0.15	0.2
发电机升高电压母线及出线；发电机电压电抗器后	0.08	0.1
变电所各级电压母线及出线	0.05	

（三）短路时导体允许的最小截面

如果使导体短路时最高温度 θ_k，刚好等于材料短路时最高允许温度，且已知短路前导体工作温度为 θ_w，从 $\theta = f(A)$ 曲线中可查得相应的 A_k 和 A_w，由此可由式（3-15）反求短路时满足热稳定要求的导体最小截面：

$$S_{min} = \sqrt{\frac{Q_k}{A_k - A_w}} = \frac{1}{C}\sqrt{Q_k} \quad \text{或者} \quad S_{min} = \frac{1}{C}\sqrt{K_f Q_k} \qquad (3-24)$$

$$C = \sqrt{A_k - A_w}$$

式中 C——与导体材料和导体短路前温度 θ_w 有关的热稳定系数，见表 3-2；

         K_f——集肤效应系数，与导体截面形状有关，可查阅有关设计手册。

表 3-2   对应不同工作温度的裸导体 C 值

工作温度（℃）	40	45	50	55	60	65	70	75	80	85	90
硬铝及铝锰合金	99	97	95	93	91	89	87	85	83	82	81
硬铜	186	183	181	179	176	174	171	169	166	164	161

实用中常取材料的长期发热允许温度 70℃ 代替短路前导体的实际温度 θ_w，这样对铝导体取 $C=87$，对铜导体取 $C=171$。式（3-24）中 Q_k 单位为（$A^2 \cdot s$）时，S_{min} 单位为 mm^2。只要选用的导体截面积等于或大于 S_{min}，导体便是热稳定的。

【例 3-1】   发电机出口引出母线采用 $100mm \times 8mm$、$K_f = 1.05$ 的矩形截面硬铝母线，运行在额定工况时母线的温度为 70℃。经计算流过母线的短路电流为 $I'' = 28kA$，$I_{0.6} = 24kA$，$I_{1.2} = 22kA$。继电保护的动作时间为 $t_p = 1s$，断路器全分闸时间为 $t_b = 0.2s$。试计算母线短路时最高温度及其热稳定性。

解   1. 短路全电流热效应计算

（1）短路切除时间

$$t_k = t_p + t_b = 1 + 0.2 = 1.2 \text{（s）}$$

（2）短路电流周期分量热效应，由式（3-21）得

$$Q_p = \frac{t_k}{12}[I''^2 + 10I_{0.6}^2 + I_{1.2}^2]$$

$$= \frac{1.2}{12}[28^2 + 10 \times 24^2 + 22^2] = 702.8 \text{（kA}^2 \cdot \text{s）}$$

（3）短路电流非周期分量的热效应可以忽略（因 $t_k > 1s$）。

（4）短路全电流的热效应为

$$Q_k = Q_p = 702.8\,(\mathrm{kA^2 \cdot s})$$

2. 求短路时导体的最高发热温度及校核热稳定

由 $\theta_w = 70\,℃$ 查图 3-3 得 $A_w = 0.55 \times 10^{16}$ [$\mathrm{J/(\Omega \cdot m^4)}$]，代入式（3-15）并计及集肤效应，得

$$A_k = \frac{K_f}{S^2}Q_k + A_w = \frac{1.05}{\left(\dfrac{100}{1000} \times \dfrac{8}{1000}\right)^2} \times 702.8 \times 10^6 + 0.55 \times 10^{16}$$

$$= 0.115 \times 10^{16} + 0.55 \times 10^{16} = 0.665 \times 10^{16}\ [\mathrm{J/(\Omega \cdot m^4)}]$$

查图 3-3 得：$\theta_k = 90\,℃ < 200\,℃$（铝导体最高允许温度），表明该母线在短路时是热稳定的；或者由式（3-24）求得满足热稳定的导体最小截面积：

$$S_{\min} = \frac{1}{C}\sqrt{K_f Q_k} = \frac{1}{87}\sqrt{1.05 \times 702.8 \times 10^6} = 312\,(\mathrm{mm^2})$$

实际的导体截面积 $S = 100 \times 8 = 800\,\mathrm{mm^2} > 312\,\mathrm{mm^2}$

可见，实际截面也大于热稳定要求的最小截面，满足热稳定要求。

第三节 导体的电动力计算

位于磁场中的载流导体要受到电动力的作用。电力系统中的三相导体，每一相导体均位于其他两相导体产生的磁场中，因此在运行时它们都要受到电动力的作用。

电网中发生短路时，三相导体中将会流过巨大的短路冲击电流，在这一瞬间，载流导体将要承受非常巨大的电动力。如果导体本身及其支撑物（如绝缘瓷件等）的机械强度不够，就可能导致变形甚至损坏，引发更为严重的事故。因此，需要计算出在短路冲击电流作用下载流导体所受到的电动力，也就是短路电流的电动力效应，进行导体或电器的动稳定校验。

一、两平行导体通过电流时的电动力

两平行导体中分别流有 i_1 和 i_2（瞬时值），当两电流方向相同时，两导体间为吸引力，反之为推斥力。相互作用力的大小由下式决定：

$$F = 0.2K_x i_1 i_2 \frac{L}{a}\ (\mathrm{N}) \tag{3-25}$$

式中 i_1、i_2——流过两平行导体中的电流瞬时值，kA；

        L——平行导体长度（或两支撑物之间的距离），m；

        a——两导体中心的距离，m；

        K_x——导体截面的形状系数，对圆形、管形导体，$k_x = 1.0$；对其他截面导体，当 $L \gg a$ 时，$K_x \approx 1.0$；对矩形截面导体，可从图 3-4 中查得。

二、三相母线在短路时的电动力

经计算，当三相母线安装于同一平面时，中间相母线所受的电动力最大（约比边相母

线受力大 7%）。在三相短路冲击电流作用下，中间相母线所受的最大电动力为

$$F = 0.173 K_x i_{sh}^2 \frac{L}{a} \ (\text{N}) \quad (3-26)$$

式中　i_{sh}——三相短路冲击电流，kA；

　　　L——两支持绝缘子之间的一段母线长度，称为跨距，m；

　　　a——相邻两相导体的中心距离，m。

此最大电动力大约出现于三相短路发生后的 0.01s 瞬间，完全与三相短路电流最大瞬时值同步。而同一地点发生二相短路时，母线所受的电动力要比三相短路时小 13%。

【例 3-2】　某降压变电所 10kV 母线选用 $100\text{mm} \times 8\text{mm}$ 铝排，三相平面布置，相间距离 250mm，两支持绝缘子间的跨距为 2m。该母线处的三相短路电流 $I'' = 12\text{kA}$，母线平放和竖放时的最大电动力是否相同？

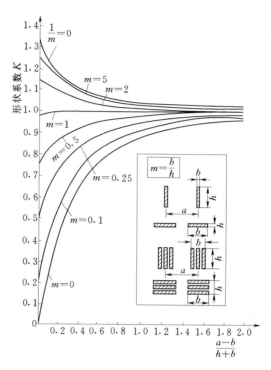

图 3-4　矩形母线截面形状系数

解　降压变电所离电源较远，取 $K_{sh} = 1.8$，三相短路冲击电流为

$$i_{sh} = \sqrt{2} \times 1.8 \times 12 = 30.55 \ (\text{kA})$$

当母线平放时：$b = 100$，$h = 8$，$\dfrac{b}{h} = \dfrac{100}{8} = 12.5$，$\dfrac{a-b}{h+b} = \dfrac{250-100}{8+100} = \dfrac{150}{108} = 1.39$；$K_x = 1.05$

$$F = 0.173 \times 1.05 \times (30.55)^2 \times \frac{2000}{250} = 1356 \ (\text{N})$$

当母线竖放时：$b = 8$，$h = 100$，$\dfrac{b}{h} = \dfrac{8}{100} = 0.08$，$\dfrac{a-b}{h+b} = \dfrac{250-8}{100+8} = \dfrac{248}{108} = 2.24 > 2$；$K_x \approx 1.0$

$$F = 0.173 \times 1 \times (30.55)^2 \times \frac{2000}{250} = 1291.7 \ (\text{N})$$

可见母线平放与竖放所受之电动力是不相同的。平放时所受的电动力略大，但平放时母线对受力方向的抗弯强度却大为提高（见表 3-4）。因此，综合起来看，还是三相水平布置且母线平放时动稳定性能较好。

三、三相导体的共振应力

任何物体都具有质量和弹性，由弹性物体构成的组合体称为弹性系统。发电厂的母线及其绝缘子构成的系统就是一弹性系统。母线系统在外力的作用下要发生变形。当撤去外力后，母线系统要经历一个往复振动过程，才回到原来的平衡位置。这种振动称为自由振动，其频率称为母线系统的固有频率。若给母线系统一周期性的持续外力（如三相短路时的电动力），母线系统将发生强迫振动。如果周期性外力的频率等于母线系统的固有频率，母线系统将发生共振现象，此时振动的幅值特别大，可能超过母线系统的弹性限度，使母

线的结构遭到破坏。为此，对大电流和重要的母线，必须进行共振校验，以尽量避开共振。若无法避开时，应计及母线系统在共振时的电动力。

母线系统的振动问题，从结构动力学的角度，可以将其看成是一个多等跨、简支连续梁的单频振动问题。系统的固有频率可按下式计算

$$f_0 = 112 \times \frac{r_i}{L^2} \varepsilon \quad (\text{Hz}) \tag{3-27}$$

式中　r_i——与母线截面和布置方式有关的母线惯性半径，cm，可从有关设计手册查到；

　　　L——绝缘子跨距，cm；

　　　ε——材料系数，铜为 1.14×10^4，铝为 1.55×10^4，钢为 1.64×10^4。

对于 35kV 及以下的硬母线系统，为了避免可能发生的共振现象，设计时应使母线系统的固有频率避开下列频率范围：

对于单条母线及组合母线中的各条母线为 $35 \sim 135\text{Hz}$；对于多条母线组及带有引下线的单条母线为 $35 \sim 155\text{Hz}$；对于槽形和管形母线为 $30 \sim 160\text{Hz}$。

当母线系统的固有频率在上述范围以外时，可不考虑共振问题；如在上述范围以内时，则应乘以修正系数 β，此时式（3-26）应改写为

$$F_{\max} = 0.173 K_x i_{sh}^2 \frac{L}{a} \beta \quad (\text{N}) \tag{3-28}$$

修正系数 β 可从图 3-5 查得。

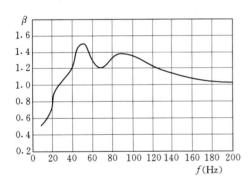

图 3-5　单频振动系统动态应力系数 β

为了避免母线系统可能发生的共振现象，可以直接求解不发生共振的绝缘子最大允许跨距。从母线发生共振频率的范围和图 3-5 可见，当母线固有频率等于或大于 160Hz 时，$\beta = 1$，母线系统不会发生共振。又从式（3-27）知，改变母线的截面积和布置方式以及绝缘子跨距，均可改变 f_0 的大小，但最有效的是改变绝缘子的跨距。

据此，可令 $f_0 = 160\text{Hz}$，则式（3-27）变为

$$L_{\max} = \sqrt{112 \frac{r_i}{160} \varepsilon} = 0.84 \sqrt{r_i \varepsilon} \tag{3-29}$$

只要实际选用的绝缘子跨距 $L \leqslant L_{\max}$，母线系统就不会发生共振。

第四节　大电流封闭母线的发热和电动力

一、概述

随着电力系统规模的不断扩大，发电厂的单机容量也在不断增加。到目前为止，我国已运行电厂的最大单机容量，火电厂为 60 万 kW；水电厂为 55 万 kW，而且呈进一步增大的趋势。大容量机组的出现，给发电机出口母线运行的可靠性提出了新的问题。如果依旧采用敞露式布置，绝缘子易沾上灰尘，极易造成绝缘子闪络以及由外物引起的短路故

障。大型发电机出口母线短路时，电动力可能达到极高的数值，这给母线及相关设备的选型造成困难。同时，母线工作电流也很大，使附近钢构件发热严重，周围环境温度升高，影响母线的正常运行。

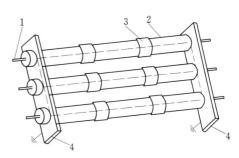

图 3-6　全连式分相封闭母线
1—母线；2—外壳；3—焊接接头；4—短路板

解决上述问题的合理办法是采用封闭母线。事实上，我国 20 万～60 万 kW 的机组已广泛采用全连式分相封闭母线，即母线由铝管制成，每相母线全封装在单独的外壳内，外壳两端用短路板连接并可靠接地，其结构如图 3-6 所示。

全连式分相封闭母线的优点是：

（1）运行可靠性高。母线被封装在里面，避免了外界自然环境对母线及其绝缘子的粉尘污染，消除了母线相间短路的可能性。

（2）可有效地减小母线及其附近短路时母线间的电动力。外壳与母线形成相当于 1∶1 的空心变压器。由于外壳涡流和环流磁场对母线电流磁场的强烈去磁作用，使壳内磁场大为减弱，有效地减小了短路时母线的电动力。

（3）可显著地减小母线附近钢构的发热。

（4）外壳多点接地，可保证人体触及时的安全。

（5）维护工作量较小。

（6）母线和外壳之间可兼作强迫冷却介质的通道，可大大提高母线的载流量。

全连式分相封闭母线的缺点是：

（1）母线的自然散热条件较差。

（2）外壳会发热产生损耗。

（3）有色金属消耗较多，投资较大。

二、封闭母线作用的原理分析

1. 壳外磁场已所剩无几

封闭母线的壳外磁场约可减小到无外壳时的 10% 以下，下面以图 3-7（a）、（b）的单相系统来分析（三相系统在原理上也是类似的）。

单相母线及其外壳可看作一个 1∶1 的单匝空心变压器，母线为原边绕组，外壳及其两端的短路板构成副边绕组。原边（母线）电流为 $\dot{I}_m$ 时，副边（外壳）则有感应流 $\dot{I}_K$，经分析和测试，$\dot{I}_K$ 数值很大，仅略小于 I_m。副边电流 $\dot{I}_K$ 的磁场与原边电流的磁场方向是相反的，在这种强烈的去磁作用下，壳外磁场已所剩无几，对附近钢构发热的作用基本上可以消除。

2. 进入邻相壳内的磁场也大为减少

已经很小的壳外磁场在进入邻相壳内时，又会进一步被削弱，可用图 3-7（c）来说明。

当 B 相剩余磁场进入 A 相范围时，在 A 相外壳中引起涡流，它沿外壳两侧（纵长方向）来回流动，图中用×和·表示其方向，这个涡流也会产生自己的磁场，其方向与 B

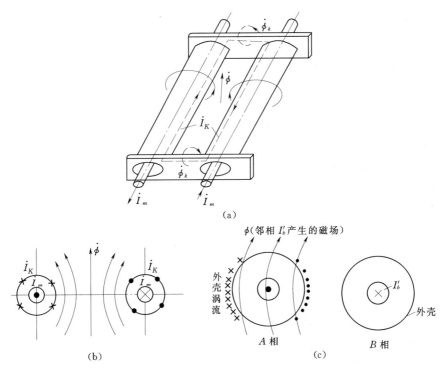

图 3-7 全连式封闭母线的磁场

(a) 单相全连式封闭母线原理图；(b) 磁通图；(c) 三相母线 B 相在 A 相的磁场

相的磁场又是相反的，这就使 A 相母线所受电动力大为减小了。

第五节 大电流母线附近钢构的感应发热

处于大电流母线附近的钢铁构件（如支持母线的钢梁、混凝土中的钢筋等），会感应出很大的涡流，引起钢构发热，严重时会使混凝土发生裂缝，钢构产生热应力发生形变，等等。因此，必须给予重视。根据多年实践经验，钢构在空气中允许的最高温度，在工作人员可能触及的地方不宜超过 $70\sim75℃$，否则可能烫伤人体；在不会触及的地方不应高过 $100℃$，否则有引发火灾的危险。埋在混凝土中的钢筋，不宜高于 $80℃$。

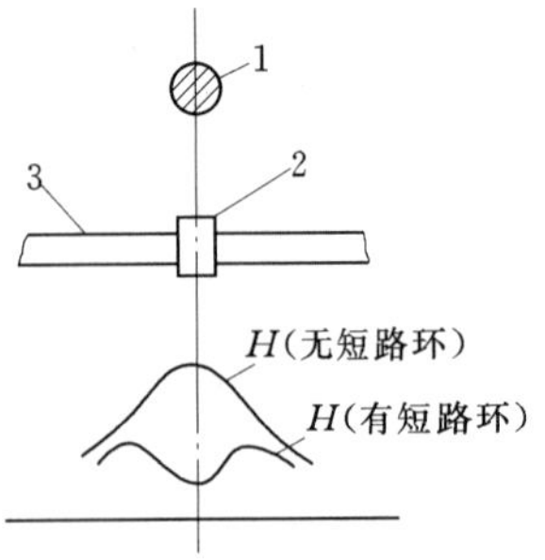

减少钢构损耗和发热的措施有以下几项：

（1）加大与载流导体的距离。当然这会受到许多限制。

（2）装屏蔽环。在钢构发热最严重处（即磁场强度最大处）套上短路环（铝或铜环见图 3-8），利用短路环中的感应电流起去磁作用。

（3）断开钢构的闭合回路，使其内不产生环流。

（4）采用非磁性材料代替钢构。

（5）采用分相封闭母线。

图 3-8 钢构加短路环屏蔽示意图

1—载流导体；2—短路环；3—钢构

第六节　母线、绝缘子和绝缘套管的选择

一、母线的选择

为了汇集、分配和传输电能，常常需要设置母线。发电厂的母线分为发电机出口母线、发电机电压（汇流）母线和升高电压（汇流）母线。

母线的选择内容包括：①确定母线的材料、截面形状、布置方式；②选择母线的截面积；③校验母线的动稳定和热稳定；④对重要的和大电流的母线，校验其共振频率；⑤对于110kV及以上的母线，还应校验能否发生电晕。

（一）母线的材料、截面形状和布置方式

1. 母线的材料

常用的母线材料有铜、铝和铝合金三种。铜的电阻率低，耐腐蚀性好，机械强度高，是很好的母线导体材料。但铜的价格高，用途广，且我国铜的储量有限，因此，铜材料一般限于在母线持续电流大，布置尺寸特别受限制或母线周围污秽对铝腐蚀较大而对铜腐蚀较轻的场所使用。铝的电阻率虽为铜的1.7～2倍，但密度只有铜的30%，易于加工，安装连接方便，且价格便宜，我国铝储量也较丰富，因此，一般用铝或铝合金作为母线材料。

2. 母线的结构

母线的结构和截面形状决定于母线的工作特点。正常工作时，发电机电压母线工作电压较低，但持续工作电流较大，大中型发电机母线的工作电流一般在几千到上万安培，突出的问题是散热和短路时的动稳定问题。为了有利于散热和保证短路时母线的动稳定，发电机电压母线通常采用硬裸母线。常用的硬裸母线的截面形状有矩形、槽形和管形。矩形母线的散热条件好，安装连接方便。但矩形母线集肤效应系数较大，为了不浪费母线材料，单条矩形母线的最大截面一般不超过1250mm²，当母线回路的工作电流不超过2000A时，可采用每相单条矩形母线。当母线回路工作电流超过2000A时，可在每相将2～4条矩形母线并列使用。但应注意，采用每相多条矩形母线的条数以不超过3条为宜。这是因为受邻近效应影响，每相母线的总载流量并非随着条数的增多成比例增加，这不仅造成了母线材料的浪费，而且使散热条件变差，同时给母线的安装连接带来不便。每相2或3条矩形母线适用于母线工作电流为2000～4000A的回路中。槽形母线的截流量大，集肤效应系数小，机械强度高，一般适用于母线工作电流为4000～8000A的回路中。管形母线的集肤效应系数最小，机械强度高，还可以采用管内通水或通风的冷却措施，因此，当母线工作电流超过8000A时，常采用管形母线。

升高电压（汇流）母线以前大都采用软导线做母线。现在35～500kV均可采用管形硬母线。

3. 母线的布置形式

矩形或槽形母线的散热及机械强度还与母线的布置方式有关。图3－9（a）所示的散热条件较好，母线的载流量较大，但机械强度较低，图3－9（b）则相反。图3－9（c）的布置方式兼顾了图3－9（a）和图3－9（b）的优点，但母线布置的高度增加，巡视母线不太方便。槽形母线由两个半槽组成，两半槽之间留有缝隙。显然，使缝隙在铅垂方向

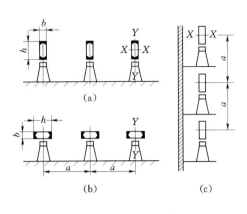

图 3-9 矩形母线的布置方式

(a) 三相水平布置，母线竖放；

(b) 三相水平布置，母线平放；

(c) 三相垂直布置，母线竖放

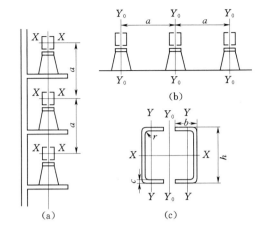

图 3-10 槽形母线的布置方式

(a) 三相垂直布置，缝隙在铅垂面；(b) 三相水平布置，

缝隙在铅垂面；(c) 断面尺寸

有利于散热，见图 3-10。母线采用何种布置方式，应根据母线工作电流大小，短路电流电动力的大小，以及配电装置的具体情况而定。

4. 电晕问题

与发电机电压母线相比，升高电压母线通过的工作电流较小，但母线的电压较高，一般在 $110\sim500kV$，突出的问题是电晕问题。电晕是一种强电场下的放电现象。当导体周围电场强度超过了空气的耐压强度（$E=2.1kV/cm$ 时），导体周围的空气便被电离，发出咝咝的撕裂声和蓝紫色的晕光（夜晚可见）。电晕发生时不仅引起电能损耗，而且伴随有金属腐蚀等不良影响，因此，电晕是我们所不希望的。试验和分析表明，电压越高，电场强度越大，母线越容易发生电晕。此外，母线表面带有棱角或不光滑，曲率半径太小，都易出现高电场集中，也容易发生电晕。为了避免或减少电晕现象，升高电压母线一般不采用有棱角的截面形状，而广泛采用表面比较光滑的圆形截面形状，如钢芯铝绞线、圆管形铝合金硬母线等，而且直径不可太小。

母线不发生电晕的条件是母线相电压要低于电晕起始电压：

$$\frac{U_N}{\sqrt{3}} \leqslant U_{cr} \qquad (3-30)$$

式中　U_N——母线的线电压，kV；

　　　U_{cr}——电晕起始（临界）电压，kV；可用经验公式进行计算：

$$U_{cr} = 49.3km_1m_2\delta r \lg \frac{D_m}{r} \qquad (3-31)$$

式中　k——三相导体布置方式系数，水平布置时中间相易放电，$k=0.96$；三角布置时 $k=1$；

　　　m_1——导线表面状况系数，管形母线及单股导线为 $0.98\sim0.93$；

　　　m_2——天气系数，晴好天气 $m_2=1$，阴雨天 $m_2=0.8$；

　　　δ——空气相对密度，在海拔 1000m 及以下地区为 1，高于 1000m 时，可查有关手册；

r——导体半径，cm，矩形母线为其四角的曲率半径；

D_m——三相导体的相间距离，cm。

在海拔 1000m 以下地区，若导线不小于表 3-3 中的相应规格，则不必验算电晕条件。

表 3-3 不必验算电晕的导线最小直径及相应导线型号

额定电压（kV）	110	220	330	500
导线外经（mm）	9.8	21.3	33.2 2×21.3	4×23.7 3×27.4
导线相应型号	LGJ—50	LGJ—240	LGJQ—600 2×LGJ—240	4×LGJQ—300 3×LGJQ—400

（二）母线截面积选择

母线的截面积选择有两种方法：①按最大长期工作电流选择；②按经济电流密度选择。发电厂的主母线和引下线以及持续电流较小，年利用小时数较低的其他回路的导线，一般按最大长期工作电流选择；而发电机出口母线，以及年平均负荷较大，且长度较长的回路的导线，则应按经济电流密度选择。

1. 按最大长期工作电流选择

为保证母线正常工作时的温度不超过允许值，应满足如下条件：

$$I_{al} \geqslant I_{g\max} \tag{3-32}$$

式中 I_{al}——对应于规定的环境温度及放置方式的母线允许载流量，A；

$I_{g\max}$——通过母线的最大长期工作电流，A。

当实际环境温度与规定值不同时，母线允许电流应乘以温度修正系数 K_θ。

发电机回路的 $I_{g\max} = 1.05 I_{GN}$（I_{GN} 为发电机额定电流）。这是因为发电机允许在低于额定电压 5% 而额定容量不变的情况下工作。

主母线各段的工作电流是不同的，要根据接线图计算。但为了安装与维修方便，通常按各种运行方式下有可能流过最大电流的一段，将母线全长都选择成同一截面。

2. 按经济电流密度选择

当导体通过电流时，要产生电能损耗。一年中导体所损耗的能量，与导体通过的电流大小和年利用小时数有关，还与导体的截面（即导体电阻）有关。从降低损耗考虑，导体截面越大越好；但从降低投资、维修费用、利息支付及有色金属消耗量等方面考虑，导体截面越小越好。可以用年计算费用这样一个指标，综合计及以上因素。年计算费用最小时所对应的导体截面应当是最合适的，称为经济截面。导体单位经济截面上通过的电流称为经济电流密度，用 J 表示。采用统一规定的经济电流密度进行导体设计，是国家的一项技术政策。我国现行的经济电流密度，见图 3-11。

按经济电流密度选择母线截面的方法是：

（1）根据确定的母线材料和最大负荷年利用小时 $T_{\max}$，由图 3-11 查出经济电流密度 J。

（2）按下式计算母线的经济截面积 S_e：

$$S_e = \frac{I_g}{J} \ (\text{mm}^2) \tag{3-33}$$

式中 I_g——正常工作时母线回路的最大长期工作电流，A。计算时不要计入特殊运行方式下可能出现的短时过负荷。

根据 S_e 的计算结果，在母线规格表上选一个与 S_e 最接近的标准截面，既可大于 S_e 一些，也可以小于 S_e 一些。

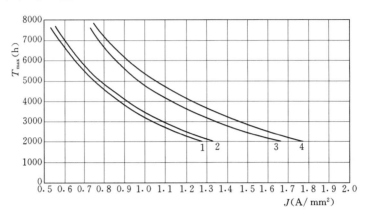

图 3-11 经济电流密度

1—变电所所用、工矿用及电缆线路的铝线纸绝缘铅包、铝包、塑料护套及
各种铠装电缆；2—铝矩形、槽型母线及组合导线；3—火电厂
厂用铝芯纸绝缘铅包、铝包、塑料护套及各种铠装电缆；
4—35～220kV 线路的 LGJ、LGJQ 型钢芯铝绞线

按经济电流密度选择的母线截面，通常会大于按最大长期工作电流选择的截面，同时，其允许载流量还应当大于特殊运行方式下可能出现的短时过负荷值。

（三）母线的热稳定校验

满足热稳定要求的母线最小截面积 S_{min} 仍按式（3-24）求得，即

$$S_{min} = \frac{1}{C} \sqrt{K_f Q_k} \quad （\mathrm{mm}^2）$$

只要实际选用的母线截面积 $S \geqslant S_{min}$，母线便是热稳定的。

（四）硬母线的动稳定校验（软母线不需校验动稳定）

发电厂各种截面形状的硬母线均被安装在支柱绝缘子上，当母线通过冲击短路电流时，作用在母线上的电动力可能使其弯曲，严重时可能使母线结构损坏。为保证母线在短路时的动稳定性，必须对母线进行应力计算。下面介绍单条矩形母线、多条矩形母线和槽形母线应力计算的方法。

1. 单条矩形母线的应力计算

由式（3-26）可知，单位长度三相母线受到的相间电动力（设 $K_x=1.0$）为

$$f_\varphi = 0.173 \frac{1}{a} i_{sh}^2 \quad （\mathrm{N/m}） \tag{3-34}$$

对于由多个支柱绝缘子支撑和夹持的母线，在力学上，可按自由放在支柱（绝缘子）上受均布荷载的多跨梁处理，在单位长度电动力的作用下，母线受到的最大弯矩为

$$M = \frac{f_\varphi L^2}{10} \quad （\mathrm{N/m}） \tag{3-35}$$

式中 f_φ——单位长度母线受到的相间电动力，N/m；

  L——相邻两支柱绝缘子间的跨距，m。

母线受到的最大相间应力：

$$\sigma_\varphi = \frac{M}{W} = \frac{f_\varphi L^2}{10W} \text{ （Pa）} \tag{3-36}$$

式中 W——母线对垂直于作用力方向轴的截面系数（也称抗弯矩），m³，见表 3-4。

表 3-4 母线截面系数

导体布置方式			截面系数 W	导体布置方式			截面系数 W
			$bh^2/6$				$1.44b^2h$
			$b^2h/6$				$0.5bh^2$
			$0.333bh^2$				$3.3b^2h$

为保证母线在通过冲击短路电流时的动稳定，按式（3-36）求出的计算应力必须满足如下条件，即

$$\sigma_\varphi \leqslant \sigma_{al} \text{ （Pa）} \tag{3-37}$$

式中 σ_{al}——母线材料的允许应力，Pa，见表 3-5。

若计算应力的结果是 $\sigma_\varphi > \sigma_{al}$，则必须设法减小 σ_φ。常用的办法是减小绝缘子的跨距，可根据母线材料的允许应力反求满足动稳定要求的最大允许跨距。由式（3-36），令 $\sigma_\varphi = \sigma_{al}$，可得

表 3-5 母线材料最大允许应力

母线材料	最大允许应力 σ_{al}（Pa）
硬 铝（LMY）	70×10^6
硬 铜（TMY）	140×10^6

$$L_{max} = \sqrt{\frac{10\sigma_{al}W}{f_\varphi}} = \sqrt{\frac{10\sigma_{al}W}{0.173\frac{1}{a}i_{sh}^2}} = \frac{7.6}{i_{sh}}\sqrt{\sigma_{al}Wa} \text{ （m）} \tag{3-38}$$

式中 i_{sh}——冲击短路电流，kA；

  a——母线相间距离，m；

  W——母线截面形状系数，m³。

同时，为了避免水平放置的矩形母线因本身重量而过分弯曲，要求所选用的绝缘子跨距不得超过 1.5～2.0m。一般情况下，绝缘子跨距等于配电装置间隔的宽度。

2. 多条矩形母线的应力计算

当每相由多条矩形母线组成时，作用在母线上总的最大计算应力由相间应力 σ_φ 和同相条间应力 σ_s 组成，即

$$\sigma = \sigma_\varphi + \sigma_s \tag{3-39}$$

式中的 σ_φ 仍用式（3-36）计算，但 W 应改用多条矩形母线组合的截面系数，见表 3-4。

计算同相条间应力 σ_s 时，应注意同相母线条间的形状系数和电流分配。当同相由两条矩形母线组成时，可认为相电流在两条中平均分配，并且 $a=2b$。当冲击短路电流 i_{sh} 流过母线时，由式（3-25）经推导可得单位长度条间电动力：

$$f_s = 2.5 \times 10^{-2} K_{12} i_{sh}^2 \frac{1}{b} \quad (\text{N/m}) \tag{3-40}$$

式中　i_{sh}——冲击短路电流，kA；

　　　b——每条母线的厚度，m。

若同相由三条矩形母线组成时，可认为中间条通过 20% 相电流，两边条各通过 40% 的相电流，此时，两边条受到的条间力最大。当冲击短路电流 i_{sh} 通过母线时，边条所受到的电动力为另外两条对它的电动力之和：

$$f_s = 8 \times 10^{-3} (K_{12} + K_{13}) i_{sh}^2 \frac{1}{b} \quad (\text{N/m}) \tag{3-41}$$

上两式中：K_{12}、K_{13} 分别为条 1—2 和条 1—3 的截面形状系数，可由图 3-4 查得。

　　由于同相条间距很小（一般等于母线厚度 b），因此条间应力 σ_s 很大。为了减少 σ_s，通常在条间设有衬垫，如图 3-12 所示。为防止同相母线在条间力作用下发生弯曲而相碰，母线衬垫间的距离还必须小于临界距离 L_{cr}（使母线条开始相碰时的距离）。临界距离 L_{cr} 可用下式计算：

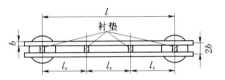

图 3-12　双条矩形母线衬垫布置

$$L_{cr} = \lambda b \sqrt[4]{h/f_s} \quad (\text{m}) \tag{3-42}$$

式中：b、h 分别为矩阵母形的厚度和宽度，m；λ 为与母线材料及条数有关的系数，双条铜母线为 1144，三条铜母线为 1355；双条铝母线为 1003，三条铝母线为 1197。

　　所选衬垫距离 L_s 必须满足 $L_s < L_{cr}$ 的要求。但衬垫数量也不宜太多，以免使母线散热条件变坏，使安装工作复杂化。根据设计和运行经验，衬垫间距一般取 $30 \sim 50\text{mm}$ 为宜。

　　对于条间设有衬垫的母线，在力学上可按两端固定受均布荷载的梁计算，此时母线条受到的最大弯矩为

$$M_s = \frac{1}{12} f_s L_s^2 \quad (\text{N} \cdot \text{m}) \tag{3-43}$$

条间受到的最大应力为

$$\sigma_s = \frac{M_s}{W_s} = \frac{f_s L_s^2}{12 W_s} \quad (\text{Pa}) \tag{3-44}$$

$$W_s = \frac{1}{6} b^2 h$$

式中　W_s——母线条的截面系数，m³。

　　故式（3-44）可进一步写成

$$\sigma_s = \frac{f_s L_s^2}{2 b^2 h} \quad (\text{Pa}) \tag{3-45}$$

将式（3-40）代入式（3-45）可得每相两条矩形母线的条间应力计算式：

$$\sigma_s = \frac{f_s L_s^2}{2b^2 h} = 1.25 \times 10^{-2} K_{12} i_{sh}^2 \frac{L_s^2}{b^3 h} \quad (\text{Pa}) \tag{3-46}$$

将式（3-41）代入式（3-45）可得每相三条矩形母线的条间应力计算式：

$$\sigma_s = \frac{f_s L_s^2}{2b^2 h} = 4 \times 10^{-3} (K_{12} + K_{13}) i_{sh}^2 \frac{L_s^2}{b^3 h} \quad (\text{Pa}) \tag{3-47}$$

若每相多条矩形母线总的最大应力 $\sigma = \sigma_s + \sigma_s \leqslant \sigma_{al}$，则认为母线是满足动稳定的。

为了简化计算，可令 $\sigma_s = \sigma_{al} - \sigma_\varphi$，由式（3-45）反算满足动稳定要求的最大衬垫间距：

$$L_{S\max} = b \sqrt{\frac{(\sigma_{al} - \sigma_\varphi) 2h}{f_s}} \quad (\text{m}) \tag{3-48}$$

只要实际选取的 $L_s < L_{S\max} < L_{cr}$，母线便满足动稳定要求。

3. 槽形母线的应力计算

作用在槽形母线上总的计算应力，由相间应力 σ_φ 和槽间应力 σ_c 组成，即

$$\sigma = \sigma_\varphi + \sigma_c \tag{3-49}$$

σ_φ 的计算方法与矩形母线相同，仍可用式（3-36）计算，但 W 与矩形母线不同。当槽形母线按图 3-10（a）布置时，双槽对 $X-X$ 轴弯曲（h 抗弯），$W = 2W_x$；按图 3-10（b）布置时，双槽对 $Y-Y$ 轴弯曲（b 抗弯），$W = 2W_y$；如果用焊片将双槽焊成一体，如图 3-13 所示，则双槽对 Y_0-Y_0 轴弯曲，$W = W_{y0}$。槽形母线的 W_x、W_y 及 W_{y0} 可从本书附表 1-6 及有关手册中查得。

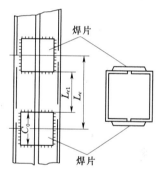

图 3-13　槽形母线焊片示意图

计算槽间应力 σ_c 时，仍认为电流在两半槽间平均分配。一般两半槽宽度加上缝隙宽度等于槽高，此时 $K_{12} \approx 1$。若两半槽间仍设置衬垫（其间距为 L_c）以减小槽间应力，根据式（3-40）并计及 $b = \frac{1}{2}h$，双槽母线槽间作用力可写成：

$$f_c = 5 \times 10^{-2} i_{sh}^2 \frac{1}{h} \quad (\text{N/m}) \tag{3-50}$$

式中　h——槽形母线高度，m。

由式（3-44）可得半槽受到的最大应力为

$$\sigma_c = \frac{f_c L_c^2}{12 W_y} = 4.17 \times 10^{-3} \frac{i_{sh}^2 L_c^2}{h W_y} \quad (\text{Pa}) \tag{3-51}$$

当双槽母线用焊片焊成整体时（见图 3-13），槽间衬垫将由焊片代替，设焊片长为 C_0，则式（3-51）中的 L_c 改为 $L_c - C_0$。

为简化计算，令 $\sigma_c = \sigma_{al} - \sigma_\varphi$，由式（3-51）反求满足动稳定要求的最大衬垫间距或焊片间距：

$$L_{c\max} = \sqrt{\frac{(\sigma_{al} - \sigma_\varphi) h W_y}{4.17 \times 10^{-3} i_{sh}^2}} = \frac{15.49}{i_{sh}} \sqrt{(\sigma_{al} - \sigma_\varphi) \cdot h \cdot W_y} \quad (\text{m}) \tag{3-52}$$

只要实际选用的 $L_c < L_{cmax}$，母线便是动稳定的。

4. 母线的共振校验

为了避免母线系统可能发生的机械共振，要求母线系统的固有频率 f_0 应避开其共振频率。当已知母线的材料、结构形状和布置方式时，可由式（3-29）求得母线系统不发生共振的最大绝缘子跨距 L_{max}，只要实际选用的绝缘子跨距 $L \leqslant L_{max}$，母线系统便不会发生共振。

重要的和电流很大的母线，如发电机、主变压器电路的母线，汇流母线等，应进行共振校验。

（五）封闭母线的选择方法

发电厂的封闭母线分为共箱式和分相全连式两种。每一种又分为定型产品和非定型产品。选用定型封闭母线时，制造厂一般提供有关封闭母线的额定电压、额定电流和动、热稳定等参数，此时的母线选择可按电器选择中所述的方法进行选择和校验（参见第四章）。若根据发电机、主变压器和配电装置连接等具体情况，需要选用非定型封闭母线时，应向制造厂提供有关资料，供制造厂进行布置和连接部分设计。这时应进行母线导体和外壳发热、应力及绝缘子抗弯等项计算，并进行共振校验。

二、绝缘子和穿墙套管选择

这里仅叙述夹持硬母线的支柱绝缘子及穿墙套管的选择方法。

支柱绝缘子应按安装地点和额定电压选择，并进行短路动稳定校验；穿墙套管应按安装地点、额定电压和额定电流选择，并按短路条件进行动、热稳定校验。

（一）按安装地点选择支柱绝缘子和穿墙套管

一般用于屋内配电装置的选用户内式的，用于屋外配电装置的选用户外式的。当户外污秽严重时，应选用防污式的。

（二）按电压条件选择支柱绝缘子和穿墙套管

按电压条件选择的支柱绝缘子或穿墙套管应满足下式

$$U_N \geqslant U_{NS} \qquad (3-53)$$

式中　U_N——支柱绝缘子或穿墙套管的额定电压，kV；

　　　U_{NS}——所在电网的额定电压，kV。

对于发电厂和变电所的 3～20kV 屋外支柱绝缘子或穿墙套管，考虑到冰雪和污秽的影响可能使其绝缘降低，宜选用比实际电网额定电压高一级的产品。

（三）按电流条件选择穿墙套管

按电流条件选择的穿墙套管应满足下式

$$I_N \geqslant I_{gmax} \qquad (3-54)$$

式中　I_{gmax}——实际通过套管导体的最大长期工作电流，A；

　　　I_N——穿墙套管的额定电流，A。

应当注意，穿墙套管的额定电流 I_N 是按套管的最高允许温度为 85℃，周围环境的计算温度为 40℃ 给定的。当实际安装地点的周围环境温度在 40～60℃ 时，应将套管的额定电流乘以温度修正系数 K_θ。

$$K_\theta = \sqrt{\frac{85 - \theta_0}{85 - 40}}$$

式中　θ_0——套管安装地点的实际环境温度。

对于母线型穿墙套管，因本身不带导体，因此不必按最大长期工作电流选择，但必须按母线的断面尺寸对套管的窗口尺寸进行校验。

（四）按短路条件校核支柱绝缘子或穿墙套管的动稳定

由于三相母线是通过支柱绝缘子或穿墙套管支持和固定的，因此，短路时作用在母线上的相间电动力也会传到支柱绝缘子或穿墙套管上，为保证它们在这种情况下不受损坏，应满足下列条件：

$$F \leqslant 0.6 F_P \tag{3-55}$$

式中　F_P——支柱绝缘子或穿墙套管的抗弯破坏负荷，N，可从有关设计或产品手册中查得；因为 F_P 是使其破坏的值，乘 0.6 后，才是保证安全的值；

　　　F——作用在支柱绝缘子或穿墙套管上的相间电动力，N。

由本章第三节知，同平面布置的三相平行母线，三相短路时中间相受力最大。在图 3-14 中，中间相支柱绝缘子（或穿墙套管）受到的电动力可由下式求得：

$$\left.\begin{array}{l} F = \dfrac{1}{2}(F_1 + F_2) = 0.173 i_{sh}^2 \dfrac{L_{ca}}{a} \beta \;\text{（N）} \\[3mm] L_{ca} = \dfrac{1}{2}(L_1 + L_2) \;\text{（m）} \end{array}\right\} \tag{3-56}$$

式中　i_{sh}——冲击短路电流，kA；

　　　L_{ca}——计算跨距，m；

L_1、L_2——与绝缘子相邻两跨的跨距，m。对于套管，$L_2 = L_c$（套管长度）。

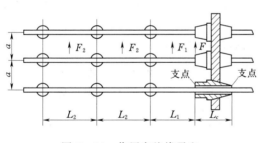

图 3-14　作用在绝缘子和
穿墙套管上的电动力

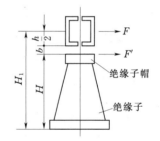

图 3-15　支柱绝缘子
受力示意图

应当注意，产品中的绝缘子抗弯破坏负荷 F_P 是指作用在绝缘子帽上的，而三相短路时的电动力 F 是作用在母线中心的，见图 3-15。在绝缘子水平布置、母线为竖放的情况下，F 与 F_P 并非作用同一点，因而不能直接比较。因此，应首先将 F 折算到 F_P 作用点。

设折算到 F_P 作用点的母线受力为 F'，根据力矩效果相等的原则，则有 $FH_1 = F'H$，由此可得：

$$\left.\begin{array}{l} F' = F \dfrac{H_1}{H} \\[3mm] H_1 = H + b + \dfrac{h}{2} \end{array}\right\} \tag{3-57}$$

式中 F——三相短路时作用在母线中心的电动力，N；

　　H——绝缘子高度，m，可从有关手册查到；

　　H_1——从绝缘子底部到母线中心的高度，m；

　　b——母线支持器厚度，m；短形母线竖放 $b=0.018$m；矩形母线平放及槽形母线 $b=0.012$m；

　　h——母线高度，m。

对布置在屋内电压等级为 35kV 及以上且水平安装的支柱绝缘子，在进行受力计算时，应考虑母线和绝缘子自重与短路电动力的复合作用。屋外布置的绝缘子还应计及风和冰雪的附加作用。

（五）按短路条件校验穿墙套管的热稳定

穿墙套管的热稳定参数一般以 ts 允许通过的热稳定电流 I_t 给出，据此可得热稳定条件：

$$I_t^2 t \geqslant Q_k \qquad (3-58)$$

式中 $I_t^2 t$——穿墙套管允许热效应，$kA^2 \cdot s$；

　　Q_k——短路全电流通过套管时产生的热效应，$kA^2 \cdot s$。

【例 3-3】   选择发电机出口母线及其支柱绝缘子和穿墙套管。已知发电机额定电压 $U_N=10.5$kV，额定电流 $I_N=1500$A，最大负荷利用小时 $T_{max}=3200$h。发电机引出线三相短路电流数为 $I''=28$kA，$I_{0.15}=22$kA，$I_{0.3}=20$kA。继电保护动作时间 $t_p=0.1$s，断路器全分闸时间 $t_b=0.2$s。三相母线水平布置，绝缘子跨距 $L=1.2$m，相间距 $a=0.7$m，周围环境温度为 28℃。

解   1. 发电机出口母线选择

（1）按经济电流密度选择母线截面。根据 $T_{max}=3200$h 查图 3-11，得 $J=1.06$ (A/mm^2)，求得母线经济截面：

$$S_e = I_N/J = 1500/1.06 = 1415 \ (mm^2)$$

查有关手册，选用截面为 $2 \times (80 \times 8) = 1280$mm² 的矩形母线。

按导体平放，其 $I_{al}=1946$A，$K_f=1.27$，$r_i=2.312$cm，计及温度修正：

$$K_\theta = \sqrt{\frac{70-28}{70-25}} = 0.966, \qquad K_\theta I_{al} = 0.966 \times 1946 = 1880 \ (A)$$

流过母线的最大工作电流

$$I_{gmax} = 1.05 I_N = 1.05 \times 1500 = 1575 \ (A)$$

显然，$I_{gmax}=1575$A<1880A，可满足母线正常发热要求。

（2）校验母线热稳定。短路切除时间

$$t_k = t_p + t_b = 0.1 + 0.2 = 0.3 \ (s)$$

周期电流热效应

$$Q_p = \frac{1}{12} \left[I''^2 + 10 I_{0.15}^2 + I_{0.3}^2 \right] t_k = \frac{1}{12} \left[28^2 + 10 \times 22^2 + 20^2 \right] \times 0.3$$

$$= 150.6 \ (kA^2 \cdot s)$$

因 $t_k<1$s，故应计算非周期电流热效应。由于 $t_k=0.3$s>0.1s，查表 3-1 得 $T_a=0.2$s。

非周期电流热效应为

$$Q_{np} = T_a I''^2 = 0.2 \times 28^2 = 156.8 \ (kA^2 \cdot s)$$

短路全电流热效应

$$Q_k = Q_p + Q_{np} = 150.6 + 156.8 = 307.4 \ (\text{kA}^2 \cdot \text{s})$$

短路前母线工作温度

$$\theta_w = 28 + (70 - 28)\left(\frac{1500}{1880}\right)^2 = 28 + 42\left(\frac{1500}{1880}\right)^2 = 28 + 26.74 = 55 \ (\text{℃})$$

查表 3-2 得 $C=93$，代入式（3-23）得满足热稳定要求的母线最小截面

$$S_{\min} = \frac{1}{C}\sqrt{Q_k K_f} = \frac{1}{93}\sqrt{307.4 \times 10^6 \times 1.27} = 212.5 \ (\text{mm}^2)$$

所选用母线截面 $S=1280\text{mm}^2 \gg 212.5\text{mm}^2$，满足热稳定要求。

（3）校验母线动稳定。依式（3-27）得母线系统固有频率：

$$f_0 = 112 \times \frac{r_i}{L^2}\varepsilon = 112 \times \frac{2.312}{120^2} \times 1.55 \times 10^4 = 278 \ (\text{Hz})$$

因为 $f_0 = 278\text{Hz} > 155\text{Hz}$，故 $\beta = 1$，可不考虑母线共振问题。

发电机出口短路时，流过母线的冲击短路电流来自系统侧的较大，故取 $K_{sh} = 1.8$，则

$$i_{sh} = 2.55 I'' = 2.55 \times 28 = 71.4 \ (\text{kA})$$

母线的截面系数（母线为两片，平放）：

$$W = 0.333bh^2 = 0.333 \times 0.008 \times 0.08^2 = 17.05 \times 10^{-6} \ (\text{m}^3)$$

作用在母线上的最大电动力及相间应力

$$f_\varphi = 0.173 i_{sh}^2 \frac{1}{a} = 0.173 \times 71.4^2 \frac{1}{0.7} = 1260 \ (\text{N/m})$$

$$\sigma = \frac{M}{W} = \frac{f_\varphi}{10W}L^2 = \frac{1260 \times 1.2^2}{10 \times 17.05 \times 10^{-6}} = 10.6 \times 10^6 \ (\text{Pa})$$

由 $\dfrac{b}{h} = \dfrac{8}{80} = 0.1$ $\dfrac{a-b}{b+h} = \dfrac{2b-b}{b+h} = \dfrac{8}{8+80} = 0.09$

查图 3-4 得导体形状系数 $K=0.4$，依式（3-40）可求得每相 2 条之间的电动力

$$f_s = 2.5 \times 10^{-2} K i_{sh}^2 \frac{1}{b} = 2.5 \times 10^{-2} \times 0.4 \times 71.4^2 \times \frac{1}{0.008} = 6372.45 \ (\text{N/m})$$

由式（3-42）得母线条衬垫间的临界距离

$$L_{cr} = \lambda b \sqrt[4]{h/f_s} = 1003 \times 0.008 \times \sqrt[4]{\frac{0.08}{6372.45}} = 0.48 \ (\text{m})$$

由条间允许应力决定的条间衬垫间的最大跨距为

$$\sigma_{S\max} = \sigma_{al} - \sigma_\varphi = 70 \times 10^6 - 10.6 \times 10^6 = 59.4 \times 10^6 \ (\text{Pa})$$

$$L_{S\max} = b\sqrt{2h\sigma_{S\max}/f_s} = 0.008 \times \sqrt{2 \times 0.08 \times 59.4 \times 10^6/6372.45} = 0.31 \ (\text{m})$$

为便于安装，每跨绝缘子间设三个衬垫，即

$$L_s = \frac{1}{4}L = \frac{1}{4} \times 1.2 = 0.3 \ (\text{m})$$

可见 $L_s = 0.3\text{m} < 0.31\text{m} < 0.48\text{m}$，能够满足动稳定及母线条间不相碰的要求。

2. 母线支柱绝缘子选择

根据母线额定电压（10.5kV）和屋内装设的要求，选用 ZB—10Y 型支柱绝缘子，其抗弯破坏负荷 $F_P = 3677\text{N}$。

作用在绝缘子上的电动力依式（3-56）求得

$$F = 0.173 i_{sh}^2 \frac{L_{ai}}{a} \beta = 0.173 \times 71.4^2 \times \frac{1.2}{0.7} \times 1 = 1512 \ (\text{N})$$

$0.6F_P = 0.6 \times 3677 = 2206\text{N}$，因母线为两片平放，此时 $F' \approx F$，可以认为 F 作用在绝缘子帽处。由于 $F = 1512\text{N} \ll 2206\text{N}$，满足动稳定要求。

第七节 电力电缆选择

电力电缆的选择内容包括：①电缆的额定电压；②电缆的芯线材料及型号；③电缆的截面和根数；④校验电缆的热稳定；⑤校验电缆正常运行时的电压损失。电缆的动稳定不必校验。

一、电缆额定电压选择

电缆的额定电压必须大于或等于电缆所在电网的额定电压。

二、电缆芯线材料及型号的选择

电缆芯线材料有铝芯和铜芯两种，为了节约投资，一般选用铝材料。但当电缆被用于移动、剧烈振动、高温、腐蚀性等场所以及励磁回路和发电厂厂用电回路时，可选用铜芯材料。电缆的型号繁多，应根据电缆的用途、使用场所和敷设方式等具体情况进行选择。工程上选用电力电缆的一般情况是：三相低压动力电缆一般选用三芯或四芯（四线制时）聚氯乙烯绝缘聚氯乙烯护套电缆；厂用高压电缆选用纸绝缘铅包电缆，腐蚀性场所或技术经济合理时，可选用交联聚乙烯绝缘聚乙烯护套电缆；110kV 及以上高压电缆选用单相充油电缆；直埋地下的电缆选用钢带铠装防腐电缆；高温场所选用耐热型电缆；潮湿或腐蚀场所选用塑料护套电缆；敷设高差大的场所选用塑料电缆或不滴流电缆；重要的直流回路或保安电源回路的电缆选用阻燃型电缆。

三、电缆截面选择

电缆截面一般按最大长期工作电流选择，但对于发电机、变压器等重要负荷回路的电缆，当其最大负荷利用小数 $T_{\max} > 5000\text{h}$，且长度超过 20m 时，则应按经济电流密度选择，并按最大长期工作电流校验。具体选择方法与裸导体相同，详见本章第六节。

当敷设方式和使用场所的实际环境温度不同于给定值时，电缆的允许电流应按下式予以修正

$$KI_{al} \geqslant I_{g\max} \tag{3-59}$$

式中 I_{al}——给定条件下电缆的允许电流，A；

K——不同敷设条件下的综合修正系数；

$I_{g\max}$——回路最大长期工作电流。

K 值可根据具体敷设条件求出：

$$\left. \begin{array}{l} \text{空气中单根敷设 } K = K_\theta \\ \text{空气中多根敷设 } K = K_\theta K_1 \\ \text{空气中穿管敷设 } K = K_\theta K_2 \\ \text{土壤中单根敷设 } K = K_\theta K_3 \\ \text{土壤中多根敷设 } K = K_\theta K_3 K_4 \end{array} \right\} \tag{3-60}$$

式中

$$K_\theta = \sqrt{\frac{\theta_{al} - \theta_0}{\theta_{al} - \theta_N}}$$

应注意电缆的长期允许工作温度 θ_{al} 不再是 70℃，有 50℃、60℃、65℃、80℃ 等几种，随型号不同而异。θ_N 则规定在空气中为 25℃，在地下及水中为 15℃。θ_0 为实际环境温度。K_θ、K_1、K_2、K_3、K_4 及 θ_{al} 可直接从有关设计手册中查得。

为了不损伤电缆的绝缘层和保护层，电缆敷设时的弯曲半径应不小于规定值，此值与电缆的型号和外径有关，可从有关设计手册中查到。

四、电缆允许电压损失校验

对于供电容量较大、距离较远的电缆线路，应校验正常工作时的电压损失。三相交流供电线路正常工作时的电压损失百分数可由下式求得：

$$\Delta U\% = 173 I_{max} L (r\cos\varphi + x\sin\varphi)/U_N \tag{3-61}$$

式中 　I_{max}——线路最大长期工作电流，A；

　　　U_N——线路的额定线电压，V；

　　　L——线路长度，km；

　　　r、x——线路单位长度的电阻和电抗，Ω/km；

　　　$\cos\varphi$——负荷的功率因数。

按有关规程规定，正常工作时电压损失百分数 $\Delta U\%$ 应不超过 5。

五、电缆热稳定校验

电缆热稳定的校验方法与裸导体相同。区别在于电缆芯线系多股绞线结构，所以当电缆截面在 $400 mm^2$ 以下时，集肤效应系数 $K_f \approx 1$，这样，满足热稳定的电缆最小截面积便可简化为

$$S_{min} = \frac{1}{C}\sqrt{Q_k} \quad (mm^2) \tag{3-62}$$

用于校验电缆的热稳定系数 C 可查表 3-6。

表 3-6　　　　　电缆芯在额定负荷及短路时的最高允许温度及热稳定系数 C 值

电缆种类和绝缘材料		最高允许温度（℃）		在额定负荷下短路时的热稳定系数
		额定负荷时	短路时	
普通油浸纸绝缘	3kV（铝芯）	80	200	84
	6kV（铝芯）	65	200	87
	10kV（铝芯）	60	200	88
	20~35kV（铜芯）	50	175	—
交联聚乙烯绝缘	10kV 及以下（铝芯）	90	200	77
	20kV 及以上（铝芯）	80	200	77
聚氯乙烯绝缘		70	130	
聚乙烯绝缘		70	140	
自容式充油电缆	60~330kV（铜芯）	75	160	

注　有中间接头的电缆在短路时的最高允许温度：锡焊接头 120℃，压接接头 150℃，电焊或气焊接头与无接头时相同。

【例 3-4】　按图 3-16，选择向变电站 A 供电的 10kV 电缆。正常运行时 QF 断开，母线负荷 $S_1 = S_2 = 2500 kVA$，$\cos\varphi = 0.8$。当一回电缆线路故障被切除时，QF 自动投入，

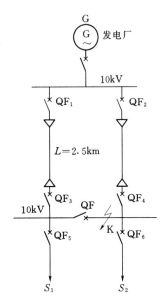

图 3-16　[例3-4]计算图

由未故障电缆承担变电所 A 的全部负荷。最大负荷年利用小时 $T_{max}=5200h$。线路末端短路时，$Q_k^{(3)}=215kA^2 \cdot s$。线路长度 $L=2.5km$，采用直埋的敷设方式，土壤温度 $\theta_0=20℃$，热阻系数 $g=80℃ \cdot cm/W$。

解　1. 按经济电流密度选择电缆截面并校验长期发热

线路正常工作电流

$$I_g = S/\sqrt{3}U_N = 2500/\sqrt{3} \times 10 = 144 \text{ (A)}$$

由 $T_{max}=5200h$ 查图 3-11 得 $J=0.76A/mm$，则

$$S_J = I_g/J = 144/0.76 = 189 \text{ (mm}^2)$$

选两根 $10kVZLQ_2$ 型 $3mm \times 95mm$ 的油浸纸绝缘铝芯铅包钢带铠装防腐电缆，查得每根的允许电流 $I_{al25℃}=185A$，正常允许的最高温度 θ_{al} 为 $60℃$，$r=0.34\Omega/km$，$x=0.076\Omega/km$。

两回线路的四根电缆采用并列直埋的敷设方式，相邻电缆的间距取 $100mm$，查有关手册得到电缆的载流量修正系数 $K_4=0.8$；因 $\theta_0=20℃<25℃$，由式（3-7）计算得到载流量的修正系数

$$K_\theta = \sqrt{\frac{60-20}{60-25}} = 1.07$$

因土壤热阻系数为标准值，故修正系数 $K_3=1$。

四根电缆并列直埋的允许载流量为

$$K_\theta K_3 K_4 I_{al25℃} = 1.07 \times 1 \times 0.8 \times 185 \times 2 = 317 \text{ (A)}$$

考虑一回线路故障被切除时负荷的转移，完好线路承担的最大负荷电流加倍时：

$$I_{gmax} = 2 \times 144 = 288\text{(A)} < 317 \text{ (A)}$$

$$\theta = \theta_0 + (\theta_{al}-\theta_0)\left(\frac{I_{gmax}}{I_{al}}\right)^2 = 20 + (60-20)\left(\frac{288}{317}\right)^2 = 53 \text{ (℃)} < 60 \text{ (℃)}$$

也满足长期发热要求。

2. **热稳定校验**

电缆的热稳定系数查表 3-6 取 $C=88$，这是对应短路前导体工作温度为 $60℃$ 时的值，现在 $Q_w=53℃<60℃$，实际 C 会比 88 稍大。按经济电流密度选择后一般热稳定均会满足，可不必细算。

满足热稳定的电缆最小截面为

$$S_{min} = \frac{1}{C}\sqrt{Q_k} = \frac{1}{88}\sqrt{215 \times 10^6} = 167\text{(mm}^2) < 2 \times 95\text{(mm}^2) = 190 \text{ (mm}^2)$$

满足热稳定要求。

3. **电压降校验**

考虑电缆线路故障后抢修时间较长，此时亦应满足电压降要求，计算如下：

$$\Delta U\% = 173 I_{gmax} L(r\cos\varphi + x\sin\varphi)/U_N$$
$$= 173 \times 288 \times 2.5(0.34 \times 0.8 + 0.076 \times 0.6)/10000$$
$$= 4 < 5$$

也满足要求。

以上计算结果表明，每回电缆线路选两根 10kV 的 ZLQ$_2$ 型 3mm×95mm 的电缆，可满足要求。

思 考 题 与 习 题

1. 引起导体和电器发热的原因是什么？

2. 导体和电器的发热有哪两种类型？各有什么特点？对导体和电器的工作可能造成什么影响？

3. 为什么要规定导体和电器的发热允许温度？长期发热允许温度和短时发热允许温度是如何具体规定的？

4. 导体和电器正常发热计算的目的是什么？满足怎样的条件可保证它们在正常运行时的发热温度不超过允许值？

5. 导体和电器短路时发热计算的目的是什么？满足怎样的条件可使它们在短路时保证是热稳定的？

6. 如何计算短路电流周期分量和非周期分量的热效应？

7. 导体的允许载流量是如何确定的？有哪些措施能提高导体的允许载流量？

8. 电动力对导体和电器的运行有哪些危害？

9. 三相同平面布置的平行导体短路时，哪一相受到的电动力最大？其数值应如何计算？

10. 硬母线的动稳定条件是什么？若校验时动稳定条件不能被满足，可采取哪些措施加以解决？

11. 大电流母线为什么常用全连式分相封闭母线？

12. 何为母线共振？有何危害？有什么措施保证母线系统不发生共振？

13. 采取何种措施可减小大电流母线附近的钢构件发热？

14. 配电装置中的汇流母线为什么不按经济电流密度选择截面？

15. 按经济电流密度法选择的母线截面，是否还须按最大长期工作电流校核？

16. 某电厂发电机额定容量 $P_N=25$MW，额定电压 $U_N=10.5$kV，$\cos\varphi=0.8$。最大负荷年利用小时 $T_{max}=6500$h。发电机出线上三相短路时，$I''=27.2$kA，$I_{0.1}=21.9$kA，$I_{0.2}=19.2$kA，短路切除时间 $t_K=0.2$s。周围环境温度 $\theta_0=40℃$。试选择发电机出口母线及支柱绝缘子。

17. 参照图 3-16 所示的接线，变电所出线负荷 $S_1=S_2=2.9$MVA，$\cos\varphi=0.8$，$T_{max}=4000$h；正常运行时 QF 断开，当任一回电缆线路故障被切除时，QF 自动投入；变电所母线 K 点的三相短路电流为 $I''=13.5$kA，$I_{0.6}=6.94$kA，$I_{1.2}=5.9$kA，短路切除时间 $t_K=1.2$s；电缆长度 $L=1.5$km，采用电缆沟敷设的方式，周围环境温度为 20℃。试选择发电厂 10kV 出线电缆。

第四章 电气设备原理与选择

第一节 发电厂主要电气设备

在发电厂和变电所中，根据电能生产、转换和分配等各环节的需要，配置了各种电气设备。根据它们在运行中所起的作用不同，通常将它们分为电气一次设备和电气二次设备。

一、电气一次设备及其作用

直接参与生产、变换、传输、分配和消耗电能的设备称为电气一次设备，主要有：

（1）进行电能生产和变换的设备，如发电机、电动机、变压器等。

（2）接通、断开电路的开关电器，如断路器、隔离开关、自动空气开关、接触器、熔断器等。

（3）限制过电流或过电压的设备，如限流电抗器、避雷器等。

（4）将电路中的电压和电流降低，供测量仪表和继电保护装置使用的变换设备，如电压互感器、电流互感器。

（5）载流导体及其绝缘设备，如母线、电力电缆、绝缘子、穿墙套管等。

（6）为电气设备正常运行及人员、设备安全而采取的相应措施，如接地装置等。

二、电气二次设备及其作用

为了保证电气一次设备的正常运行，对其运行状态进行测量、监视、控制、调节、保护等的设备称为电气二次设备，主要有：

（1）各种测量表计，如电流表、电压表、有功功率表、无功功率表、功率因数表等。

（2）各种继电保护及自动装置。

（3）直流电源设备，如蓄电池、浮充电装置等。

第二节 电气设备选择的一般条件

不同类别的电气设备承担的任务和工作条件各不相同，因此它们的具体选择方法也不相同。但是，为了保证工作的可靠性及安全性，在选择它们时的基本要求是相同的，即按正常工作条件选择，按短路条件校验其动稳定和热稳定。对于断路器、熔断器等还要校验其开断电流的能力。

一、按正常工作条件选择设备

（一）按使用环境选择设备

1. 温度和湿度

一般高压电气设备可在环境温度为 $-30 \sim +40℃$ 的范围内长期正常运行。当使用环境温度低于 $-30℃$ 时，应选用适合高寒地区的产品；若使用环境温度超过 $+40℃$ 时，应选用型号后带"TA"字样的干热带型产品。

一般高压电气设备可在温度为 $+20℃$，相对湿度为 90% 的环境下长期正常运行。当环境的相对湿度超过标准时，应选用型号后带有"TH"字样的湿热带型产品。

2. 污染情况

安装在污染严重，有腐蚀性物质、烟气、粉尘等恶劣环境中的电气设备，应选用防污型产品或将设备布置在室内。

3. 海拔高度

一般电气设备的使用条件为不超过 1000m。当用在高原地区时，由于气压较低，设备的外绝缘水平将相应下降。因此，设备应选用高原型产品或用外绝缘提高一级的产品。现行电压等级为 110kV 及以下的设备，其外绝缘都有一定的裕度，实际上均可使用在海拔不超过 2000m 的地区。

4. 安装地点

配电装置为室内布置时，设备应选户内式；配电装置为室外布置时，设备则选户外式。此外，还应考虑地形、地质条件以及地震影响等。

（二）按正常工作电压选择设备额定电压

所选电气设备的最高允许电压必须高于或等于所在电网的最高运行电压。

设备允许长期承受的最高工作电压，厂家一般规定为相应电网额定电压的 1.1～1.15 倍，而电网实际运行的最高工作电压也在此范围内，故选择时只要满足下式即可：

$$U_N \geqslant U_{NS} \tag{4-1}$$

式中　U_{NS}——设备所在电网的额定电压，kV；

　　　U_N——设备的额定电压，kV。

（三）按工作电流选择设备额定电流

所选设备的额定电流应大于或等于所在回路的最大长期工作电流：

$$I_N \geqslant I_{max} \tag{4-2}$$

应当注意，有关手册中给出的各种电器的额定电流，均是按标准环境条件确定的。当设备实际使用环境条件不同时，应对其额定电流进行修正。

各种回路最大长期工作电流 I_{max} 的计算方法如下。

1. 发电机和变压器回路

由于发电机和变压器在电压降低 5% 时，出力可保持不变，故该回路的最大工作电流应不小于相应额定电流的 1.05 倍。若变压器有过负荷运行的可能时，还应计及其实际的过负荷电流。

2. 馈电线路

$$I_{max} = \frac{P_{max}}{\sqrt{3}U_N\cos\varphi} = \frac{\sqrt{P_{max}^2 + Q_{max}^2}}{\sqrt{3}U_N} \quad （A） \tag{4-3}$$

式中　P_{max}、Q_{max}——线路最大有功、无功负荷，kW 及 kvar；

　　　U_N——线路额定电压，kV；

　　　$\cos\varphi$——线路最大负荷时的功率因数。

3. 母线分段断路器及母联断路器回路

母线分段断路器及分段电抗器的最大工作电流，一般可取母线分段上一台最大发电机额定电流的 50%～80%；母联断路器的最大工作电流则应取母线上最大一台发电机或变压器的最大工作电流。

4. 汇流母线

汇流母线的最大长期工作电流应根据电源支路与负荷支路在母线上的实际排列顺序确定。往往并不等于接于母线上的全部负荷电流的总和。

二、按短路条件校验设备的动稳定和热稳定

1. 短路动稳定校验

制造厂一般直接给出定型设备允许的动稳定峰值电流 i_{max}，动稳定条件为

$$i_{max} \geqslant i_{sh} \tag{4-4}$$

式中　i_{sh}——所在回路的冲击短路电流，kA；

　　i_{max}——设备允许的动稳定电流（峰值），kA。

2. 短路热稳定校验

通常制造厂直接给出设备的热稳定电流（有效值）I_t 及允许持续时间 t。热稳定条件为

$$I_t^2 t \geqslant Q_k \tag{4-5}$$

式中　$I_t^2 t$——设备允许承受的热效应，$kA^2 \cdot s$；

　　Q_k——所在回路的短电流热效应，$kA^2 \cdot s$。

3. 短路电流的计算条件

为了保证设备在短路时的安全，用于校验动稳定、热稳定和开断能力的短路电流，必须是实际可能通过该设备的最大短路电流。它的计算条件应考虑以下几个方面：

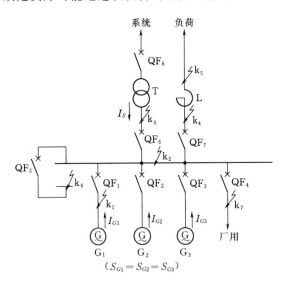

图 4-1　短路计算点的确定

（1）短路类型。通常按三相短路验算。当单相短路电流比三相短路电流更大时，可按单相短路检验。

（2）系统容量和接线。为使选定设备在系统发展时仍能继续适用，可按 5～10 年远景规划的系统容量和可能发生最大短路电流的正常接线作为计算条件。

（3）短路计算点。使被选设备通过最大短路电流的短路点称为该设备的短路计算点。下面以选择断路器为例，结合图 4-1 来说明短路计算点的确定方法。

1）QF_1 的选择。计算流过 QF_1 的短路电流时，应考虑两个可能的短路计算点，即 k_1、k_2 点。k_1 点短路时，流过 QF_1 的短路电流为 $I_{G2} + I_{G3} + I_S$；k_2 点短路时，流过 QF_1 的短路电流为 I_{G1}。因三台发电机容量相等，故有 $I_{G1} = I_{G2} = I_{G3}$。显然 k_1 点短路时流过 QF_1 的短路电流较大，故 k_1 点为选择 QF_1 的短路计算点。

QF_2、QF_3 的情况与 QF_1 完全相同。

2）QF_6 的选择。选择 QF_6 时，应考虑 k_2 和 k_3 两个可能的短路计算点。k_2 短路时，

流过 QF$_6$ 的电流为系统供给的短路电流 I_S；k$_3$ 点短路时，流过 QF$_6$ 的短路电流为 I_{G1} ＋ I_{G2} ＋ I_{G3}。若 I_S ＞ I_{G1} ＋ I_{G2} ＋ I_{G3}，则 k$_2$ 点为短路计算点，反之，k$_3$ 为短路计算点。

选择 QF$_8$ 时，也是在其上方和下方各取一个短路点进行比较，情况与 QF$_6$ 相同。

3）QF$_5$ 和 QF$_4$ 的选择。选择 QF$_5$ 时，应考虑用此断路器对备用母线进行充电检查时，恰好备用母线上发生短路的情况。此时所有发电机和系统供给的短路电流都通过 QF$_5$，情况最为严重，故 k$_6$ 点为短路计算点。

厂用断路器 QF$_4$ 在 k$_7$ 点短路时也会流过全部短路电流，但需指出它的额定电流要比 QF$_5$ 小得多。

4）QF$_7$ 的选择。选择 QF$_7$ 时，可考虑 k$_4$ 和 k$_5$ 两个短路点。显然，在 k$_4$ 短路时，流过 QF$_7$ 的为系统和所有发电机供给的短路电流之和，而在 k$_5$ 点短路时，由于电抗器 L 的限流作用，流过 QF$_7$ 的短路电流比 k$_4$ 点短路时小。考虑到断路器与电抗器之间的连线很短，电抗器本身的运行又相当可靠，为了使选择的 QF$_7$ 轻型化，一般将 k$_5$ 点确定为短路计算点。

第三节　高压断路器原理与选择

高压断路器是电力系统中最重要的开关设备，它既可以在正常情况下接通或断开电路，又可以在系统故障情况下自动地迅速断开电路。断开电路时会在断口处产生电弧，为此断路器设有专门的灭弧装置。灭弧能力是断路器的核心性能。

一、电弧问题

电弧现象大家并不陌生，电焊机就是用电弧来焊接金属，可见电弧的温度非常高。当用开关断开电压为 20V、电流为 80～100mA 的电路时，在开关的触头间就会产生电弧。断开电路的电压越高及工作电流越大，电弧就越强烈。如不采取措施，将会带来严重后果：一是电弧的存在使电路不能断开；二是电弧的高温可能烧坏触头或破坏触头附近的绝缘材料；三是电弧不能熄灭将使触头周围的空气迅速膨胀形成巨大的爆炸力，炸坏开关自身并严重影响周围其他设备运行，这是最危险的后果。为此，必须采取措施尽快地熄灭电弧。

（一）电弧产生和熄灭的物理过程

电弧可以分为形成和维持两个阶段。电弧的形成依赖于强电场发射及碰撞游离，电弧的维持主要依赖于热游离。

动、静触头分离的一瞬间，触头间加有一定的电压，触头拉开初瞬距离很小，其间的电场强度很大。当电场强度达到 3×10^6 V/m 时，阴极触头表面的电子便会在强电场的作用下被拉出触头表面，这种现象称为强电场发射。发射出来的电子受电场力的作用，会向阳极触头方向加速运动，并会与气体的中性质点

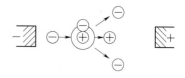

图 4-2　碰撞游离过程示意图

发生碰撞。当电子的动能足够大时，就会使气体的中性质点分离为带负电的电子和带正电的正离子，这种现象称为碰撞游离，如图 4-2 所示。

随着碰撞游离的产生，触头间充满了高速运动的电子，使得触头间隙的绝缘越来越低，最后被触头间的电压击穿，即形成了电弧，并会产生高热，使弧隙间具有很高的温度。

受电弧高温作用，分子的热运动加速，处在弧隙间的中性质点也由此可获得能量而分离成带负电的电子和带正电的正离子。由于高温是这种游离的必需条件，故称为热游离。

弧隙间的电子和正离子在电场力的作用下，运行方向是相反的。运动中的自由电子和正离子相互吸引也会发生复合，使弧隙间的自由电子减少，此过程称为去游离。游离和去游离过程同时存在于弧隙中，当两者达到动态平衡时，则电弧能够稳定燃烧。如果游离过程大于去游离过程，电弧燃烧更加剧烈；如果去游离过程大于游离过程，则电弧燃烧趋弱，直至熄灭。

去游离的主要方式除复合外还有扩散。

电子的运动速度远大于正离子，当二者相遇时，快速碰撞很难复合。但如果运行中的电子首先附着在中性质点上形成负离子，则其运动速度将迅速降低，这样再遇正离子则较容易复合。由于复合与带电质点的运动速度有关，所以冷却电弧可以加强复合（还可以使弧隙降温减弱热游离）。增加气体压力，使分子的密度加大，带电质点的自由行程缩短，也可使碰撞游离的机会减少，复合的几率增加。此外，使电弧与固体表面接触，一方面可使电弧冷却，另一方面可使电子附着在固体表面上，使其表面带负电，亦可加强复合。

由于弧隙中温度高，离子浓度大，所以离子将向温度低浓度小的周围介质中扩散。扩散使弧隙中的电子、离子数目减少，有利于熄灭电弧。扩散出去的离子，因冷却而更易复合。用气体吹弧，可冷却弧隙，并可带走弧隙中大量的带电质点，既可加强扩散，又可减少中性质点游离的几率，使电弧更容易熄灭。迅速拉长电弧，使弧隙与周围介质的接触面加大，亦可加强冷却和扩散。

由此可见，要熄灭电弧，就要减弱游离过程，加强去游离过程。实际上，断路器中的灭弧装置就是根据这些原理制成的。

（二）断路器灭弧的物理过程

开断小容量直流电路时，在断口处出现的直流电弧，容易熄灭，而开断大功率直流电路时，产生的直流电弧就不易熄灭了。目前，高压直流输电系统中尚无直流断路器。

交流电路与直流电路不同。由于交流电路电流每半个周波要过零一次，所以交流电弧亦要每半周自然熄灭一次，这是熄灭交流电弧的有利时机。在电流过零以前的一段时间，随着电流的减小，输入弧隙的能量也相应减少，弧隙温度开始降低，游离过程也开始加强减弱。电流自然过零时，由于电源停止向电弧间隙输入能量，所以弧隙的温度迅速下降，去游离过程加强，弧隙间介质的绝缘电阻急剧增大。

在电弧电流过零电弧熄灭的短时期内，弧隙的绝缘能力在逐步恢复，称为弧隙介质强度的恢复过程，用弧隙介质耐受的电压 $u_j(t)$ 表示。与此同时，加在弧隙触头间的电压也由较低的弧隙电压恢复到换向后的电源电压（这是一种过渡过程），称为电压恢复过程，以 $u_h(t)$ 表示。电弧能否重燃，取决于这两个过程的"竞赛"。如果恢复电压在某一时刻高于介质强度，弧隙即被击穿，电弧重燃；反之则电弧不重燃，直接熄灭。可见断路器开断交流电路时，熄灭电弧的条件应为

$$u_j(t) > u_h(t) \qquad (4-6)$$

式中　$u_j(t)$——弧隙介质强度；

　　　$u_h(t)$——弧隙恢复电压。

弧隙间的介质强度 u_j（t）主要由灭弧介质的性质及断路器的结构决定，而弧隙恢复电压 u_h（t）的上升一般情况下是一种振荡的过渡过程，取决于系统的参数及短路条件，在断路器断口处并联适当的电阻，可以减缓振荡第一波陡度，参见图4-3中曲线2。

弧隙介质强度的恢复过程，随断路器的形式及灭弧介质而异。图4-4（a）示出几种断路器典型的介质强度恢复过程，在 $t=0$ 电流过零瞬间，介质强度突然出现 oa（oa' 或 oa''）升高的现象，称为近阴极效应。这是因为在电弧电流过零之前，弧隙间均布着电子和正离子（为等离子态）。电子远比正离子活跃，当电流过零后，

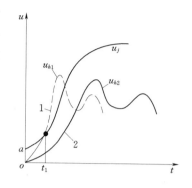

图4-3 介质强度与恢复电压曲线
1—电弧在 t_1 处重燃；2—电弧不重燃

弧隙电极的极性发生改变，弧隙中的电子立即向新阳极运动，而正离子则基本未动，在新阴极附近便呈现出一个正电荷离子层，见图4-4（b），其电导很低，显示出一定的介质强度。低压开关常常利用这种近阴极效应来熄弧。其后介质强度的发展过程，则取决于介质特性、冷却强度及触头分离速度等条件。

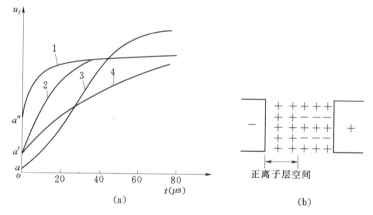

(a)　　　　　　　　　　　　　(b)

图4-4 断路器介质强度恢复过程
（a）不同类型断路器介质强度恢复过程曲线；（b）电流过零后电荷的重新分布
1—真空；2—SF$_6$；3—空气；4—油

（三）断路器熄灭交流电弧的基本方法

如前所述，弧隙间的电弧能否重燃，取决于电流过零时，介质强度恢复和弧隙电压恢复两者竞争的结果。如果加强弧隙的去游离或降低弧隙电压的恢复速度，就可以促使电弧熄灭。现代开关电器中广泛采用的灭弧方法有以下几种。

1. 用液体或气体吹弧

采用油或气体吹弧是熄灭电弧的重要方法之一。吹弧既能加强对流散热，强烈冷却弧隙，同时还可部分取代原弧隙中已游离气体或高温气体。吹弧越强烈，对流散热能力越强，弧隙温度降低得越快，弧隙间的带电质点扩散和复合越迅速，介质强度恢复速度就越快。

在断路器中，吹弧的方法分为横吹和纵吹。纵吹主要是使电弧冷却变细最后熄灭；而横吹则把电弧拉长，增大电弧的表面积，所以冷却效果更好。有的断路器将纵吹和横吹两

种方式结合使用，效果更佳。

油断路器用变压器油作为灭弧介质。电弧在油中燃烧，弧柱周围的油遇热而分解出大量气体，在这些气体中氢气占 $70\% \sim 80\%$。氢气的导热性很好，因此有很好的灭弧特性。这些气体受到周围油和灭弧室的限制，具有很大的压力，在灭弧室的纵、横沟道内形成油气的强烈流动，从而实现了对电弧的纵吹与横吹，如图 4-5 所示。

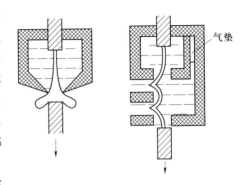

图 4-5 油断路器灭弧方法
(a) 纵吹；(b) 横吹

图 4-5 (b) 所示的横吹灭弧室内还设有空气垫，用于储存压力和起缓冲作用。当电流为最大值时，灭弧室内压力升高，空气垫内空气被压缩。当电流过零时，灭弧室内压力降低，空气垫内被压缩的空气释放储存的能量，形成横吹电弧，这样就提高了电流过零时吹弧的压力，增强了断路器的灭弧能力。

油断路器是利用电弧本身能量使油产生大量气体而实现吹弧的，这称为自能式灭弧，其灭弧能力的强弱与电弧电流的大小有关。电流越大，灭弧能力越强，燃弧时间越短；反之，电弧电流很小时，产生的气体少、压力低，灭弧能力变弱。由于弧隙恢复电压并不随电弧电流减少而降低，因此，油断路器在断开小电流回路时其燃弧时间要加长，不得不依赖拉长电弧的方法来熄灭电弧。为了克服油断路器这一弱点，在一些油断路器中，采用了辅助的机械压油装置。断路器分闸时借助压油装置把冷油压入弧隙中，以提高介质强度的恢复速度，改善其断开小电流时的灭弧性能。这种断路器被称为带有机械压油装置的油断路器。

空气断路器和六氟化硫（SF_6）断路器采用外能式灭弧方式。它们都是将气体压缩，在开断电路时以较高压力的压缩气体强烈吹弧，灭弧的能力很强且与电弧电流的大小无关。

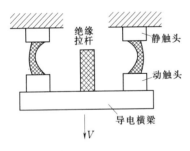

图 4-6 双断口结构

2. 采用多断口熄弧

高压断路器常将每相制成具有两个或多个串联的断口，使电弧被分割成若干段，如图 4-6 所示。这样，在相同的行程下，多断口的电弧比单断口拉得更长，并且电弧被拉长的速度更快，有利于弧隙介质强度的迅速恢复。此外，由于电源电压加在几个断口上，每个断口上施加的电压降低，即降低弧隙的恢复电压，也有助于熄弧。

对于 110kV 以上电压等级的断路器，一般可由相同型号的灭弧室（内有两个断口）串联组成，称为积木式或组合式结构的断路器。例如：用两个具有双断口的 110kV 的断路器串联，同时对地绝缘再增加一级，构成四个断口的 220kV 的断路器，这种情况在少油断路器中尤为常见。但是，两个或多个断口串联使用，开断电路时每个断口恢复电压分配并不均匀。这是由于断口之间连接部分存在对地电容及断口间的电容分压所致。为使各断口处的电压分配尽可能均匀，一般在灭弧室外侧（即断口处）并联一个足够大的电容。

3. 利用真空灭弧

前面已经介绍过，电弧的产生是由强电场发射及碰撞游离所致。如果设法降低触头间气体的压力（气压降到 0.0133Pa 以下），使灭弧室内气体十分稀薄，单位体积内的分子数目极少，则碰撞游离的数量大为减少。同时，弧隙对周围真空空间而言具有很高的离子浓度差，带电质点极易从弧隙中向外扩散，所以真空空间具有较高介质强度的恢复速度。一般在电流第一次过零时，电弧即可被熄灭而不再重燃，故利用真空灭弧的真空断路器又称为半周波断路器。

当然，在有电感的电路中，电弧的急剧熄灭会产生截流过电压，这是需要注意的。

图 4-7 示出了击穿电压与气体压力的关系。

4. 利用特殊介质灭弧

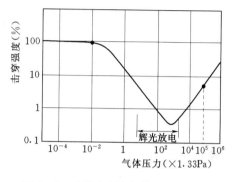

图 4-7 击穿电压与气体压力的关系

SF_6 气体是一种人工合成气体。因为它具有良好的绝缘性能和灭弧性能，所以自被发现后，便迅速应用在电力工业中。

SF_6 气体为无色、无味、无毒、不燃烧亦不助燃的化合物。它具有以下良好的特性：

（1）具有强负电性。SF_6 的体积大，且易俘获电子形成低活性的负离子，运动速度要慢得多，使得去游离的几率增加。

（2）SF_6 气体的击穿电压高，在 1 个大气压下是空气的三倍。

（3）热传导性能好且易复合。SF_6 在电弧作用下分解成低氟化合物，在电弧电流过零时，低氟化合物则急速复合成 SF_6，故弧隙介质强度恢复过程极快，其灭弧能力相当于同等条件下空气的 100 倍。

（4）可在小的气罐内储存，供气方便。

（5）没有火灾和爆炸危险，且电器触头在 SF_6 中不易被电弧烧损。

SF_6 气体本身无毒，但经电弧作用后形成的低氟化合物对人体有害。另外，SF_6 气体吸潮后绝缘性能下降，需定期测定其含水量。

5. 快速拉长电弧

快速拉长电弧，可使电弧的长度和表面积增大，有利于冷却电弧和带电质点的扩散，去游离作用增强，加快了介质强度的恢复。断路器中常采用强力的分闸弹簧，就是为了提高触头的分离速度以快速拉长电弧。在低压开关中，这更是主要的灭弧手段。

6. 用特殊金属材料作触头

采用铜钨合金、银钨合金或铜铬合金等耐高温的金属材料做开关触头，可以减少电弧作用下金属蒸汽量，使弧隙介质强度恢复加快，提高了断路器的开断性能。同时延长了触头寿命。

二、断路器结构和工作原理

断路器的种类很多。按灭弧介质可分为油断路器（少油和多油）、压缩空气断路器、六氟化硫断路器、真空断路器等；按安装场所可分为户内式和户外式。表 4-1 为高压断路器分类及主要特点。

断路器的种类可由断路器的型号予以体现。其型号的表示方式如下：

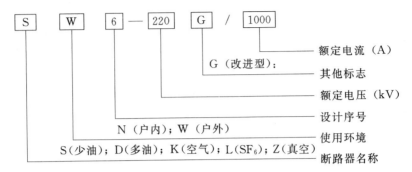

表 4-1 高压断路器分类与其主要特点

类别	结构特点	技术性能特点	运行维护特点	常用型号举例
多油式断路器	以油作为灭弧介质和绝缘介质；触头系统及灭弧室安置在接地的油箱中；结构简单、制造方便，易于加装单匝环形电流互感器及电容分压装置；耗钢、耗油量大；体积大；属自能式灭弧结构	额定电流不易做得大；灭弧装置简单，灭弧能力差；开断小电流时，燃弧时间较长；开断电路速度较慢；油量多，有发生火灾的可能性；目前国内只生产35kV电压级产品，可用于屋内或屋外	运行维护简单；噪声低；需配备一套油处理装置	DW-35 系列
少油式断路器	油量少，油主要用作灭弧介质，对地绝缘主要依靠固体介质，结构简单、制造方便；可配用电磁操动机构、液压操动机构或弹簧操动机构；采用积木式结构可制成各种电压等级产品	开断电流大，对35kV以下可采用加并联回路以提高额定电流；35kV以上为积木式结构；全开断时间短；增加活塞装置加强机械油吹后，可开断空载长线	运行经验丰富；噪声低；油量少，易劣化，常需检修或换油；需要一套油处理装置；不宜频繁操作	SN$_{10}$-10 系列 SN$_3$-10/3000 SN$_4$-10/4000 SN$_4$-20G/8000 SW$_6$-220/1000
压缩空气断路器	结构较复杂，工艺和材料要求高；以压缩空气作为灭弧介质和操动介质以及弧隙绝缘介质；操动机构与断路器合为一体；体积和重量比较小	额定电流和开断能力都可以做得较大，适于开断大容量电路，动作快，开断时间短	开断时噪声很大，维修周期长，无火灾危险，需要一套压缩空气装置作为气源；断路器价格较高	KW$_4$-110~330 KW$_6$-110~330
SF$_6$断路器	结构简单，但工艺及密封要求严格，对材料要求高；体积小、重量轻；有屋外敞开式及屋内落地罐式之别，也用于GIS封闭式组合电器	额定电流和开断电流都可以做得很大；开断性能好，可适于各种工况开断；SF$_6$气体灭弧、绝缘性能好，所以断口电压可做得较高；断口开距小	噪声低，维护工作量小；不检修隔期长；运行稳定，安全可靠，寿命长，断路器价格目前较高	LN$_2$-10/600 LN$_2$-35/1250 LW-110~330 LW-500
真空断路器	体积小、重量轻；灭弧室工艺及材料要求高；以真空作为绝缘和灭弧介质；触头不易氧化	可连续多次操作，开断性能好，灭弧迅速、动作时间短；开断电流及断口电压不能做得很高，目前只生产35kV以下级；所谓真空，是指绝对压力低于101.3kPa的空间，断路器中要求的真空度为133.3×10^{-4} Pa（即10^{-4} mm汞柱）以下	运行维护简单，灭弧室可更换而不需要检修，无火灾及爆炸危险；噪声低；可以频繁操作；因灭弧速度快，易发生截流过电压	ZN-10/600 ZN$_{10}$-10/2000 ZN-35/1250

下面结合几种典型型号的断路器，介绍不同类型断路器的结构和工作原理。

（一）少油断路器

少油断路器中的绝缘油仅作为灭弧介质和触头开断后触头间的绝缘介质，而以瓷或其他绝缘材料作为带电体与地之间的绝缘介质。它用油少，还具有钢材消耗量少、体积小、重量轻、占地面积小等优点，在我国的电力工业中获得了广泛的应用。

1. SN_{10}—10 型少油断路器

图 4-8 为 SN_{10}—10 型少油断路器的外形、结构及灭弧过程示意图。

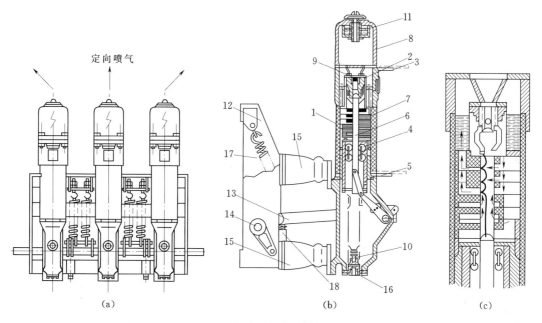

图 4-8 SN_{10}—10 型断路器外形、结构及灭弧过程示意图
（a）外形图；（b）结构图；（c）灭弧过程示意图

1—绝缘筒；2—瓣形静触头；3—上出线端；4—滚动触头；5—下出线端；6—导电杆；7—灭弧室；8—铝帽；
9—小钢球；10—缓冲器；11—油气分离器；12—框架；13—绝缘拉杆；14—主轴；15—支持瓷瓶；
16—放油螺母；17—分闸弹簧；18—合闸缓冲器

这种断路器由支撑部分、传动机构和油箱三部分构成。支撑部分包括由角钢和钢板焊接而成的框架 12 和六个支持式绝缘子，主要使断路器整体固定；传动机构包括一系列的拐臂、轴、拉杆（板）构成。它是将主轴 14 的转动，转变成导电杆（活动触头）的上下位移，以满足分、合闸的需要；油箱主要作用是装油、安放灭弧室及形成油气分离室。

由图 4-8（a）可知，该断路器为三相分箱式，即每相一个油箱。断路器处于合闸位置时［图 4-8（b）］，电流由下出线座 5 经中间触头（紫铜滚轮触头 4）、导电杆 6、瓣形静触头 2 至上出线座 3 形成通路。

灭弧室的构造如图 4-8（c）所示。在灭弧室上部静触头的外面装有一绝缘罩筒，它将灭弧室上部空间分成内、外两个空间。内空间通过静触头座的中间通道与断路器顶部的空气腔相连，在静触座的中间通道内，装有小钢球 9，起单向阀作用。外空间直接与断路器的空气腔相通。灭弧室由六层不同形状、具有同一中心孔的灭弧片叠成，且上面三片每片有一横沟与中心孔相连，叠起后便形成不同水平面上且朝向不同的横吹通道，与断路器的空气腔相通。

分闸时，导电杆 6 向下移动，动、静触头分离，形成电弧，油遇热而分解，绝缘罩筒内压力迅速上升，小钢球受力而上升，单向阀关闭。绝缘罩内的油、气自绝缘罩下端口涌出纵吹电弧。当导电杆继续下移至灭弧片时，油流一方面涌进各横向通道形成横吹电弧，另一方面使油囊压力升高储能。电弧熄灭后，油囊内压释放，仍然形成横吹，并使新油充满弧隙。

由以上分析可见这种断路器在灭弧过程中形成纵、横联合吹弧，且在导电杆向下运动时，将下部冷油挤压向上冲涌弧隙，因而切断小电流时，灭弧效果仍不减弱。这种断路器应用很广泛。

2. SW$_2$—35/1500 型少油断路器

图 4-9 为 SW$_2$—35/1500 型少油断路器结构示意图，其特点是内附电流互感器。

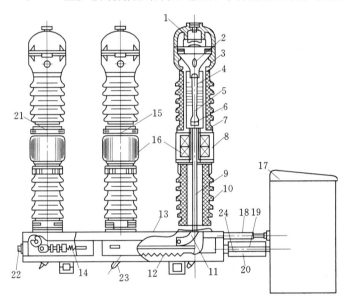

图 4-9 SW$_2$—35/1500 型少油断路器结构示意图

1—帽子；2—静触头；3—上基座；4—灭弧室；5—动触杆；6—中间触头；7—上绝缘子；8—中间箱；9—绝缘拉杆；10—下绝缘子；11—拐臂；12—分闸弹簧；13—基座；14—加速弹簧；15—中间法兰；16—环氧树脂电流互感器；17—操动机构；18—撑紧螺栓（附件）；19—水平拉杆（附件）；20—罩壳；21—小放油阀；22—大放油阀；23—油缓冲器；24—引线管

3. SW$_6$—220 型少油断路器

图 4-10 所示为 SW$_6$—220 少油断路器一相的外形及一个灭弧室的结构。

灭弧室由六块灭弧片和五块衬环相叠而成。由于衬环的作用，使灭弧片之间形成油囊。静触头空腔内装有压油活塞、弹簧及活塞杆。

分闸时，压油活塞在弹簧力的作用下，顺着动触头的移动方向而压油，绝缘油由设置好的油孔喷出。同时，动、静触头间形成电弧，使油汽化，形成气泡向上运动，导电杆向下运动。当导电杆的顶端（活动触头）遇油囊时，油被汽化，从而对电弧形成纵吹，使电弧冷却而熄灭。也恰是在分闸的一瞬，压油活塞移动形成油的有序流动，所以这种断路器既可断开小电流形成的较弱电弧，又可避免开断电容电流电弧重燃造成的过电压。

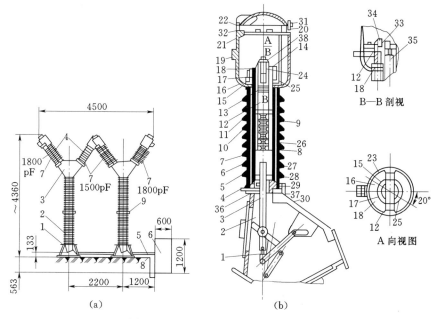

图 4-10 SW₆—220 型少油断路器

（a）一相的外形尺寸（相间中心距为 3000mm）

1—座架；2—支持绝缘子；3—三角形机构箱；4—灭弧装置；5—传动拉杆；
6—操动机构；7—均压电容器；8—支架；9—卡固法兰

（b）灭弧室（断口）剖面图

1—直线机构；2—中间机构箱；3—导电杆；4—放油阀；5—玻璃钢管；6—下衬筒；7—调节垫；
8—灭弧片；9—衬环；10—调节垫；11—上衬筒；12—静触头；13—压油活塞；14—密封垫；
15—铝压圈；16—逆止阀；17—铁压圈；18—上法兰；19—接线板；20—上盖板；21—安
全阀片；22—帽盖；23—铝帽；24—铜压圈；25—通气管；26—瓷套；27—中间触头；
28—毛毡垫；29—下铝法兰；30—导电板；31—M10 螺丝；32—M12 螺母；
33—导向件；34—M14 螺丝；35—压油活塞弹簧；36—M12 螺丝；
37—胶垫；38—压油活塞装配

（二）多油断路器

多油断路器以绝缘油作为灭弧介质，同时还是带电体与接地外壳的绝缘介质，因而用油量大，故障时还有燃爆危险，且耗钢材多，占地面积大。葛洲坝水电厂从国外引进的 20kV 三相多油式断路器，要在一个很大的房间才得以布置。所以这种断路器大多数已被少油式或 SF₆ 替代，目前国内只生产少量 10kV 和 35kV 的多油断路器。

图 4-11 为 DW₁₃—35 的外形及部分剖面图。它每相有一个油箱，每一油箱内有相互串联的两个断口，也是采用双断口灭弧原理。两个活动触头通过螺母紧固在导电的横担上，绝缘提升杆固定在横担中央，形成一个"山"字。当提升杆上下移动时（三相联动），即可带动两侧的活动触头同时移动，完成分、合闸动作。

DW₁₃—35 断路器采用电容式套管，并内附电流互感器，可省去另购电流互感器的费

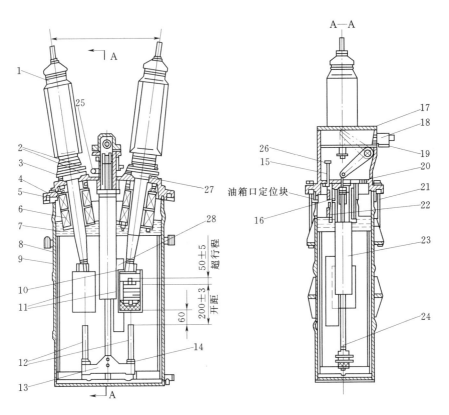

图 4-11 DW₁₃—35 型断路器结构图（单位：mm）

1—电容套管；2—调整及锁紧螺母；3—套管法兰；4—油箱盖；5—油箱口密封像皮垫；6—电流互感器；7—电流互感器固定螺母；8—油箱；9—油箱内衬绝缘隔板；10—静触头；11—灭弧室；12—动触头；13—铝横梁；14—锁紧螺母；15—互感器引线出线；16—接头；17—铝盖；18—排气阀及安全阀；19—密封橡皮垫；20—隔板；21—油箱固定螺栓；22—电流互感器引线接线座；23—导向筒；24—绝缘提升杆；25—电流互感器引线管接头；26—扁螺母；27—橡皮垫圈；28—断口并联电阻

用和安装空间。

断路器开断时，提升杆下移带动触头下移，动、静触头间形成电弧，使油汽化，灭弧室内压力升高，从而对电弧进行纵吹。当活动触头下移超过第二片隔弧板时，由于有横向通道，压力又迫使油气及弧柱涌向通道，从而对电弧进行横吹。当电流过零电弧熄灭瞬间，缓冲室储能释放，使新油充满弧隙，绝缘强度迅速加强，电弧不再重燃。

（三）SF₆ 断路器

由于 SF₆ 气体的电气绝缘性能好，所以 SF₆ 断路器的断口可承受更高电压，灭弧能力更强，触头从分离位置到熄弧位置的行程很短，且检修周期长。对于 110kV 及以上的少油断路器，一个灭弧单元一般为两个断口，而 SF₆ 断路器仅一个断口。220kV 单断口 SF₆ 断路器已得到应用。

SF₆ 断路器产品外形及型号有多种。例如 LW 型断路器，既有瓷柱式，又有罐式。有直接购入的国外设备，也有引进技术生产的设备。其型号含义与我国不同，关键部件及结构也有较大差别。

图 4-12 为国产 LW_{14}—110 型 SF_6 瓷柱式断路器外形示意图。

图 4-13 为单压式 SF_6 断路器灭弧室结构及灭弧过程示意图。其中（a）为合闸位置，电流经 A－C（及 D）－B－H 与外部连接；（d）为分闸位置，因 SF_6 绝缘性能好，开距很小（110kV 级仅为 30mm）；（b）为刚分前时刻，由于活动工作缸 C 右移，缸内 SF_6 气体压力进一步增大；（c）为灭弧过程中，缸内 SF_6 气体猛烈喷出，使电弧迅速熄灭。

（四）真空断路器

由于高真空的绝缘强度很高，所以真空断路器（出厂时灭弧室内压力仅为 1.33×10^{-5} Pa）具有触头开距短、熄弧快、体积小、重量轻、无爆炸危险、无污染等优点。近几年，我国的真空断路器发展很快，110kV 单断口的真空断路器已研制成功，但尚未投入商业性生产。原因是价格太贵，为同电压等级 SF_6 断路器的 3 倍。目前，比较常见的是 10kV 的真空断路器，见图 4-14。

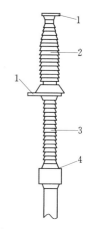

图 4-12 LW_{14}—110 型断路器外形示意图
1—引线压板；2—灭弧室；3—支柱瓷套；4—底座

图 4-15 为真空灭弧室的结构原理图。真空灭弧室是断路器的关键部分，要求具有良好密封性，所有的灭弧零件都装在一个玻璃罩内，罩的一端是封死的静触头 6，另外一端动触头 4 及活动导电杆 1 则固定于金属波纹管 2 的上端。这样靠波纹管的伸缩（行程仅 10mm 左右）即可完成分、合闸动作，而又不破坏密封。玻璃罩里面又加了一层无氧铜片制成的屏蔽罩。动、静触头都用特殊材料（如铜—铋—铈合金）制成，以防金属遇高温气化而降低断路器的开断能力。

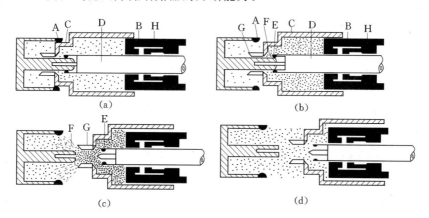

图 4-13 单压式 SF_6 断路器灭弧室结构及灭弧过程示意图
A—静触指；B—静触头；C—活动工作缸（压气罩）；D—活动触管；E—弧触指；F—燃弧杆；G—喷嘴；H—静触头支持件（固定活塞）

上面介绍的断路器都属于机械开关的范畴。目前，国内外科研及生产厂家正致力于大功率非机械开关的研制。其中"静态断路器"即是采用电力电子器件作为分、合单元，例如采用晶闸管的 7.2kV、12.5kA 的断路器及额定电压为 22kV、额定电流为 12500A、额定开断电流为 100kA 的发电机用晶闸管断路器已研制成功。这标志着开关电器在低功耗、快反应上向前迈了一大步。

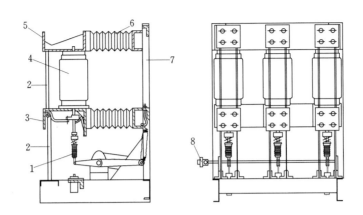

图 4-14 ZN₃—10G 型真空断路器

1—瓷拉杆；2—瓷柱；3—下导电板；4—真空灭弧室；5—上导电板；
6—支持式绝缘子；7—框架；8—拐臂

三、断路器的主要技术数据

断路器的主要参数有：

（1）额定电压 U_N。国产断路器的额定电压等级有：3kV、6kV、10kV、20kV、35kV、（60）kV、110kV、220kV、330kV、500kV 等。由于在同一电压等级下输电线路的始端电压与末端电压不同，又规定了断路器的最高工作电压，其值为额定电压的 1.15 倍，断路器可在此电压下长期正常地工作。

（2）额定电流 I_N。断路器的额定电流是指在规定环境温度下，导体不会超过长期发热允许温度的最大持续电流。常见的额定电流标准有：200A、400A、600A、1000A、1200A、1500A、2000A、3000A、5000A、6000A、8000A 等。

（3）额定开断电流 I_{br}。断路器在额定电压下能可靠断开的最大电流（即是触头刚分瞬间通过断路器的电流有效值），该参数表明了断路器的开断（灭弧）能力，是断路器最重要的性能参数。

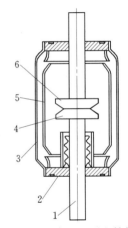

图 4-15 真空灭弧室结构

1—活动导电杆；2—金属
波纹管；3—玻璃罩；
4—动触头；5—屏
蔽罩；6—静触头

（4）额定断流容量 S_k。$S_k = \sqrt{3} I_{br} U_N$，实际上仅是对 I_{br} 的另一种表达，现在已不采用。

（5）动稳定电流 i_{max}。又称为极限通过电流，是断路器允许通过（不会因电动力而损坏）的短路电流的最大瞬时值。是反映断路器机械强度的一项指标。

（6）热稳定电流 I_t。在规定的时间内（一般为 4s），断路器通过此电流（以有效值表示）时引起的温度升高不会超过短时发热的允许值。热稳定电流是反映断路器承受短路电流热效应能力的参数。

（7）全分闸时间 t_{br}。断路器从接到分闸命令起到触头分开、三相电弧完全熄灭为止的时间称为全分闸时间，是反映断路器开断速度的参数。全分闸时间包含固有分闸时间和灭弧时间两段。从接到命令到触头刚分瞬间，称固有分闸时间。

四、断路器的选择

断路器的选择内容包括：①选择型式；②选择额定电压；③选择额定电流；④校验开断能力；⑤校验动稳定；⑥校验热稳定。

1. 选择型式

断路器型式的选择，应在全面了解其使用环境的基础上，结合产品的价格和已运行设备的使用情况加以确定。在我国不同电压等级的系统中，选择断路器型式的大致情况是：

电压等级在 35kV 及以下的可选用户内式少油断路器、真空断路器或 SF₆ 断路器；35kV 的也可选用户外式多油断路器、真空断路器或 SF₆ 断路器；电压等级在 110～330kV 范围，可选用户外式少油断路器或 SF₆ 断路器；500kV 电压等级则一般选用户外式 SF₆ 断路器。

2. 选择额定电压

所选断路器的额定电压应大于或等于安装处电网的额定电压。

3. 选择额定电流

按式（4-2）选择断路器额定电流。若实际使用地点的环境温度不同于给定标准值（+40℃）时，应注意对断路器额定电流进行修正。

4. 校核额定开断能力

为使断路器安全可靠地切断短路电流，应满足下列条件：

$$I_{br} \geqslant I_{kt} \quad (\text{kA}) \tag{4-7}$$

式中　I_{br}——断路器的额定开断电流，kA；

　　　I_{kt}——刚分电流（断路器触头刚分瞬间的短路全电流有效值），kA。

为了计算 I_{kt}，需首先确定短路切断计算时间，即从短路发生瞬间起到断路器触头刚分开瞬间为止的一段时间。设这段时间为 t_1，它可由下式计算，即

$$t_1 = t_p + t_g \quad (\text{s}) \tag{4-8}$$

式中　t_p——继电保护（主保护）动作时间，s；

　　　t_g——断路器固有分闸时间，s，型号初定后可从有关手册查得。

刚分电流 I_{kt} 可按下式算出：

$$I_{kt} = \sqrt{I_{pt}^2 + (\sqrt{2}\, I'' e^{-\frac{t_1}{T_a}})^2} \tag{4-9}$$

式中　I_{pt}——触头分开瞬间实际通过断路器的短路周期电流的有效值（可由运算曲线查得），kA；

　　　T_a——非周期电流衰减时间常数，s。

当 $t_1 > 0.1\text{s}$ 时，非周期电流的相对值实际上已衰减到 20% 以下，对 I_{kt} 的影响（小于2%）可以忽略不计。此时可采用刚分瞬间的周期电流 I_{pt} 对断路器进行校核。考虑到断路器的安全，周期电流的数值通常取其短路初瞬的有效值 I''，这样校核条件即变为

$$I_{br} \geqslant I'' \tag{4-10}$$

5. 校核动稳定

按式（4-4）校验动稳定。

6. 校验热稳定

按式（4-5）校验热稳定。

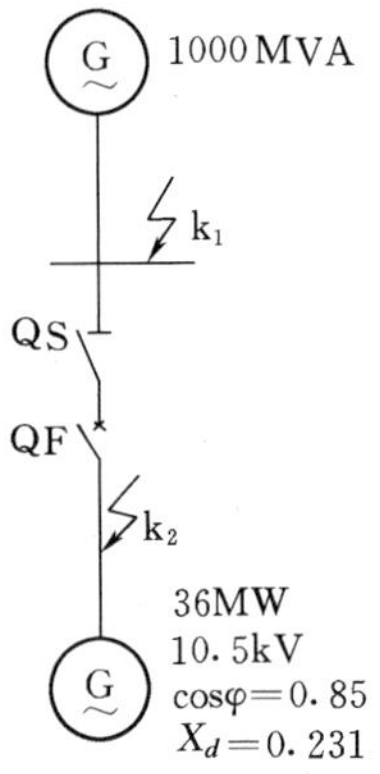

【例 4-1】 试选择某水电站发电机出口断路器。发电机技术数据为：$P_{GN}=36MW$，$U_{GN}=10.5kV$，$\cos\varphi_N=0.85$，$X''_{d*}=0.231$。系统至发电机出口等值电抗为 1.26（基准容量 100MVA），系统等值发电机容量为 1000MVA，发电机主保护动作时间 $t_{p1}=0.06s$，后备保护时间 $t_{p2}=3.2s$。断路器为室内布置，环境温度为 +40℃，接线如图 4-16 所示。

图 4-16 ［例 4-1］计算用图

解

1. 初选断路器型号

发电机回路的最大长期工作电流按式（4-3）得

$$I_{g\max}=1.05\frac{P_{GN}}{\sqrt{3}U_{GN}\cos\varphi_N}=1.05\times\frac{36}{\sqrt{3}\times10.5\times0.85}=2.445\;(kA)$$

根据 $U_{GN}=10.5kV$、$I_{g\max}=2.445kA$ 及屋内布置要求，查附录二初选型号为 $SN_{10}-10Ⅲ/3000$ 型断路器，其额定技术数据为：$U_N=10kV$，$I_N=3000A$，额定开断电流 $I_{br}=43.3kA$，动稳定电流 $i_{\max}=130kA$，热稳定电流（及时间）$I_t=43.3kA$（4s），固有分闸时间 $t_g=0.06s$，燃弧时间 $t_h=0.02s$。

2. 确定短路计算点及相应短路电流

短路热稳定计算时间　　$t_k=3.2+0.06+0.02=3.1\;(s)$　　$[0.5t_k=1.55\;(s)]$

短路切断计算时间　　$t_1=0.06+0.06=0.12\;(s)$

设 k_1 点短路，系统至 k_1 点的计算电抗

$$x_{S*}=1.26\times\frac{1000}{100}=12.6>3$$

则系统提供的短路电流为

$$I''=I_t=\frac{1}{12.6}\times\frac{1000}{\sqrt{3}\times10.5}=4.364\;(kA)$$

$$i_{sh}=2.55I''=2.55\times4.364=11.128\;(kA)$$

由发电机提供的短路电流，可由 $X''_{d*}=0.231$ 直接查水轮发电机运算曲线得

$$I''_*=4.85\qquad I_{1.55*}=3.3\qquad I_{3.1*}=3.22$$

其电流基准值为　　　　　　　$I_d=\frac{36}{\sqrt{3}\times10.5\times0.85}=2.33\;(kA)$

各有名值分别为

$$I''=4.85\times2.33=11.3\;(kA),\qquad I_{1.55}=3.3\times2.33=7.69\;(kA)$$

$$I_{3.1}=3.22\times2.33=7.5\;(kA)$$

$$i_{sh}=\sqrt{2}\times1.9\times11.3=30.36\;(kA)$$

可见，发电机提供的短路电流数值较大，故取 k_1 点为短路计算点（如 k_2 点短路，则仅有系统供出的短路电流流经断路器，显然较小）。

3. 校验开断能力

因　　　　　　　　　　　　　　$t_1=0.12s>0.1s$

故 $$I_{kt} = I'' = 11.3\text{kA} < 43.3\text{kA}$$

满足要求。

4. 校验动稳定

$$i_{sh} = 1.9 \times \sqrt{2} \times 11.3 = 30.36\text{kA} < 130\text{kA}$$

满足要求。

5. 校验热稳定

因 $$t_k = 3.1\text{s} > 1\text{s}$$

故可不计非周期分量的发热影响。

$$Q_k = \frac{1}{12}(I''^2 + 10I_{1.55}^2 + I_{3.1}^2)t_k$$

$$= \frac{1}{12}(11.3^2 + 10 \times 7.69^2 + 7.5^2) \times 3.1$$

$$= 200(\text{kA}^2 \cdot \text{s}) < 43.3^2 \times 4 = 75400\text{kA}^2 \cdot \text{s}$$

满足要求。

以上计算表明，选 SN_{10}—$10\text{III}/3000$ 型断路器可满足要求。

第四节　隔离开关原理与选择

隔离开关（俗称刀闸）没有灭弧装置。它既不能断开正常负荷电流，更不能断开短路电流，否则即发生"带负荷拉刀闸"的严重事故。此时产生的电弧不能熄灭，甚至造成飞弧（相间或相对地经电弧短路），会损坏设备并严重危及人身安全。

一、隔离开关用途

隔离开关的用途有以下几方面：

（1）隔离电压。在检修电气设备时，将隔离开关打开，形成明显可见的断点，使带电部分与被检修的部分隔开，以确保检修安全。

（2）可接通或断开很小的电流。如电压互感器回路，励磁电流不超过 2A 的空载变压器回路及电容电流不超过 5A 的空载线路等。

（3）可与断路器配合或单独完成倒闸操作。

二、隔离开关结构和工作原理

隔离开关种类很多。按安装地点可分为户内式和户外式两种，按极数可分为单极和三极两种；按支持瓷柱数目可分为单柱式、双柱式和三柱式；按闸刀运动方向可分为水平旋转式、垂直旋转式、摆动和插入式等。另外，为了检修设备时便于接地，35kV 及以上电压等级的户外式隔离开关还可根据要求配置接地刀闸。

图 4-17 为 GN_8—10 型户内式隔离开关。传

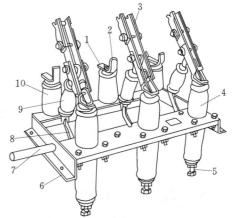

图 4-17　GN_8—10/600 型隔离开关

1—上接线端子；2—静触头；3—闸刀；4—套管绝缘子；5—下接线端子；6—框架；7—转轴；8—拐臂；9—升降传动绝缘子；10—支柱绝缘子

动绝缘子一端与闸刀相连，另一端与装在公共转轴上的拐臂铰接。操作机构驱动拐臂转动时，顶起传动绝缘子，从而使闸刀与固定触头分离。

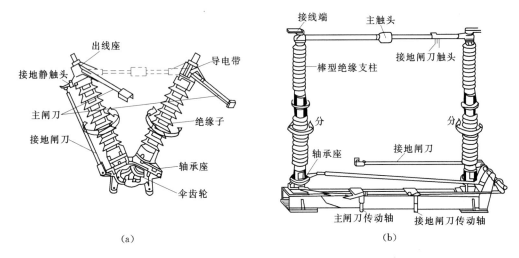

图 4-18　110kV 隔离开关外形图
(a) GW₅—110D 型；(b) GW₄—110D 型

　　图 4-18（a）为 GW₅—110D 户外隔离开关一极（相）外形图。有两个实心支柱绝缘子，成 V 形布置，底座上有两个轴承座，瓷柱可在轴承上旋转 90°，两个轴承座之间用伞齿轮啮合，操作时两瓷柱同步反向旋转，以达到分、合的目的。图 4-18（b）为 GW₄—110D 型隔离开关外形图，为双柱旋转式结构。

　　接地闸刀和工作闸刀通过操作把手互相闭锁，使两者不能同时合闸，以免发生带电接地故障。

　　图 4-19 为 GW₆—330GD 型单柱户外式隔离开关。由于导电折架像一把剪刀，俗称剪刀式隔离开关。隔离开关需闭合时，导电折架合拢，带动动触头向空中延伸，故可减少占地面积。这种隔离开关具有两个瓷柱，其中较粗的一个为支持瓷柱，另一个较细的是操作瓷柱。静止触头一般固定在架空硬母线上。

三、隔离开关技术数据

　　隔离开关的技术数据有：额定电压、额定电流、动稳定电流和热稳定电流（及相应时间）。隔离开关没有灭弧装置，故没有开断电流数据。

　　隔离开关型号用下列方法表示：

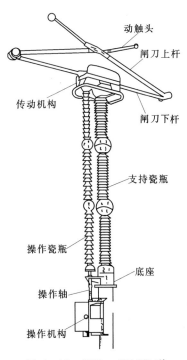

图 4-19　GW₆—330GD 型
单柱式隔离开关（剪刀式）

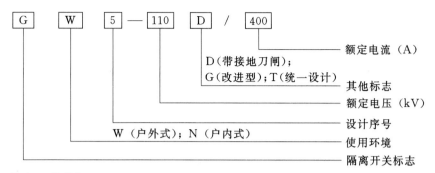

四、隔离开关选择

隔离开关的选择方法可参照断路器，其内容包括：①选择型式；②选择额定电压；③选择额定电流；④校验动稳定；⑤校验热稳定。

【例 4-2】 试选择［例 4-1］中的隔离开关。

解 由 $U_{NS}=10\text{kV}$，$I_{g\max}=2445\text{A}$，查有关手册，选 GN_{10}—10T/3000 型隔离开关可满足要求。查本书附录三得：$i_{\max}=160\text{kA}$，$I_t^2t=75^2\times5$。表 4-2 列出了［例 4-1］和［例 4-2］所选断路器和隔离开关的各项数据比较。

表 4-2 断路器及隔离开关选择结果表

电路计算结果		项目	SN₁₀—10Ⅲ/3000 参数	GN₁₀—10T/3000 参数
U_{NS}	10 （kV）	U_N	10 （kV）	10 （kV）
$I_{g\max}$	2445 （A）	I_N	3000 （A）	3000 （A）
I''	11.3 （kA）	I_{br}	43.3 （kA）	—
i_{sh}	30.36 （kA）	$i_{\max}$	130 （kA）	160 （kA）
Q_k	200 （kA²·s）	I_t^2t	$43.3^2\times4=7500$ （kA²·s）	$75^2\times5=28125$ （kA²·s）

第五节 电流互感器原理与选择

互感器分为电流互感器和电压互感器，它们既是电力系统中一次系统与二次系统间的联络元件，同时也是隔离元件。它们将一次系统的高电压、大电流，转变为低电压、小电流，供测量、监视、控制及继电保护使用。

互感器的具体作用是：

（1）将一次系统各级电压均变成 100V（或对地 $100\text{V}/\sqrt{3}$）以下的低电压，将一次系统各回路电流均变成 5A（或 1A、0.5A）以下的小电流，以便于测量仪表及继电器的小型化、系列化、标准化。

（2）将一次系统与二次系统在电气方面隔离，同时互感器二次侧必须有一点可靠接地，从而保证了二次设备及人员的安全。

一、电磁式电流互感器工作原理

（一）电流互感器的特点

电力系统中常采用电磁式电流互感器（通常称作 TA），其原理接线如图 4-20，它包括一次绕组 N_1，二次绕组 N_2 及铁芯。

由其原理接线可看出电流互感器的特点：

（1）一次绕组线径较粗而匝数 N_1 很少；二次绕组线径较细而匝数 N_2 较多。

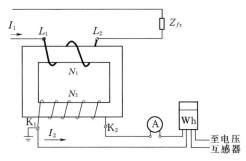

（2）一次绕组 N_1 串联接入一次电路，通过一次绕组 N_1 的电流 I_1，只取决一次回路负载的多少与性质，而与二次侧负载无关；而其二次电流 I_2 在理想情况下仅取决于一次电流 I_1。

（3）电流互感器的额定电流比（一、二次额定电流之比）近似等于二次与一次匝数之比，即

图 4-20　电流互感器原理接线图

$$K_L = \frac{I_{1N}}{I_{2N}} \approx \frac{N_2}{N_1} \qquad (4-11)$$

为便于生产，电流互感器的一次额定电流已标准化，二次侧额定电流也规定为 5A（1A 或 0.5A），所以电流互感器的额定电流比也已标准化。

（4）电流互感器二次绕组所接仪表和继电器的电流线圈阻抗都很小，均为串联关系，正常工作时，电流互感器二次侧接近于短路状态。

（二）电流互感器的准确级和额定容量

1. 电流互感器的准确级

电流互感器的原理类似于变压器，当二次绕组流有 I_2 时，$\dot{I}_2 N_2$ 对 $\dot{I}_1 N_1$ 构成强烈的去磁作用，剩余的激磁电流 $\dot{I}_0$ 和剩余的激磁磁势 $\dot{I}_0 N_1$ 很小。

根据磁势平衡原理可写出

$$\dot{I}_1 N_1 + \dot{I}_2 N_2 = \dot{I}_0 N_1 \qquad (4-12)$$

若 $\dot{I}_0 N_1 \approx 0$，则 $-\dot{I}_2 \dfrac{N_2}{N_1} = -\dot{I}_2 K_L = \dot{I}_1$，此时电流互感器就没有误差。但由于励磁电流 $\dot{I}_0$ 的存在，使得 $\dot{I}_1$ 与 $-K_L \dot{I}_2$ 无论是在数值还是在相位上都存在误差。其中数值上的误差称作电流误差或比差，用百分数表示为

$$f_i = \frac{K_L I_2 - I_1}{I_1} \times 100(\%) \qquad (4-13)$$

$\dot{I}_2$ 转过 $180°$ 后与 $\dot{I}_1$ 不能重合，所夹的角度即为角误差（角差），用角度（分）表示，并规定超前 $\dot{I}_1$ 时角误差为正值。

电流互感器的误差与其结构、铁芯材料及尺寸、二次绕组匝数、二次回路负载大小及性质、一次电流大小等有关。电流互感器的准确级就是其最大允许电流误差的百分值。电流互感器的准确级分为 0.2、0.5、1.0、3、10 及保护级（B 级）。

我国电流互感器准确级和误差限值标准（GB 1208—75）示于表 4-3。

2. 电流互感器的额定容量

电流互感器的额定容量为 $S_{2N} = I_{2N}^2 Z_{2N}$，如果二次额定电流已规定为 5A，也可写成：

$$S_{2N} = 25 Z_{2N} \qquad (4-14)$$

即电流互感器的额定容量与二次侧额定阻抗 Z_{2N} 成比例，所以有时就用二次侧额定阻

表 4-3　　　　　　　　　　　　　电流互感器准确级和误差限值

准确级次	一次电流为额定电流的百分数（%）	误 差 限 值		二次负荷变化范围
		电流误差（±%）	相差位（±′）	
0.2	10	0.5	20	
	20	0.35	15	
	100~120	0.2	10	
0.5	10	1	60	
	20	0.75	45	$(0.25~1)\,S_{2N}$
	100~120	0.5	30	
1	10	2	120	
	20	1.5	90	
	100~120	1	60	
3	50~120	3	不规定	$(0.5~1)\,S_{2N}$

抗的欧姆值来表示电流互感器的额定容量。

（三）电流互感器运行参数对误差的影响

1. 一次电流 I_1 的影响

电流互感器的一次电流 I_1（铁芯中磁感应强度 B 正比于 I_1）对铁芯导磁率 μ 有很大影响，铁芯的磁场强度 H（H 正比于激磁电流 I_0）和磁感应强度 B 之间为非线性关系，见图 4-21。在设计电流互感器时，通常使铁芯在额定条件下工作时的磁感应强度较低（约 0.4T），此时 μ 值较高，故激磁电流 I_0 较小，因而误差也较小。当互感器一次侧电流减小，导磁率减小，误差增大；当一次电流数倍于其额定值（如一次回路出现短路）时，由于铁芯开始饱和，μ 值下降，误差也会增大。

2. 二次负荷阻抗对误差的影响

在理想情况下，I_1 不变时 I_2 亦不变，但实际上，当 I_1 不变时，I_2 随二次负荷阻抗的增大而减小，因而使励磁电流 I_0 增大，误差也随之增大。这也是为什么电流互感器正常工作时最好接近于短路状态的原因。当二次侧阻抗超过其允许值时，互感器的准确级就降低了。

为了减小误差，除了铁芯采用高导磁率材料外，更多的是采用经济而有效的人工补偿法。人工补偿法分为无源补偿和有源补偿两类。无源补偿法中常见的有匝数补偿（即二次绕组减少若干匝）和并联电容法（提高二次侧功率因数）。在精度要求不高的场合下，这种方法简单易行；而有源补偿法又可分为磁势补偿和电势补偿，这种补偿又称为跟踪补偿，使电流互感器可达到很高的精度，但二次侧承载能力差（允许的欧姆值更小）。

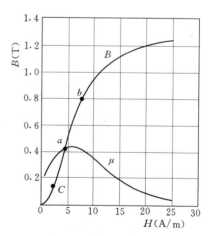

图 4-21　铁芯磁化曲线及与导磁率 μ 的关系

（四）电流互感器分类和结构

电流互感器的种类很多，型号中的字母符号代表了其类型，其表示方式如下：

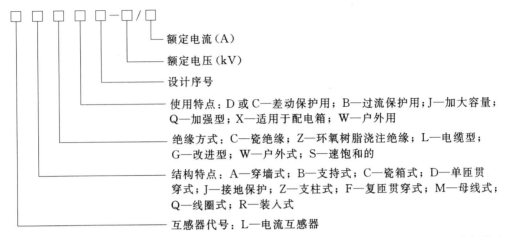

额定电流（A）

额定电压（kV）

设计序号

使用特点：D 或 C—差动保护用；B—过流保护用；J—加大容量；
Q—加强型；X—适用于配电箱；W—户外用

绝缘方式：C—瓷绝缘；Z—环氧树脂浇注绝缘；L—电缆型；
G—改进型；W—户外式；S—速饱和的

结构特点：A—穿墙式；B—支持式；C—瓷箱式；D—单匝贯
穿式；J—接地保护；Z—支柱式；F—复匝贯穿式；M—母线式；
Q—线圈式；R—装入式

互感器代号：L—电流互感器

例如 LFCD—10/400，400/5，D/3 表示多匝、瓷绝缘、户内式可用于差动保护的电
流互感器，10kV 电压级，额定电流比为 400/5，带有两个二次绕组，一个用作差动保护
（D 级），另一个用作一般测量（3 级）。

图 4-22 所示为电流互感器的结构原理图，单匝式电流互感器是由载流导体（作为一
匝原绕组）穿绕有副绕组的环形铁芯构成。它结构简单、体积小、价格低。但由于原绕
组是单匝，当被测电流很小时，原边磁势小，测量准确度很低。当一次侧额定电流为 400A
及以下时，为提高其测量准确度，将一次绕组制成两匝或两匝以上，就构成了复匝式。

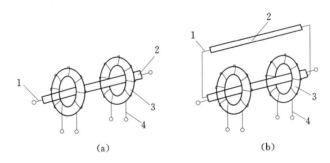

(a)   (b)

图 4-22　电流互感器结构原理图（有两个铁芯）
(a) 单匝式；(b) 复匝式
1——次绕组；2—绝缘套管；3—铁芯；4—二次绕组

不同的二次负荷对电流互感器有不同的精度要求，为了节省空间和成本，往往几个铁
芯（各自绕着相应的二次绕组）共享一个一次线圈，构成一台电流互感器。一般 3～
35kV 电流互感器均有两个二次绕组；110kV 电流互感器有 3～4 个二次绕组；而 220kV
则有 4～5 个二次绕组。

另外，为了适应不同一次负荷电流的要求，110kV 及以上的电流互感器常将一次绕
组分成几组，通过改变一次绕组的串、并联关系，即可很方便地获得 2～3 个额定电流比。

二、电流互感器接线及注意事项

常用的电流互感器接线如图 4-23 所示，图中电流表计的位置，亦可接继电器，但应
注意测量表计与继电器对电流互感器的准确度要求是不一样的。

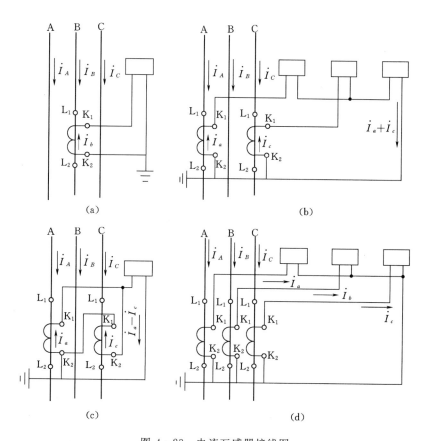

图 4-23 电流互感器接线图

(a) 单相式；(b) 不完全星形接线；(c) 两相电流差；(d) 三相星形接线

图 4-23 (a) 为单相式接线。这种接线仅反映三相电流平衡系统的运行状态，可作为一般测量和过负荷保护等。

图 4-23 (b) 为不完全星形接线，这种接线常用于 6～10kV 中性点不接地三相三线制系统中，可供三相二元件功率表或电能表使用，仅取 A 相电流和 C 相电流即可。它们的公用回线中流通的电流即为 B 相电流。这种接线节省了一台电流互感器。

图 4-23 (c) 为两相电流差接线可用于 6～10kV 的过电流保护。

图 4-23 (d) 为三相星形接线，这种接线广泛用于负荷不平衡的三相四线制系统，也可用于一般的三相三线制系统，可测量电路的三相电流，监视各相负荷不对称情况。

要特别指出，电流互感器正常运行时基本处于短路状态，其二次绕组绝对不允许开路运行。否则二次侧电流为零，一次侧电流全部转化为激磁电流，导致铁芯饱和，其磁通变为平顶波，则二次绕组中感应电势很高（波形为很尖的尖顶波），二次端子处将出现很高电压（几千甚至几万伏），危及设备和人身安全。原边电流越大，则副边开路时的感应电压越高。如果需检修二次仪表，应先将 K_1、K_2 用导线短接（参见图 4-23）后才能工作。二次设备修好后，应先将所接仪表接入，而后再拆 K_1、K_2 的短接导线。

三、电流互感器选择

选择电流互感器时，首先要根据装设地点、用途等具体条件确定互感器的结构类型、准确等级、额定电流比 K_L；其次要根据互感器的额定容量和二次负荷计算二次回路连接导线的截面积；最后校验其动稳定和热稳定。

（一）结构类型和准确度的确定

根据配电装置的类型，相应选择户内或户外式电流互感器，一般情况下，35kV 以下为户内式，而 35kV 及以上为户外式或装入式（装入变压器或断路器内部）。

电流互感器准确级的确定，取决于二次负荷的性质。0.2 级用于实验室的精密测量、重要的发电机和变压器回路及 500kV 重要回路；二次负荷如果属一般电能计量，则电流互感器采用 0.5 级；功率表和电流表可配用 1.0 级的电流互感器；一般测量则可用 3.0 级。如果几个性质不同的测量仪表需要共用一台电流互感器时，则互感器的准确级按就高不就低的原则确定。

一般用于继电保护装置的电流互感器，可选 5P 或 10P 级（在旧型号中，则为 B、C、D 级）。此外还应按 10％误差曲线进行校验，以保证在短路时误差也不会超过 －10％。

（二）额定电压的选择

电流互感器的额定电压，应满足下列条件：

$$U_N \geqslant U_{NS} \tag{4-15}$$

式中　U_N——电流互感器的额定电压，kV；

　　　U_{NS}——电流互感器安装处的电网电压，kV。

（三）额定电流的选择及额定电流比的确定

电流互感器一次绕组的额定电流 I_{1N} 已标准化，应选比一次回路最大长期电流 I_{max} 略大一点的标准值。

当 I_{1N} 确定之后，电流互感器的额定电流比也随之确定，即为 $K_L = I_{1N}/5$ (1)。

（四）二次回路连接导线截面积的计算

电流互感器准确级确定以后，能够查出保证其准确级的二次负荷 Z_{2N}，应使

$$Z_{2N} \approx r_z + r_w + r_j \tag{4-16}$$

式中　r_z——二次负载（测量仪表或继电器线圈）的电阻；

　　　r_w——连接导线的电阻；

　　　r_j——连接处的接触电阻（一般取 0.1Ω）。

上式中除 r_w 外均可查得，于是可求出允许的 r_w 值。由于导线电阻与导线截面、长度及电阻率均有关，所以连接导线的最小截面应为

$$S = \frac{\rho L}{r_w} \ (\text{mm}^2) \tag{4-17}$$

式中　ρ——连接导线的电阻率，Ω·mm²/m；控制电缆一般采用铜导线，$\rho = 0.0175$；

　　　L——连接导线的计算长度，m，L 与电流互感器接线有关。

如果电流互感器至测量仪表的距离为 L_1，当电流互感器采用单相接线时，$L = 2L_1$；当电流互感器采用不完全星形接线时，则 $L = \sqrt{3} L_1$；当电流互感器采用星形接线时，中性线的电流很小，故可取 $L \approx L_1$。

为了保证连接导线的机械强度，要求导线的最小截面不应小于 1.5mm²（铜）。

（五）热稳定校验

电流互感器的热稳定校验，应满足下列条件：

$$(I_{1N}K_t)^2 \geqslant Q_k \tag{4-18}$$

式中 Q_k——短路电流在短路作用时间内的热效应，$kA^2 \cdot s$；

      K_t——电流互感器热稳定倍数，即电流互感器 1s 热稳定电流与一次线圈额定电流的比值，可从本书附录五或手册中查到。

（六）动稳定校验

电流互感器的动稳定校验包括两个方面的内容，即内部电动力稳定性校验和外部电动力稳定性校验。

1. 内部动稳定校验

对于复匝式电流互感器，应满足：

$$\sqrt{2}\,I_{1N}K_d \geqslant i_{sh} \tag{4-19}$$

式中 K_d——电流互感器动稳定倍数，可由本书附录五查得。

2. 外部动稳定校验

（1）相间相互作用的电动力有可能使瓷绝缘的电流互感器损坏。外部动稳定应满足：

$$F_p \geqslant \frac{1}{2} \times 0.173 i_{sh}^2 \frac{L}{a} \quad (\text{N}) \tag{4-20}$$

式中 F_p——作用于电流互感器端部的允许电动力，由制造厂家提供，N；

      L——电流互感器瓷帽端部至最近一个母线支持绝缘子之间的距离，m；

      a——相间距离，m；

      i_{sh}——短路冲击电流，kA。

（2）若电流互感器为母线瓷套绝缘（如 LMC 型），其动稳定校验应满足：

$$\left. \begin{array}{l} F_p \geqslant 0.173 i_{sh}^2 \dfrac{L}{a} \quad (\text{N}) \\[2mm] L = \dfrac{1}{2}(L_1 + L_2) \quad (\text{m}) \end{array} \right\} \tag{4-21}$$

式中 F_p——作用于瓷套端部的允许电动力，N；

      L——计算长度，m；

      L_1——电流互感器瓷套帽端至最近一个母线支持绝缘子的距离，m；

      L_2——电流互感器自身两瓷套帽端的距离，m。

四、新型电流互感器简介

随着超高压输电的发展，电磁式电流互感器的结构变得更加复杂，体积越显庞大，给布置和运行维护带来诸多不便。同时，自动化程度的提高，对电流互感器输出精度亦提出更高的要求，所以，新型电流互感器的研制势在必行。

消除误差的直接方法，就是去掉高压与低压间的直接磁路联系，改用其他的方法如采用光电耦合、无线电电磁耦合和电容式耦合等。其中光电式是利用材料的磁光效应或电光效应，将电流转换成激光，经过光纤通道传输，最后再将光信号还原或电信号，供仪表或继电器使用。这种电流互感器，精度可以很高，响应速度也很快。但非电磁式电流互感器目前尚在研制阶段，其缺点是输出容量小，且工作的可靠性尚待进一步验证。

第六节　电压互感器原理与选择

电压互感器（又称 PT）是将高电压变成低电压的设备，分为电磁式电压互感器和电容分压式电压互感器两种。

一、电磁式电压互感器工作原理

1. 电压互感器特点

电磁式电压互感器原理与变压器相同，其接线如图 4-24 所示。由图中可以看出其特点：

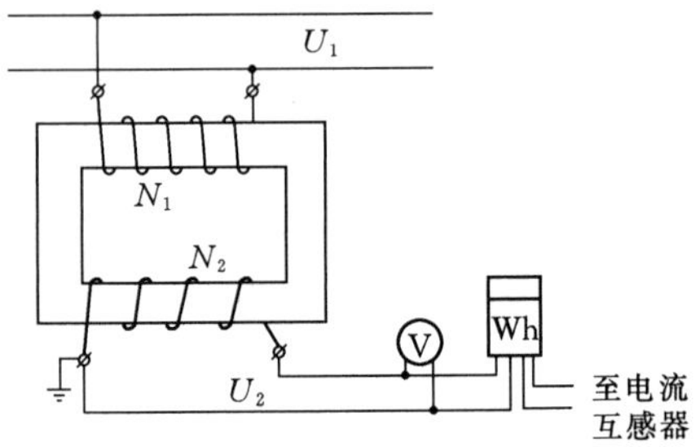

（1）电磁式电压互感器就是一台小容量的降压变压器。一次绕组匝数 N_1 很多，而二次绕组匝数 N_2 较少。

（2）一次绕组并接于一次系统，二次侧各仪表亦为并联关系。

图 4-24　电磁式电压互感器原理接线

（3）二次绕组所接负荷均为高阻抗的电压表及电压继电器，故正常运行时二次绕组接近于空载状态（开路）。

2. 电压互感器的准确级和额定容量

电压互感器一、二次额定电压之比，称为额定电压比，即

$$K_u = \frac{U_{1N}}{U_{2N}} \tag{4-22}$$

在理想情况下，$K_u U_2 = U_1$。而实际上两者并不相等，既有数值上的误差，也有相位上的误差。

二次侧电压 U_2 折算至一次侧的值 $K_u U_2$ 与 U_1 存在着数值差，称为电压误差。电压误差通常用百分数表示：

$$f_u = \frac{K_u U_2 - U_1}{U_1} \times 100(\%) \tag{4-23}$$

此外，电压 $\dot{U}_1$ 与旋转 $180°$ 的二次折算电压 $K_u \dot{U}_2$ 之间有一个小夹角，为其角误差，并且规定 $-K_u \dot{U}_2$ 超前 $\dot{U}_1$ 时角误差为正，反之为负。

互感器的结构和运行工况（二次负荷、功率因数和一次电压的大小）对误差有直接影响。减小电压互感器的激磁电流和内阻抗，可使互感器的误差减小。为了减小励磁电流，可采用高导磁率的冷轧硅钢片做铁芯；在一次电压和负荷功率因数不变的情况下，电压误差随二次负荷电流的增大而增加，因此必须将二次负荷限制在额定二次容量范围内。

如果二次负荷超过该准确级的额定容量，则电压互感器的误差就会增大，准确等级就要降低。此外，电压互感器按照长期发热的允许条件，还规定了它的最大（极限）容量。只有当二次负荷对误差无严格要求时，才允许电压互感器按最大容量使用。

电压互感器的准确等级及各准确等级下的允许误差见表 4-4。

准确级	误差限值		一次电压变化范围	功率因数及二次负荷变化范围
	电压误差（±%）	相角差（±'）		
0.2	0.2	10		
0.5	0.5	20	$(0.8\sim1.2)\ U_{1N}$	$\cos\varphi_2=0.8$
1	1.0	40		
3	3.0	不规定		$(0.25\sim1)\ S_{2N}$
3P	3.0	120	$(0.05\sim1)\ U_{1N}$	
6P	6.0	240		

3. 电压互感器分类和结构

电磁式电压互感器可以从不同角度分类。

（1）单相式和三相式。35kV 及以上电压等级不制造三相式，均为单相式电压互感器。

（2）户内式和户外式。35kV 以下多制成户内式；110kV 及以上电压等级则制成户外式；35kV 电压互感器既有户内式也有户外式。

（3）双绕组和三绕组。三绕组电压互感器带有两个二次绕组，一个是基本二次绕组，用于测量仪表和继电器；另一个称为附加二次绕组或开口三角绕组，用来反映系统单相接地。

（4）按绝缘分为干式、浇注式、油浸式和瓷绝缘。油浸式又分为普通结构和串级结构两种。3～35kV 电压等级都制成普通结构，110kV 及以上电压等级的电压互感器才制成串级结构。

电压互感器的型号可反映其类型，其含义如下：

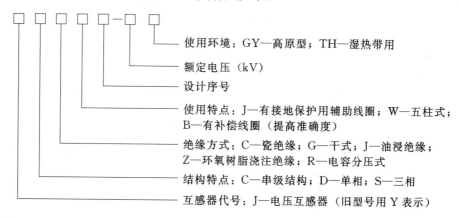

使用环境：GY—高原型；TH—湿热带用

额定电压（kV）

设计序号

使用特点：J—有接地保护用辅助线圈；W—五柱式；
B—有补偿线圈（提高准确度）

绝缘方式：C—瓷绝缘；G—干式；J—油浸绝缘；
Z—环氧树脂浇注绝缘；R—电容分压式

结构特点：C—串级结构；D—单相；S—三相

互感器代号：J—电压互感器（旧型号用 Y 表示）

例如，JSJW—10，10/0.1/（0.1/3）kV，0.5，表示油浸三相五柱三绕组电压互感器，一次额定电压为 10kV，两个二次绕组的额定电压分别为 0.1kV 和 0.1kV/3。准确级为 0.5 级。

图 4－25 为 JDJ—10 型油浸式单相电压互感器外形及内部结构图。

图 4－26 为 JSJW—10 型电压互感器外形及结构示意图。它常用于 3～20kV 中性点不接地系统或经消弧线圈接地系统中。在这种系统中如果发生单相接地，接地相对地电压为零，非接地相对地电压升高$\sqrt{3}$倍。在这种情况下，五柱式的两旁轭为产生的零序磁通提供了畅通的磁路，这就避免了普通互感器因零序磁路磁阻太大导致电流过大而发热损坏。

图 4－27 为 110kV 串级式电压互感器。随着电压等级的升高，电压互感器一次绕组

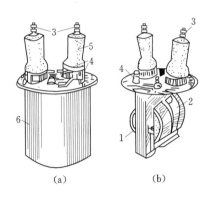

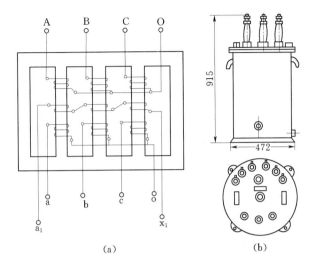

图 4-25 JDJ—10 型油浸自冷式
单相电压互感器

1—铁芯；2—10kV 绕组；3—原绕组
引出端；4—副绕组引出端；5—套
管绝缘子；6—外壳

图 4-26 JSJW—10 型三相五柱电压互感器（尺寸单位：mm）

(a) 原理图；(b) 外形图

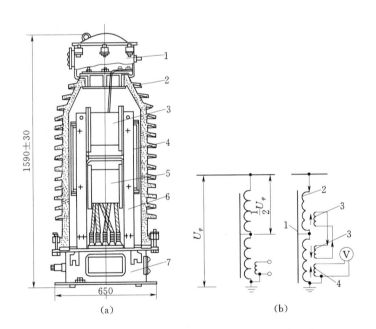

图 4-27 JCC—110kV 串级式电压互感器（单相式）

(a) 内部结构图（单位：mm）

1—储油柜；2—瓷外壳；3—上柱绕组；4—铁芯；
5—下柱绕组；6—支撑电木板（对地绝缘）；7—底座

(b) 接线示意图

1—铁芯；2—一次绕组；3—平衡绕组；4—二次绕组

的绝缘需随之增强。串级式电压互感器的一次绕组分成匝数相等的几组，并在组与组的连接点上与铁芯相连，使得绕组与铁芯之间采用分级绝缘，同时将铁芯与绕组装入充满变压器油的瓷箱中，从而可节省绝缘材料降低电压互感器成本。在接线图（b）中，平衡绕组中感应出电流,方向如图所示,它的去磁作用可以使上、下两元件所受电压均匀,提高互感器的准确度。

二、电容分压式电压互感器

电磁式电压互感器电压等级越高对绝缘要求也越高,体积越庞大,给布置和运行带来不便。

图 4-28 所示为电容分压式电压互感器原理图。若忽略流经小型电磁式电压互感器一次绕组的电流,则 U_1 经电容 C_1、C_2 分压后得到的 U_2 为

$$U_2 = \frac{C_1}{C_1 + C_2} U_1 \tag{4-24}$$

但这仅是理想状况,当电磁式电压互感器一次绕组有电流时 U_2 会比上述值小,故在该回路中又加了补偿电抗器,尽量减小误差。阻尼电阻 r_d 是为了防止铁磁谐振引起的过电压。放电间隙是防止过电压对一次绕组及补偿电抗器绝缘的威胁。闸刀开关闭合或打开仅仅影响通信设备的工作(K 合上通信不能工作),不影响互感器本身的运行。

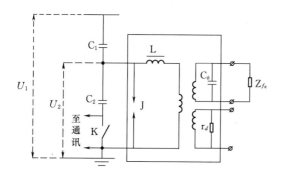

图 4-28　电容分压式电压互感器原理接线
C_1、C_2—分压电容;K—闸刀开关;J—放电间隙;
L—补偿电抗器;r_d—阻尼电阻;C_b—补偿电容

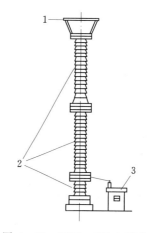

图 4-29　YDR—220 电容分
压式电压互感器外形
1—均压环;2—分压电容;
3—小型电磁式电压互感器

图 4-29 为 YDR—220 电容分压式电压互感器的外形图。型号中的 Y 代表电压互感器(旧型号),D 为单相,R 为电容,其额定电压为 220kV。

三、电压互感器接线

常用的电压互感器接线方式,见图 4-30。

图 4-30(a)接线仅用于小接地电流系统(35kV 及以下),只能测得线电压;(b)接线只能用于大接地电流系统(110kV 及以上),只能测量相电压。

图 4-30(c)是由两台单相电压互感器组成的 V-V 形接线(二次侧 b 相接地),可用来测量线电压,但不能测量相电压,广泛用于 35kV 及以下的电网中。

图 4-30(d)所示为一台三相五柱式电压互感器接线,一次绕组接成星形,且中性点接地。基本二次绕组也接成星形,并中性点接地,既可测量线电压,又可测量相电压。附加二次绕组每相的额定电压按 100V/3 设计,接成开口三角形,亦要求一点接地。正常时,开口三角形绕组两端电压为零,如果系统中发生一相完全接地,开口三角形绕组两端

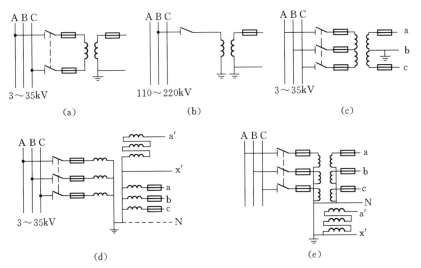

图 4-30　电压互感器的接线方式

（a）、（b）单相电压互感器接线；（c）V-V 接线；（d）一台三相五柱电压互感器接线；

（e）三台单相三绕组电压互感器接线

出现 100V 电压，供给绝缘监视继电器，使之发出一个故障信号（但不跳开断路器）。这种接线，在 3～35kV 电网中得到广泛应用。

图 4-30（e）所示为由三台单相三绕组电压互感器构成的 $Y_0/Y_0/\triangleright$ 接线，这种接线既可用于小接地电流系统，又可用于大接地电流系统。但应注意二者附加二次绕组的额定电压不同。用在小接地电流系统中应为 100V/3；而在大接地电流系统中则为 100V（一次系统中一相完全接地时，两种情况下开口三角形绕组两端的电压均为 100V）。

3～35kV 电压互感器高压侧一般经隔离开关和高压熔断器接入高压电网，低压侧也应装低压熔断器。

110kV 及以上的电压互感器可直接经由隔离开关接入电网，不装高压熔断器（低压则仍要装）。380V 的电压互感器可经熔断器直接接入电网，而不用隔离开关。

无论是电流互感器还是电压互感器，都要求二次侧有一点可靠接地，以防止万一互感器绝缘损坏，高电压会窜入二次回路危及二次设备和人身的安全。

四、电压互感器的选择

电压互感器的选择内容包括：根据安装地点和用途，确定电压互感器的结构类型、接线方式和准确级；确定额定电压比；计算电压互感器的二次负荷，使其不超过相应准确度的额定容量。

1. 选择结构类型、接线方式和准确等级

根据配电装置类型，相应地电压互感器可选择户内式或户外式。35kV 及以下可选用油浸式结构或浇注式结构；110kV 及以上可选用串级式结构或电容分压式结构。

3～20kV 当只需要测量线电压时，可采用两只单相电压互感器的 V-V 接线。35kV 以下，当需要测量线电压，同时又需要测量相电压和监视电网绝缘时，可采用三相五柱式电压互感器或由三只单相三绕组电压互感器构成 $Y_0/Y_0/\triangleright$ 接线。110kV 及以上的电网，则根据需要选择一台单相电压互感器或由三个单相三绕组电压互感器构成 $Y_0/Y_0/\triangleright$ 接线。

选择电压互感器准确级要根据二次负荷的需要。如果二次负荷为电能计量，应采用0.5级电压互感器；发电厂中功率表和电压继电器可配用1.0级；一般的测量表计（如电压表）可配用3.0级。如几种准确级要求不同的二次负荷同接一只电压互感器，则应按负荷要求的最高等级考虑。

2. 选择额定电压

电压互感器一次绕组的额定电压应与安装处电网额定电压相同。特别要注意开口三角绕组额定电压的选择。用于大接地电流系统的，应选择100V，而用于小接地电流系统的，应选择100V/3。

如选择10kV电压互感器，可选择一台JDZ—10型单相电压互感器，其额定电压比为10/0.1kV；也可选择一台JSJW—10型三相五柱电压互感器，其额定电压为$10/0.1\frac{0.1}{3}$kV；或者选择三只单相三绕组JDZJ—10型电压互感器构成$Y_0/Y_0/\triangleright$接线，其额定电压比为$10/0.1\frac{0.1}{3}$kV。

3. 选择容量

电压互感器的型号和准确级确定以后，与此准确级对应的额定容量即已确定（可从本书附录四有关手册中查得），为了保证互感器的准确度，电压互感器二次侧所带负荷的实际容量不能超过此额定容量。

计算互感器的二次负荷容量时，必须注意互感器的接线方式和二次负荷的连接方法，可查阅有关手册。

第七节 互感器在主接线中的配置原则

为使电力系统正常运行并保证电能质量，且在短路后迅速将故障元件切除不致使故障范围扩大，必须通过二次设备以实现测量、控制、监察及保护，二次设备的输入信号由互感器取得。互感器在主接线中的配置，总是与一次设备运行要求及主接线形式有关。

一、电压互感器的配置

应根据测量、同期、保护等的需要，分别装设相应的电压互感器。具体配置如下：

（1）发电机。一般在发电机出口装设2～3组电压互感器。其中一组为三只单相双绕组电压互感器，供励磁调节装置用，准确级为0.5级。另外一组为三绕组构成$Y_0/Y_0/\triangleright$接线（可采用单相三绕组或三相五柱式），供测量、同期、继电保护及绝缘监视用。当二次负荷过大时，可增设一组电压互感器。当发电机出口与主变低压侧经断路器相接，且厂用电支路由主变低压侧引出时，还应在厂用电支路的连接点上设一组三绕组电压互感器。

（2）母线。工作母线和备用母线都应装一组三绕组电压互感器，而旁路母线可不装。母线如分段应在各分段上各装一组三绕组电压互感器。

另外，若升高电压等级的接线为无母线的形式，例如内桥式接线，则应在桥支路两端连接点上设置一组三绕组电压互感器。

（3）35kV及以上线路按对方是否有电源考虑。对方无电源时不装。有电源时，可装一台单相双绕组或单相三绕组电压互感器。110kV 及以上线路，为了节约投资和占地，载波通信和电压测量可共用耦合电容，故一般选择电容分压式电压互感器。

二、电流互感器的配置

在所有支路均应按测量及继电保护要求，装设相应的电流互感器。

在发电机、主变压器、大型厂用变压器和 110kV 及以上大接地电流系统各回路中，一般应三相均装设电流互感器；而对于非主要回路则一般仅在 A、C 两相上装设。

一般采用双铁芯或多铁芯的电流互感器（见图 4-31 中的 2 个或 4 个小圆圈），可分别供给测量和保护使用。有些 35kV 及以上等级断路器两侧套管内装有电流互感器，就不必另外装设了。

图 4-31 中画出了发电厂中各种互感器的安装位置。

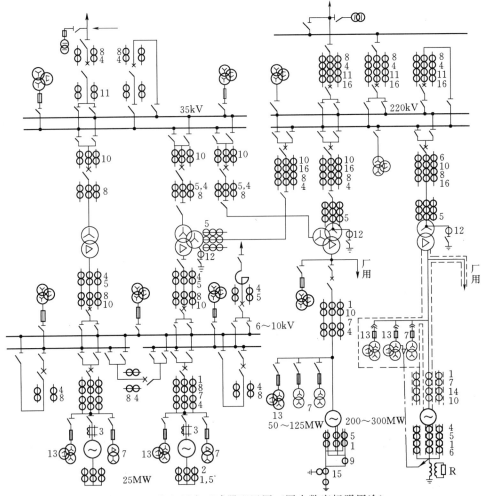

图 4-31　发电厂中互感器配置图（图中数字标明用途）

1—发电机差动保护；2—测量仪表（机房）；3—接地保护；4—测量仪表；5—过流保护；

6—发电机—变压器差动保护；7—自动调节励磁；8—母线保护；9—横差保护；

10—变压器差动保护；11—线路保护；12—零序保护；13—仪表和保护用 TV；

14—失步保护；15—定子 100% 接地保护；16—断路器失灵保护

第八节 限流电抗器的选择

用来限制短路电流的限流电抗器一般选用 NKL 系列铝线水泥电抗器或 FFL 系列铝线分裂电抗器。这种电抗器没有铁芯，仅将绝缘铝线绕在水泥骨架上。

一、按额定电压选择

一般选择电抗器额定电压与安装处电网额定电压相同。

二、按额定电流选择

选择电抗器的额定电流必须大于可能流过电抗器的最大长期工作电流。电抗器基本没有过载能力，选择时应有适当裕度。

母线分段回路的电抗器，应根据母线上事故切除最大一台发电机时，可能通过电抗器的电流选择，一般取该发电机额定电流的 $50\%\sim80\%$。分裂电抗器，一般中间抽头接电源，两支臂接负荷，其额定电流应大于每一臂最大负荷电流。当无负荷资料时，一般按中间抽头所接发电机或变压器额定电流的 70% 选择。

三、电抗百分比的选择及校验

（一）普通电抗器电抗百分值选择和校验

电抗器电抗百分值的选择，实质上就是选择决定电抗器的电抗值。电抗过小不能将短路电流限制到轻型断路器所能开断的数值；而电抗过大又会使正常运行时电压损失太大。下面可以用 [例 4-3] 来详细说明。

【例 4-3】 图 4-32 所示之发电厂 10kV 发电机电压母线经分段电抗器 L_1 及断路器 QF_4 分为 I、II 两段。10kV 出线上也装了电抗器 L_2。有关数据均标注于图中。

（1）求 K_1 点 K_2 点发生三相短路时流经断路器 QF_1、QF_2、QF_3 和 QF_4 的短路电流，相应地选出断路器型号。

（2）求 K_1 点短路时 10kV I 段母线上的残压，以及 K_2 点短路时 10kV II 段母线上的残压。

（3）求正常工作时出线电抗器上的电压降 $\Delta U\%$。

解 1. 计算各元件电抗，画等值电路

以标么值计算，取 $S_d=100\,\text{MVA}$, $U_d=U_{av}$

$$X_1=X_2=0.124\times\frac{100}{50/0.8}=0.2$$

$$X_3=\frac{10}{100}\times\frac{10}{\sqrt{3}\times2}\times\frac{100}{10.5^2}=0.29\times\frac{100}{10.5^2}=0.26$$

$$X_4=\frac{4}{100}\times\frac{10}{\sqrt{3}\times0.3}\times\frac{100}{10.5^2}=0.77\times\frac{100}{10.5^2}=0.70$$

$$X_5=X_2+X_3=0.2+0.26=0.46$$

2. K_1 点发生三相短路

$$X_6=0.2\times0.7\left(\frac{1}{0.2}+\frac{1}{0.7}+\frac{1}{0.46}\right)=1.2$$

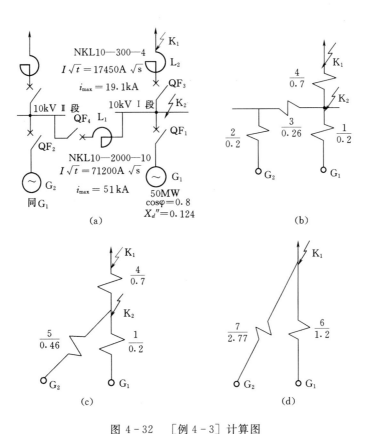

图 4 - 32 ［例 4 - 3］计算图

(a) 原始网络图；(b) 等值电路图；(c) 等值电路化简；(d) 进一步化简

$$X_7 = 0.46 \times 0.7 \left(\frac{1}{0.2} + \frac{1}{0.7} + \frac{1}{0.46} \right) = 2.77$$

G_1：　$X_{ca} = 1.2 \times \dfrac{50/0.8}{100} = 0.75$　　$I''_* = 1.4$　$I'' = 1.4 \times \dfrac{50/0.8}{\sqrt{3} \times 10.5} = 4.81 \text{(kA)}$

$$I_{4*} = 1.6 \quad I_4 = 1.6 \times \frac{50/0.8}{\sqrt{3} \times 10.5} = 5.5 \text{ (kA)}$$

G_2：　$X_{ca} = 2.77 \times \dfrac{50/0.8}{100} = 1.73$　　$I''_* = 0.6$　$I'' = 0.6 \times \dfrac{50/0.8}{\sqrt{3} \times 10.5} = 2.1 \text{ (kA)}$

$$I''_{4*} = 0.6 \quad I_4 = 0.6 \times \frac{50/0.8}{\sqrt{3} \times 10.5} = 2.1 \text{ (kA)}$$

（1）K_1 点短路此时流经出线断路器 QF_3 的短路电流为

$$I''_\Sigma = 4.81 + 2.1 = 6.91 \text{ (kA)}$$

$$i_{sh} = \sqrt{2} \times 1.85 \times 6.91 = 18 \text{ (kA)}$$

可选轻型的 SN_{10}—10/630 型户内少油断路器，其额定开断电流为 16kA＞6.91kA。

（2）K_1 点短路时 10kV I 段母线上的残压为

$$U_{re}\% = \frac{\sqrt{3} \, I'' X_{L2}}{U_N} = \frac{\sqrt{3} \times 6.91 \times 0.77}{10} = 92.1\%$$

3. K_2 点发生三相短路

G_1：$X_{ca} = 0.2 \times \dfrac{50/0.8}{100} = 0.125$ $I''_* = 8.6$ $I'' = 8.6 \times \dfrac{50/0.8}{\sqrt{3} \times 10.5} = 29.6$（kA）

$I_{4*} = 2.5$ $I_4 = 2.5 \times \dfrac{50/0.8}{\sqrt{3} \times 10.5} = 8.59$（kA）

G_2：$X_{ca} = 0.46 \times \dfrac{50/0.8}{100} = 0.288$ $I''_* = 3.8$ $I'' = 3.8 \times \dfrac{50/0.8}{\sqrt{3} \times 10.5} = 13$（kA）

$I''_{4*} = 2.37$ $I_4 = 2.37 \times \dfrac{50/0.8}{\sqrt{3} \times 10.5} = 8.14$（kA）

（1）K_2 点短路时流过发电机出口断路器 QF_1（QF_2）的短路电流为 29.6kA，发电机额定电流 I_N 为 $\dfrac{50/0.8}{\sqrt{3} \times 10.5} = 3436$A，应选重型的 SN_4—10/4000 型户内少油断路器，其开断电流为 90kA＞29.6kA。

（2）K_2 点短路时流经分段断路器 QF_4 的短路电流为 13kA，最大负荷电流取一台发电机额定电流的 70％为 2405A，可选 SN_{10}—10Ⅲ/3000 型户内少油断路器，其开断电流为 43.3kA＞13kA，如果发电机电压母线又经升压变压器与系统相连，则短路电流还要增大，一般也要选为 SN_4—10/4000 型。

（3）K_2 点短路时 10kVⅡ段母线上的残压为

$$U_{re} = \sqrt{3}\, I'' X_{L1} = \sqrt{3} \times 13 \times 0.29 = 6.53 \text{（kV）}$$

$$U_{re}\% = \frac{6.53}{10} = 65.3\%$$

4. 校验短路时电抗器的动稳定和热稳定（短路等值时间取 4s，实际比 4s 少）

（1）K_1 点短路时校验出线电抗器 L_2：

动稳定数据：$i_{max} = 19.1$kA＞18（kA）　　　　（合格）

热稳定数据：$17450^2 ＞ Q_k = 5500^2 \times 4 = 11000^2$（$A^2 \cdot s$）　　　　（合格）

（2）K_2 点短路时校验分段电抗器 L_1：

动稳定数据：$i_{max} = 51$kA＞$\sqrt{2} \times 1.85 \times 13 = 34$（kA）　　　　（合格）

热稳定数据：$71200^2 ＞ Q_k = 8140^2 \times 4 = 16280^2$（$A^2 \cdot s$）　　　　（合格）

5. 校验正常运行时出线电抗器上的电压损失

设出线上负荷电流为 280A（因出线电抗器 $I_N = 300$A），$\cos\varphi = 0.8$

$$\Delta U\% = \frac{\sqrt{3} I X_{L1} \sin\varphi}{U_N} = \frac{\sqrt{3} \times 280 \times 0.77 \times 0.6}{10000} = 2.24\% ＜ 5\% \quad \text{（合格）}$$

6. 如果不装出线电抗器，则流过出线断路器 QF_3 的最大短路电流

$$I''_\Sigma = 29.6 + 13 = 42.6 \text{（kA）}$$

这时选用轻型的 SN_{10}—10/630 就不行了（16kA＜42.6kA）。必须加大型号为 SN_{10}—10Ⅱ/2000，开断电流为 43.3kA＞42.6kA。但它的额定电流为 2000A，远大于负荷电流 280A。10kV 出线数目很多，都这样选很不经济。

7. 从本例中得出的几点结论：

（1）加装 10kV 出线电抗器将短路电流限制到轻型开关能可靠开断的范围内，在经济

上是合理的，否则甚至 10kV 出线用户一侧的开关，也可能必须选用昂贵的重型开关。

（2）10kV 出线电抗器电抗百分值不大即可（一般为 3%～6%）。因其额定电流小，实际的有名电抗值仍较大。正常运行时，出线电抗器上的电压损失应不大于 5%。

（3）10kV 母线分段电抗器也限制了短路电流，使流经分段开关和汇流母线的短路电流减少了，对它们的动稳定和热稳定更为有利。母线分段电抗器额定电流较大，电抗百分值可选大一些，一般为 8%～12%。

（4）10kV 出线电抗器后短路时，10kV 母线上残压仍较高；母线分段电抗器也使 I 段母线短路时，II 段母线有一定残压。这都对发电厂厂用电动机的自起动十分有利（关于自起动详见厂用电一章）。一般要求残压应大于 60%～70%。

（二）分裂电抗器的电抗百分值确定与电压波动校验

分裂电抗器两臂间有磁的联系，两臂自感 L 相同，自感抗为 $X_L = \omega L$；两臂间互感为 M，$M = fL$，f 为互感系数。$X_M = \omega M = \omega fL = fX_L$（$f$ 一般为 0.4～0.6）。

分裂电抗器的等值电路如图 4-33 所示。

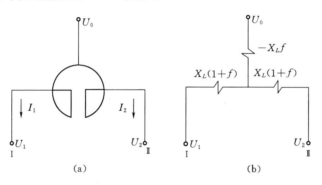

图 4-33　分裂电抗器的等值电路
（a）接线图；（b）等值电路图

1. 分裂电抗器电抗百分值确定

每一臂电抗百分值可参照普通电抗器的电抗百分值选取。

短路电流计算时，应根据分裂电抗器与电源连接方式和所选择的短路点，按上述等值电路用星网变换等通常做法进行计算。

2. 校验电压波动

分裂电抗器在运行中两臂的负荷应尽量相近，否则将引起很大的电压偏差和电压波动。

（1）正常运行时，分裂电抗器两臂母线电压波动不应大于母线额定电压的 5%，可按下列公式校验：

$$U_1\% = \frac{U_0}{U_N} \times 100\% - X_L\% \left(\frac{I_1 \sin\varphi_1}{I_N} - f \frac{I_2 \sin\varphi_2}{I_N} \right) \qquad (4-25)$$

$$U_2\% = \frac{U_0}{U_N} \times 100\% - X_L\% \left(\frac{I_2 \sin\varphi_2}{I_N} - f \frac{I_1 \sin\varphi_1}{I_N} \right) \qquad (4-26)$$

式中，I_1，I_2 为两臂中的负荷电流，当无负荷波动资料时，可取 $I_1 = 0.7I_N$，$I_2 =$

$0.3I_N$；U_1、U_2 为两臂端的电压；U_0 为电源侧的电压；U_N、I_N 为电抗器的额定电压和额定电流。

（2）当一臂母线Ⅱ发生短路时，另一臂母线Ⅰ电压会因互感影响而升高。升高值可按下式计算：

$$\frac{U_1}{U_N} = X_L\% (1+f)\left(\frac{I''}{I_N} - \frac{I_1 \sin\varphi_1}{I_N}\right) \tag{4-27}$$

例如在 $X_L\% = 10\%$、$f = 0.5$、$\cos\varphi = 0.8$、$\dfrac{I''}{I_N} = 9$ 的情况下，母线 I 电压可升高达 $1.35U_N$。它会使电动机的无功电流增大，甚至使继电保护装置误动作。因此，当使用分裂电抗器时，感应电动机的继电保护整定应避开此电流增值。

第九节 高压熔断器的选择

高压熔断器应根据额定电压、额定电流、型式种类、开断电流、保护的选择性等进行选择。

一、熔断器工作原理

熔断器是用于保护短路和过负荷的最简单的电器。但其容量小，保护特性较差，一般仅适用于 35kV 及以下电压等级，在发电厂中主要用于电压互感器短路保护。

熔断器的核心部件是装于外壳中的熔体。在 500V 以下低压熔断器中，熔体由铅、锌等低熔点金属制成。在高压熔断器中，则由铜、银等金属制成熔丝，表面还焊上一些小锡（铅）球，电流大时会先从这些点熔断。

有些熔断器内装有石英砂，短路时熔丝熔化后渗入石英砂狭缝中迅速冷却，使电弧熄灭非常迅速，在短路电流尚未达到其最大值之前就能熔断并灭弧，这种熔断器称为限流式熔断器。用这种限流式熔断器保护的电压互感器，可不校验动稳定和热稳定。

二、高压熔断器选择

1. 保护电压互感器的高压熔断器

保护电压互感器的高压熔断器，一般选 RN_2 型，其额定电压应高于或等于所在电网的额定电压（但限流式则只能等于电网电压），额定电流通常均为 0.5A。

其开断电流 I_{br} 应满足：

$$I_{br} \geqslant I'' \tag{4-28}$$

2. 保护一般回路的熔断器

除同样选择额定电压和开断能力外，还要选择熔体的额定电流和熔断器（壳）的额定电流：

（1）熔体的额定电流应为回路负荷电流的 1.5～2.5 倍。

（2）熔断器（壳）的额定电流应大于熔体的额定电流。

（3）上、下级熔断器（熔体）的安—秒特性要互相配合。上级（靠近电源侧）的安秒特性必须高于下级的安秒特性，即当流过相同的短路电流时，下级先熔断（上级就不熔断了）。

思 考 题 与 习 题

1. 如何确定短路计算点？短路计算点的确定应以怎样的系统接线为依据？

2. 概述电弧产生和熄灭的物理过程。总结归纳各类断路器熄弧过程中采用了哪几种熄弧方法。

3. 断路器的选择有哪些项目？最重要的是哪项？

4. 真空断路器有什么优点？如何使动触头能够移动而又不破坏灭弧室的高真空？

5. 电压互感器二次侧不允许短路，电流互感器二次侧不允许开路，为什么？如何防止？

6. 用在大接地电流系统中的电压互感器附加二次绕组的额定电压为100V，而用在小接地电流系统中则为100V/3，为什么？开口三角绕组有什么用途？

7. 为什么互感器所带负荷超过额定容量其准确度就下降？

8. 一台电抗器型号为NKL10—400—5，另一台型号为NKL10—2000—8，哪一台电抗器的电抗值大？请计算出来。

9. 为什么发电厂发电机电压母线上的出线要装电抗器？

10. 什么叫限流式熔断器？其内部结构是什么样的？

第五章 电气主接线

第一节 概　　述

一、电气主接线的概念及其重要性

在发电厂和变电所中，发电机、变压器、断路器、隔离开关、电抗器、电容器、互感器、避雷器等高压电气设备，以及将它们连接在一起的高压电缆和母线，构成了电能生产、汇集和分配的电气主回路。这个电气主回路被称为电气一次系统，又叫做电气主接线。

用规定的设备图形和文字符号，按照各电气设备实际的连接顺序而绘成的能够全面表示电气主接线的电路图，称为电气主接线图。主接线图中还标注出各主要设备的型号、规格和数量。由于三相系统是对称的，所以主接线图常用单线来代表三相（必要时某些局部可绘出三相），也称为单线图。

发电厂、变电所的电气主接线可有多种形式。选择何种电气主接线，是发电厂、变电所电气部分设计中的最重要问题，对各种电气设备的选择、配电装置的布置、继电保护和控制方式的拟定等都有决定性的影响，并将长期地影响电力系统运行的可靠性、灵活性和经济性。

二、对电气主接线的基本要求

电气主接线必须满足可靠性、灵活性和经济性三项基本要求。

1. 可靠性要求

供电可靠性是指能够长期、连续、正常地向用户供电的能力，现在已经可以进行定量的评价。例如，供电可靠性为 99.80%，即表示一年中用户中断供电的时间累计不得超过 17.52h。电气主接线不仅要保证在正常运行时，还要考虑到检修和事故时，都不能导致一类负荷停电，一般负荷也要尽量减少停电时间。为此，应考虑设备的备用，并有适当的裕度，此外，选用高质量的设备也能提高可靠性。显然，这些都会导致费用的增加，与经济性的要求发生矛盾。因此，应根据具体情况进行技术经济比较，保证必要的可靠性，而不可片面地追求高可靠性。

2. 灵活性要求

（1）满足调度时的灵活性要求。应能根据安全、优质、经济的目标，灵活地投入和切除发电机、变压器和线路，灵活地调配电源和负荷，满足系统正常运行的需要。而在发生事故时，则能迅速方便地转移负荷或恢复供电。

（2）满足检修时的灵活性要求。在某一设备需要检修时，应能方便地将其退出运行，并使该设备与带电运行部分有可靠的安全隔离，保证检修人员检修时方便和安全。

（3）满足扩建时的灵活性要求。大的电力工程往往要分期建设。从初期的主接线过渡到最终的主接线，每次过渡都应比较方便，对已运行部分影响小，改建的工程量不大。

3. 经济性要求

在主接线满足必要的可靠性和灵活性的前提下，应尽量做到经济合理。

（1）努力节省投资。

1）主接线过于复杂可能反而会降低可靠性。应力求简单，断路器、隔离开关、互感器、避雷器、电抗器等高压设备的数量力求较少，不要有多余的设备，性能也要适用即可。

2）有时应采取限制短路电流的措施，以便可以选用便宜的轻型电器，并减少出线电缆的截面。

3）要能使继电保护和二次回路不过分复杂，以节省二次设备和控制电缆。

（2）努力降低电能损耗。应避免迂回供电增大电能损耗。主变压器的型号、容量、台数的选择要经济合理。

（3）尽量减少占地。土地是极为宝贵的资源，主接线设计应使配电装置占地较少。

第二节　电气主接线的基本形式

电气主接线分为有汇流母线和无汇流母线两大类，具体又有多种形式：

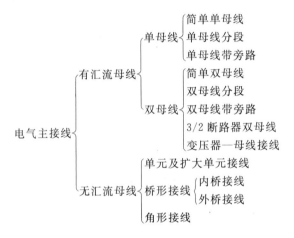

电气主接线的主体是电源（进线）回路和线路（出线）回路。当进线和出线数超过 4 回时，为便于连接，常需设置汇流母线来汇集和分配电能。设置母线后使运行方便灵活，也有利于安装、检修和扩建；但另一方面，又使断路器等设备增多，配电装置占地扩大，投资增加，因此又有无汇流母线的主接线形式。

一、单母线接线

这种主接线最简单，只有一组（指 A、B、C 三相）母线，所有进、出线回路均连接到这组母线上，见图 5-1。

1. 断路器及隔离开关的配置

（1）若主接线中进线回路和出线回路的总数为 n，则单母线接线中断路器的数量也是 n，即每一回

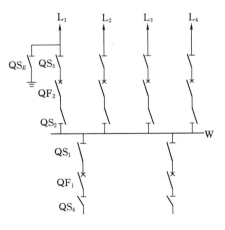

图 5-1　单母线接线

QF—断路器；QS—隔离开关；QS_E—接地隔离刀闸；W—母线；L—出线

路都配置一台断路器。

（2）隔离开关配置在断路器的两侧，以使断路器检修时能形成隔离电源的明显断口。这是隔离开关的主要作用，也是它命名的来源。其中紧靠母线一侧的称为母线隔离开关（如 QS_1、QS_2），而靠线路一侧的称为线路隔离开关（如 QS_3），靠近变压器（发电机）的称为变压器（或发电机）侧隔离开关（如 QS_4）。

（3）若进线来自发电机，则断路器 QF_1 与发电机之间常可省去隔离开关（QS_4）。但有时为发电机试验提供方便，也不省去或设置一个可拆连接点。

（4）QS_E 为接地闸刀。当电压在 110kV 及以上时，断路器两侧与隔离开关之间均可装设接地闸刀，每段母线上亦应装设 1～2 组接地闸刀。接地闸刀只在要检修的相关线路和设备隔离电源后（隔离开关断开）才能合上，并且互相有机械闭锁（例如图中的 QS_E 和 QS_3 互相闭锁）。接切闸刀可以取代需临时安装的安全接地线。

2. 断路器和隔离开关的联锁

（1）隔离开关和断路器在运行操作时，必须严格遵守操作顺序，严禁带负荷拉刀闸。例如当线路 L_1 停电时，必须先断开断路器 QF_2，然后再拉开线路侧隔离开关 QS_3，最后拉开母线侧 QS_2；而在送电时，必须先合上隔离开关 QS_2，再合上 QS_3，最后再合上断路器 QF_2。

（2）为防止人员误操作，在隔离开关与相应的断路器之间，必须装设能够防止违反上述操作顺序的机械闭锁或电磁闭锁。

3. 单母线接线的优缺点

（1）优点：接线简单清晰，设备少、投资低，操作方便，便于扩建，也便于采用成套配电装置。另外，隔离开关仅仅用于检修，不作为操作电器，不易发生误操作。

（2）缺点：可靠性不高，不够灵活。断路器检修时该回路需停电，母线或母线隔离开关故障或检修时则需全部停电。

4. 单母线接线的适用范围

单母线接线不能作为唯一电源承担一类负荷，在此前提下可用以下情形：

（1）6～10kV 配电装置的出线不超过 5 回时。

（2）35～60kV 配电装置的出线不超过 3 回时。

（3）110～220kV 配电装置的出线不超过 2 回时。

二、单母线分段接线

1. 断路器及隔离开关的配置

与一般单母线接线相比，单母分段接线增加了一台母线分段断路器 QF 以及两侧的隔离开关 QS_1、QS_2。当负荷量较大且出线回路很多时，还可以用几台分段断路器将母线分成多段，如图 5-2。

2. 单母分段的优点及适用范围

单母分段接线能提高供电的可靠性。当任一段母线或某一台母线隔离开关故障及检修时，自动或手动跳开分段断路器 QF，仅有一半线路停电，另一段母线上的各回路仍可正常运行。重要

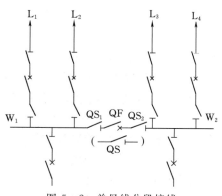

图 5-2　单母线分段接线

QS—分段隔离开关；QF—分段断路器

117

负荷分别从两段母线上各引出一条供电线路，就保证了足够的供电可靠性。两段母线同时故障的概率很小，可以不予考虑。当可靠性要求不高时，也可用隔离开关 QS 将母线分段，故障时将会短时全厂停电，待拉开分段隔离开关后，无故障段即可恢复运行。

单母线分段接线除具有简单、经济和方便的优点，可靠性又有一定程度的提高，因此在中、小型发电厂和变电所中仍被广泛应用，具体应用范围如下：

（1）6～10kV 配电装置总出线回路数为 6 回及以上，每一分段上所接容量不宜超过 25MW。

（2）35～60kV 配电装置总出线回路数为 4～8 回时。

（3）110～220kV 配电装置总出线回路数为 3～4 回时。

三、单母线带旁路母线接线

带旁路母线的单母线接线，如图 5-3 所示。

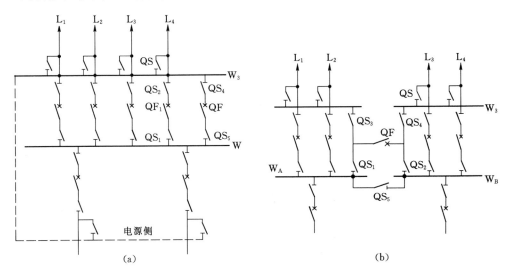

图 5-3　带旁路母线的单母线（或分段）接线

（a）单母线不分段带旁路母线接线；（b）单母线分段兼旁路的接线

W（W_A，W_B）—母线；W_3—旁路母线；QF—旁路断路器；QS—旁路隔离开关

1. 旁路母线的作用

断路器经过长期运行或者开断一定次数的短路电流之后，其机械性能和灭弧性能都会下降，必须进行检修以恢复其性能。一般情况下，该回路必须停电才能检修。设置旁路母线的目的就是可以不停电地检修任一台出线断路器（图 5-3 中加虚线部分后也包括进线断路器）。要特别指出：旁路母线不能代替母线工作。

2. 旁路母线在检修断路器时的操作过程

正常运行时，专用旁路断路器 QF 及其两侧的隔离开关 QS_4、QS_5 断开，每一回出线与旁路母线相连的旁路隔离开关（如 QS）也全部断开，旁路母线处于无电状态。

如欲检修某一回出线 L_4 的断路器 QF_1，应按以下步骤操作［参见图 5-3（a）］：

（1）合上旁路断路器两侧的隔离开关 QS_5、QS_4。

（2）合上旁路断路器 QF，对旁路母线充电检查（如旁路母线存在短路则旁路断路器会自动跳开）。

（3）如旁路母线充电正常，合上该出线的旁路隔离开关 QS（此时该出线与旁路母线是等电位的，可以用隔离开关操作）。

（4）断开欲检修的出线断路器 QF_1。

（5）断开两侧的隔离开关 QS_2 和 QS_1。

这样该台断路器已停电且被安全地与电源隔离，可以进行检修了。在上述操作过程中，该出线一直正常运行，没有停电。在该出线断路器检修期间，由旁路断路器代替被检修的出线断路器工作（两者的规格相同，并应注意替代前先将旁路断路器保护整定值调整到与该线路断路器的保护整定值相同）。

3. 由分段断路器兼作旁路断路器

图 5-3（b）中不设专用的旁路断路器，而由分段断路器 QF 兼任。正常运行时，QS_3、QS_4 以及所有出线的旁路隔离开关（如 QS）都断开，旁母处于无电状态。分段断路器 QF 及两侧隔离开关 QS_1、QS_2 合上（分段隔离开关 QS_5 断开），运行于单母分段状态。

当欲检修某出线断路器时，分段断路器 QF 要退出分段功能，临时担任旁路断路器工作。此时可从 A 段母线受电经由 QS_1—QF—QS_4 给旁路母线充电检查（此时 QS_2 和 QS_3 要断开），也可从 B 段母线受电经由 QS_2—QF—QS_3 给旁路母线充电检查（此时 QS_1 和 QS_4 要断开）。A、B 两段母线仍然可以并列（合上 QS_5）运行于单母线状态。操作步骤可参考前述过程，具体步骤略。

4. 单母线（或分段）加旁路母线的应用范围

旁路母线系统增加了许多设备，造价昂贵，运行复杂，只有在出线断路器不允许停电检修的情况下，才应设置旁路母线。

（1）6～10kV 屋内配电装置一般情况下不装设旁路母线。因为其容量不大，供电距离短，易于从其他电源点获得备用电源，还可以采用易于更换的手车式断路器。只有架空出线很多且用户不允许停电检修断路器时才考虑采用单母分段加旁路母线的接线。

（2）35kV 配电装置一般不设旁路母线，因为重要用户多为双回路供电，允许停电检修断路器。如果线路断路器不允许停电检修，在采用单母线分段接线时可考虑增设旁路母线，但多用分段断路器兼作旁路断路器。

（3）110～220kV 如果采用单母分段，一般应设置旁路母线且以专用旁路断路器为宜。

（4）凡采用许多年内都不需检修的 SF_6 断路器者，可不装设旁路母线。

四、双母线接线

双母线接线具有两组母线，见图 5-4。图中 Ⅰ 为工作母线，Ⅱ 为备用母线，两组母线通过母线联络断路器 QF（简称母联）连接。每一回线路都经过线路隔离开关、断路器和两组母线隔离开关分别与两组母线连接。

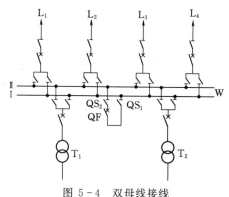

图 5-4　双母线接线

QF—母线联络断路器

1. 双母线接线的运行状况和特点

（1）正常运行时，工作母线带电，备用母线不带电，所有电源和出线回路都连接到工作母线上（工作母线隔离开关在合上位置，备用母线隔离开关在断开位置），母联断路器亦断开，这是一种运行方式。此时相当于单母线运行。工作母线发生故障将导致全部回路停电，但可在短时间内将所有电源和负荷均转移到备用母线上，迅速恢复供电。

（2）正常运行时，为了提高供电可靠性，也常采用另外一种运行方式，即工作母线和备用母线各自带一部分电源和负荷，母联断路器合上，这种运行方式相当单母线分段运行。若某一组母线故障，担任分段的母联断路器跳开，接于另一组母线的回路不受影响。同时，接于故障母线的回路经过短时停电后也能迅速转移到完好母线上恢复供电。

（3）检修任一组母线都不必停止对用户供电。如欲检修工作母线，可经"倒闸操作"将全部电源和线路在不停电的前提下转移到备用母线上继续供电。这种"倒闸操作"应遵循严格的顺序，步骤如下：

1）合上母联断路器两侧的隔离开关。

2）合上母联断路器给备用母线充电。

3）此时两组母线已处于等电位状态。根据"先通后断"的操作顺序，逐条线路进行倒闸操作：先合上备用母线隔离开关，再断开其工作母线隔离开关；直到所有线路均已倒换到备用母线上。

4）最后断开母联断路器，拉开其两侧隔离开关。

5）工作母线已被停电并隔离，验明无电后，随即用接地闸刀接地，即可进行检修。

（4）检修任一台出线断路器可用临时"跨条"连接，该回路仅需短时停电，其操作步骤如下（参见图5-5）：

1）设原先以单母线分段方式运行，被检修断路器 QF_2 工作于Ⅱ段母线上。先将Ⅱ段母线上其他回路在不停电情况下转移到Ⅰ段母线上。

2）断开母联断路器 QF，并将其保护定值改为与 QF_2 一致。断开 QF_2，拉开其两侧的隔离开关，将 QF_2 退出，并用临时"跨条"连通留下的缺口，然后再合上隔离开关 QS_2 和 QS_3（这段时间即为该线路的停电时间，很短）。

3）最后合上母联断路器 QF，线路 L_2 重新送电。此时由母联断路器 QF 代替了线路 L_2 的断路器 QF_2。电流路径见图中虚线所示。

（5）检修任一进出线的母线隔离开关时，只需断开该回路及与此隔离开关相连的一组母线，所有其余回路均可不停电地转移到另一组母线上继续运行。

2. 双母线接线的优缺点

（1）双母线接线与单母线相比，停电的

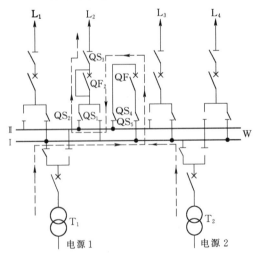

图 5-5　检修断路器时采用临时"跨条"
（注意一些隔离开关在断开位置）

机会减少了，必需的停电时间缩短了，运行的可靠性和灵活性有了显著的提高。另外，双母线接线在扩建时也比较方便，施工时可不必停电。

（2）双母线接线的缺点是使用设备较多，投资较大，配电装置较为复杂。同时，在运行中需将隔离开关作为操作电器。如未严格按规定顺序操作，会造成严重事故。

3. 双母线接线的适用范围

双母线接线适用以下范围：

（1）6～10kV配电装置，当短路电流较大，出线需带电抗器时。

（2）35～60kV配电装置当出线回路超过8回时，或连接的电源较多、负荷较大时。

（3）110～220kV配电装置出线回路为5回及以上时，或者出线回路为4回但在系统中地位重要时。

五、双母线分段接线

双母线分段接线，见图5-6。

1. 双母线分段的特点

这种接线将双母线接线的工作母线分为两段，可看作是单母线分段和双母线相结合的一种形式，它增加了一台分段断路器和一台母联断路器。图中分段断路器与电抗器L相串联，并可通过隔离开关连接到Ⅰ、Ⅱ、Ⅲ段母线的任意两段之间（也有采用图中虚线的接法），是为了限制短路电流，仅在6～10kV发电机电压汇流母线中采用。双母分段接线具有单母线分段和双母线两者的特点，

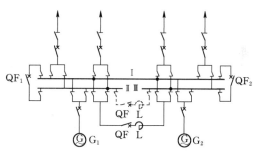

图5-6　双母线分段接线

QF₁、QF₂—母联断路器；QF—分段断路器；
L—分段电抗器（仅用于6～10kV母线）

任何一段母线故障或检修时仍可保持双母线并列运行，有较高的可靠性和灵活性。

2. 双母线分段的适用范围

（1）广泛应用于中、小型发电厂的6～10kV发电机电压母线。

（2）220kV配电装置进出线回路总数为10～14回时，可在一组母线上分段（双母线3分段），进、出线回路总数为15回及以上时，两组母线均可分段（双母线4分段）；对可靠性要求很高的330～550kV超高压配电装置，当进出线总数为6回以上时，也可采用双母线3分段或双母线4分段。

六、双母线带旁路母线接线

双母线带旁路母线接线，见图5-7。

1. 双母线带旁路母线的几种接线形式

（1）图5-7（a）为常用的接线形式，既有母线联络断路器QF₁，又有专用旁路断路器QF₂，2回电源进线也参加旁路接线。这种接线运行方便灵活，但投资较大。

（2）图5-7（b）为母联断路器兼作旁路断路器的接线形式。正常运行时QF₁起母联断路器的作用，旁路母线隔离开关QS₃断开。当需使用旁路母线不停电检修某台出线断路器时，先断开断路器QF₁及隔离开关QS₂，再合上QS₃，最后合上断路器QF₁给旁路母线充电（以下步骤前已介绍）。此时断路器QF₁不再起母联断路器作用，而是临时承担

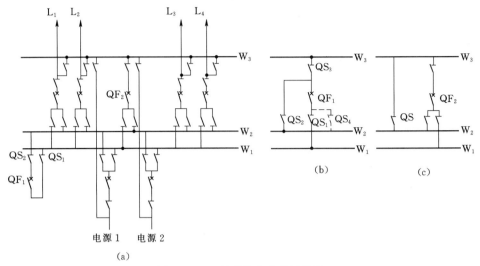

图 5-7 双母线带旁路母线接线

(a) 有专用旁路断路器；(b) 母联兼旁路；(c) 旁路兼母联

旁路断路器的任务了。这种接线节省了一台断路器，但操作较复杂，增加了误操作可能性。并且只能由母线 W_1 带旁路母线，不够灵活方便。图中还用虚线画出一组隔离开关 QS_4 接到母线 W_2，增加这组隔离开关后两组母线均可带旁路母线了。

（3）图 5-7（c）为旁路断路器兼作母联断路器（增加一组隔离开关 QS）的接线形式，是以作旁路断路器为主。

2. 双母线带旁路母线的适用范围

110～220kV 配电装置的出线送电距离较长，输送功率较大，停电影响较大，且常用的少油断路器年均检修时间长达5～7天，因此较多设置旁路母线。如采用检修周期可以长达 20 年的 SF_6 断路器，亦不必设置旁母。

当 110kV 出线为 7 回及以上，220kV 出线为 5 回及以上时，可采用有专用旁路断路器的双母线带旁路母线接线；对于在系统中居重要地位的配电装置，110kV 6 回及以上，220kV 4 回及以上，也可装专用旁路断路器，同时变电所主变压器的 110～220kV 侧断路器也应接入旁路母线。而对于发电厂，因进线（发-变组）断路器可配合发电机检修时进行检修，因此常不接入旁路母线。因为不仅要改调保护定值还要切换差动电流互感器，如果不慎，将造成 CT 开路甚至使保护误动，是发电厂与变电所有区别。

当 110kV 配电装置为屋内型（或屋外型但出线数较少）时，为减少投资可不设旁路母线，而用简易的旁路隔离开关代替旁路母线。检修出线断路器时则将一组母线当作旁路母线，用母联断路器当作旁路断路器，再通过该旁路隔离开关供电。这类似于前面讲过的临时"跨条"，但可以做到不停电检修出线断路器（参见图 5-8）。

七、3/2 断路器双母线接线

3/2 断路器双母线接线简称为 3/2 断路器接线，见图 5-9。

每两回进、出线占用 3 台断路器构成一串，接在二组母线之间，因而称为 3/2 断路器接线，也称一台半断路器接线。

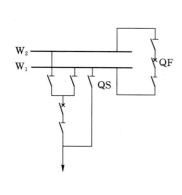

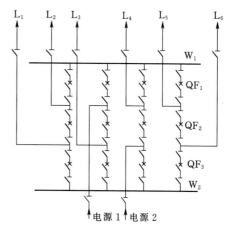

图 5-8 双母线带旁路隔离开关接线 　　　图 5-9 3/2 断路器双母线接线

1.3/2 断路器双母线接线的特点

（1）可靠性高。任何一个元件（一回出线、一台主变）故障均不影响其他元件的运行，母线故障时与其相连的断路器都会跳开，但各回路供电均不受影响。当每一串中均有一电源一负荷时，即使两组母线同时故障都影响不大（每串中的电源和负荷功率相近时）。

（2）调度灵活。正常运行时两组母线和全部断路器都投入工作，形成多环状供电，调度方便灵活。

（3）操作方便。只需操作断路器，而不必用隔离开关进行倒闸操作，使误操作事故大为减少。隔离开关仅供检修时用。

（4）检修方便。检修任一台断路器只需断开该断路器自身，然后拉开两侧的隔离开关即可检修。检修母线时也不需切换回路，都不影响各回路的供电。

（5）占用断路器较多，投资较大，同时使继电保护也比较复杂。

（6）接线至少配成 3 串才能形成多环供电。配串时应使同一用户的双回线路布置在不同的串中，电源进线也应分布在不同的串中。在发电厂只有二串和变电所只有二台主变的情况下，有时可采用交叉布置（如图 5-9 中电源 1 靠近母线 W_1，而电源 2 靠近母线 W_2）。但交叉布置使配电装置复杂。

2.3/2 断路器双母线的适用范围

3/2 断路器双母线是现代大型电厂和变电所超高压（330kV、500kV 及以上电压）配电装置的常用接线形式。

八、变压器—母线接线

变压器—母线接线，见图 5-10。

1. 变压器—母线接线的特点

（1）由于超高压系统的主变压器均采用质量可靠、故障率甚低的产品，故可直接将主变压器经隔离开关接到两组母线上，省去断路器以节约投资。万一主变（如 T_1）故障时，即相当母线（W_1）故障，所有靠近 W_1 的断路

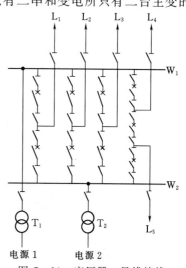

图 5-10 变压器—母线接线

123

器均跳开，但也并不影响各出线的供电。主变用隔离开关断开后，母线即可恢复运行。

（2）当出线数为5回及以下时，各出线均可经双断路器分别接至两组母线，可靠性很高（见图5-10中L_1、L_2、L_3）；当出线数为6回及以上时，部分出线可采用3/2断路器接线形式（见图5-10中L_4、L_5），可靠性也很高。

2. 变压器—母线接线的应用范围

这种接线适用于超高压远距离大容量输电系统中对系统稳定性和供电可靠性影响较大的变电所主接线。

九、单元及扩大单元接线

1. 单元接线的特点

单元接线就是将发电机与变压器或者发电机—变压器—线路都直接串联起来，中间没有横向联络母线的接线。这种接线大大减少了电器的数量，简化了配电装置的结构，降低了工程投资。同时也减少了故障的可能性，降低了短路电流值。当某一元件故障或检修时，该单元全停。

2. 单元接线的几种接线形式

（1）发电机—双绕组变压器单元接线［图5-11（a）］。一般200MW及以上大机组都采用这种形式接线，发电机出口不装断路器，因为制造这样大的断路器很困难，价格十分昂贵。为避免大型发电机出口短路这种严重故障，常采用安全可靠的分相式全封闭母线来连接发电机和变压器，甚至连隔离开关也不装（但设有可拆连接点以方便试验）。火电厂100MW及125MW发电机组以及25～50MW中、小水电机组也常采用发电机—变压器单元接线。

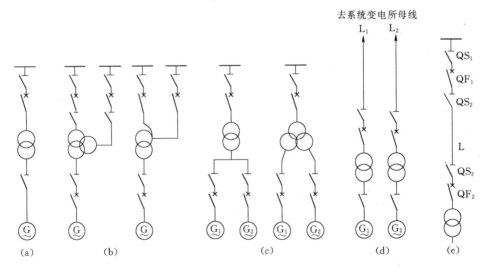

图5-11 单元及扩大单元接线

（a）发电机—双绕组变压器单元接线；（b）发电机—三绕组（或自耦）变压器单元接线；（c）扩大单元接线；（d）发电机—变压器—线路单元接线；（e）变压器—线路单元接线（用于降压变电所）

（2）发电机—三绕组变压器单元接线［图5-11（b）］。一般中等容量的发电机需升高两级电压向系统送电时，多采用发电机—三绕组变压器（或三绕组自耦变压器）单元接线。这时三侧都要装断路器和隔离开关，以便某一侧停运时另外两侧仍可继续运行。

（3）扩大单元接线［图 5-11（c）］。为减少主变压器的台数（还有相应的断路器数和占地面积等），可将两台发电机与一台大型主变相连，构成扩大单元接线。也有的电厂将两台 200MW 发电机经一台低压侧分裂绕组变压器升高至 500kV 向系统送电。

（4）发电机—变压器—线路单元接线［图 5-11（d）］。这种接线使发电厂内不必设置复杂的高压配电装置，使其占地大为减少，也简化了电厂的运行管理。它适于无发电机电压负荷且发电厂离系统变电所距离较近的情况。

（5）变压器—线路单元接线［图 5-11（e）］。对于小容量的终端变电所或农村变电所，可以采用这种接线形式。有时图中变压器高压侧的断路器 QF_2 也可省去，当变压器故障时，由线路始端的断路器 QF_1 跳闸。若线路始端继电保护灵敏度不足时，可采取在变压器高压侧设置接地开关等专门措施。

十、桥形接线

当只有两台变压器和两条线路时，常采用桥形接线。桥形接线分为内桥和外桥两种形式，见图 5-12。

1. 内桥接线

内桥接线见图 5-12（a）。相当两个"变压器—线路"单元接线增加一个"桥"相连，"桥"上布置一台桥断路器 QF_3 及其两侧的隔离开关。这种接线 4 条回路只用 3 台断路器，是最简单经济的接线形式。

所谓"内桥"是因为"桥"设在靠近变压器一侧，另外两台断路器则接在线路上，当输电线路较长，故障机会较多，而变压器又不需经常切换时，采用内桥接线比较方便灵活。正常运行时桥断路器 QF_3 应处于闭合状态。当需检修桥断路器 QF_3 时，为不使系统开环运行，可增设"外跨条"（图中虚线所示），在检修期间靠跨条维持两台主变并列运行。跨条上串接两组隔离开关，是为了在检修跨条隔离开关时不必为了安全而全部停电。

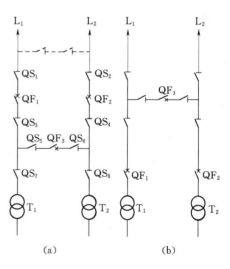

图 5-12 桥形接线
（a）内桥；（b）外桥

2. 外桥接线

外桥接线见图 5-12（b）。"桥"布置在靠近线路一侧。若线路较短，且变压器又因经济运行的要求在负荷小时需使一台主变退出运行，则采用外桥接线比较方便。此外，当系统在本站高压侧有"穿越功率"时，也应采用外桥接线。

3. 桥形接线的优缺点及适用范围

桥形接线的优点是高压电器少，布置简单，造价低，经适当布置可较容易地过渡成单母分段或双母线接线。其缺点是可靠性不是太高，切换操作比较麻烦。

桥形接线多于容量较小的发电厂或变电所中，或作为发电厂、变电所建设初期的一种过渡性接线。

十一、角形接线

将几台断路器连接成环状，在每两台断路器的连接点处引出一回进线或出线，并在每个连接点的三侧各设置一台隔离开关，即构成角形接线，如三角形接线、四角形接线、五角形接线等，见图5-13。

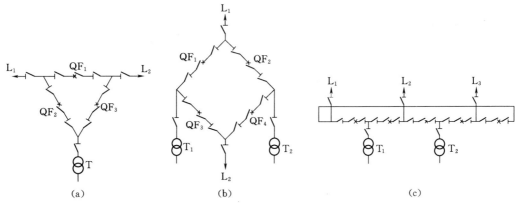

图 5-13　角形接线

(a) 三角形接线；(b) 四角形接线；(c) 五角形接线

1. 角形接线的优点

(1) 使用断路器的数目少，所用的断路器数等于进、出线回路数，比单母分段和双母线都少用一台断路器，经济性较好。

(2) 每一回路都可经由两台断路器从两个方向获得供电通路。任一台断路器检修时都不会中断供电。如将电源回路和负荷回路交错布置，将会提高供电可靠性和运行的灵活性。

(3) 隔离开关只用于检修，不作为操作电器，误操作可能性小，也有利于自动化控制。

2. 角形接线的缺点

(1) 开环运行与闭环运行时工作电流相差很大，且每一回路连接两台断路器，每一断路器又连着两个回路，使继电保护整定和控制都比较复杂。

(2) 在开环运行时，若某一线路或断路器故障，将造成供电紊乱，使相邻的完好元件不能发挥作用被迫停运，降低了可靠性。

(3) 角形接线建成后扩建比较困难。

3. 角形接线的适用范围

角形接线适用于最终进出线回路为3～5回的110kV及以上的配电装置，特别在水电站中应用较多。角形接线一般不宜超过六角。

第三节　各类发电厂电气主接线的特点

一、火力发电厂电气主接线的特点

根据火力发电厂的容量及其在电力系统中的地位，一般可将火力发电厂分为区域性火力发电厂和地方性火力发电厂。这两类火力发电厂的电气主接线有各自的特点。

1. 区域性火力发电厂的电气主接线

区域性火力发电厂的单机容量及总装机容量都较大，我国目前这类电厂的单机容量多为 200MW、300MW 和少量 600MW，电厂总装机容量可达 1000MW 甚至 2000MW 以上。区域性火力发电厂多建在大型煤炭基地（有时称为"坑口电厂"）或运煤方便的地点（如沿海或内河港口），而与负荷中心（城市）距离较远。它们生产的电能主要经过升压变压器升至较高电压后送入系统，一般不设发电机电压母线给当地负荷供电。电气主接线多采用发电机—变压器单元接线，升高为一个最多两个升高电压等级。220～500kV 电压等级的配电装置都采用可靠性较高的接线形式，如双母线、双母线带旁路、双母线四分段带旁路以及更为灵活可靠的 3/2 断路器接线等。

图 5-14 为某大型区域性火电厂的电气主接线图。该厂有 4 台 300MW 机组和 2 台 600MW 机组。500kV 线路 4 回，采用 3/2 接线，每回出线均装有高压并联电抗器以吸收线路电容充电功率；220kV 出线有 7 回，采用带旁路母线的双母线接线。6 台机组都采用发电机—变压器单元接线，且用分相封闭母线连接。由于高、中压穿越功率较小，采用一组自耦变压器作为 500kV 和 220kV 之间的联络变压器，其第三绕组 35kV 侧既作为起动/备用变压器电源，又接入低压电抗器抵消多余的充电功率。

2. 地方性火力发电厂的电气主接线

地方性火电厂的单机容量和总装机容量都较小，一般都建在负荷中心附近（城市边缘）。所发出的电能有较大部分以发电机电压（10kV）经线路直接送到附近的用户，或升至 35kV 送到稍远些的用户，其余的电能则升压到 110kV 或 220kV 电压送入系统。在本厂发电机故障或检修时，可由系统返送电能给地方负荷。

发电机电压母线在地方性火电厂主接线中显得非常重要，一般采用单母线分段、双母线、双母线分段等形式。为限制过大的短路电流，分段断路器回路中常串入限流电抗器，10kV 出线也常需要串入限流电抗器。这样就可以选用便宜的轻型断路器。升高电压级则根据具体情况，一般可以选用单母线、单母线分段、双母线等接线形式。

热电厂常建在工业区附近，除向附近用户供电外，还向这些用户供热，也属于地方性火力发电厂。

图 5-15 为某地方性中型火力发电厂的电气主接线图。该厂设有四台发电机，其中 G_1、G_2 容量为 100MW，发电机电压母线采用双母线分段，设有母线分段电抗器。G_1、G_2 和 10kV 线路均匀分布在发电机电压母线的两个分段上，G_1、G_2 一部分电能直接以 10kV 电缆线路供附近用户（出线都带电抗器），剩余电能经二台三绕组变压器升压为 35kV 和 110kV 供较远用户和系统。因为有两条架空线路供稍远一点的较大用户，故 35kV 采用内桥式接线。110kV 采用双母线带旁路母线接线，有 6 回架空出线与系统相连并供电给大企业和城市 110/10kV 变电所。发电机 G_3、G_4 容量为 125MW，额定电压为 13.8kV，以发电机—变压器单元接线形式直接将电能汇入 110kV 系统。

图 5-16 为 BJ 热电厂的电气主接线。该厂是为了满足气候较冷的北方大城市集中供热，减轻城市烟尘污染的需要而建的，可为附近 500 万 m^2 建筑面积供热。该厂虽然也承担向附近几个有较大负荷的企业和居民点供电的任务，但并未设置发电机电压母线，而是采用发电机—变压器单元接线直接将电能送入 110kV 高压母线，以 110kV 线路向企业和居民点的

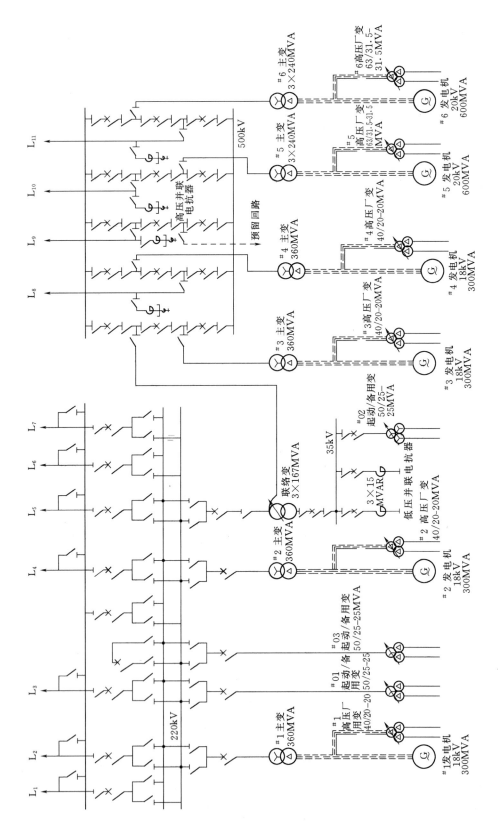

图 5-14　大型区域性火力发电厂电气主接线简图（未标注设备型号）

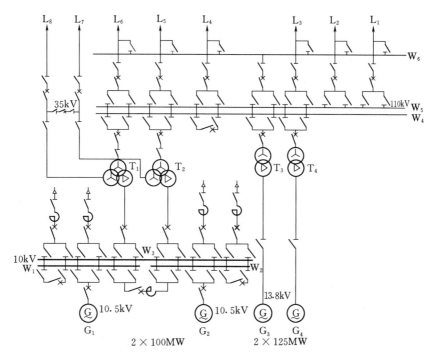

图 5-15　地方性火力发电厂的电气主接线

110/6～10kV 变电所供电。这是因为现代工业企业和城市居民点的用电增长很快，每个变电所的负荷已达 20～50MW，以 110kV（甚至以 220kV）直接供电至负荷中心更为经济。

二、水力发电厂的电气主接线

1. 水力发电厂电气主接线的特点

（1）水力发电厂建在有水能资源处，一般离负荷中心很远，当地负荷很小甚至没有，电能绝大部分要以较高电压输送到远方。因此，主接线中可不设发电机电压母线，多采用发电机—变压器单元接线或扩大单元接线。单元接线能减少配电装置占地面积，也便于水电厂自动化调节。

（2）水力发电厂的电气主接线应力求简单，主变台数和高压断路器数量应尽量减少，高压配电装置应布置紧凑、占地少，以减少在狭窄山谷中的土石方开挖量和回填量。

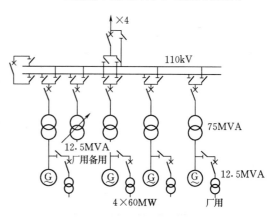

图 5-16　BJ 热电厂的电气主接线

（3）水力发电厂的装机台数和容量大都一次确定，高压配电装置也一次建成，不考虑扩建问题。这样，除可采用单母线分段、双母线、双母线带旁路及 3/2 断路器接线外，桥形和多角形接线也应用较多。

（4）水力发电机组启动快，启停时额外耗能少，常在系统中担任调频、调峰及调相任务，因此机组开停频繁，运行方式变化大，主接线应具有较好的灵活性。

（5）水力发电机组的运行控制比较简单，较易实现自动化，为此，电气主接线应尽力避免以隔离开关作为操作电器。

2. 大型水力发电厂的电气主接线

图 5-17 为两个大型水力发电厂电气主接线。图 5-17（a）为某大型水电厂电气主接线，发电机组与升压变压器构成了单元接线或扩大单元接线，扩大单元中的主变压器还采用低压分裂的形式连接两台发电机。这样不仅简化了接线，还可有效地限制发电机电压侧的短路电流。220kV 电压采用双母线带旁路接线，500kV 电压则采用更为可靠的 3/2 断路器接线。由自耦变压器构成 500kV 和 220kV 的联络，其第三绕组作为厂用电的备用电源。图 5-

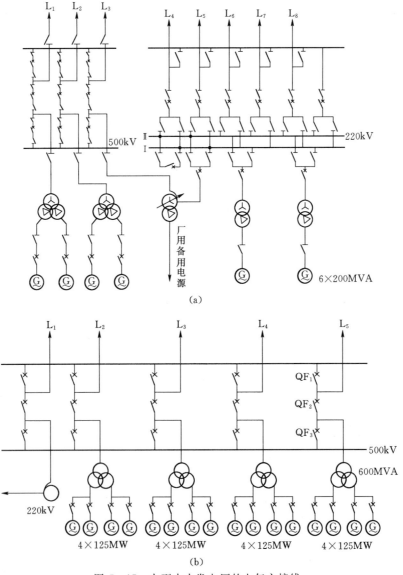

（a）

（b）

图 5-17 大型水力发电厂的电气主接线

（a）某大型水电厂电气主接线；（b）葛洲坝（大江）水电厂主接线（隔离开关等略去）

17（b）为葛洲坝（大江）水电厂主接线，4台125MW发电机共用1台600MVA主变压器升压至500kV。因为该厂为低水头发电厂，发电机容量不大。这样配置既减少了主变台数，又减少了500kV断路器和隔离开关的数量，因而减少了占地，降低了投资。

3. 中型水力发电厂的电气主接线

图5-18所示水电厂共有4台发电机，$G_1 \sim G_4$中每2台发电机与1台升压变压器构成扩大单元接线。其中T_1为低压绕组分裂的变压器，T_2为一台自耦变压器，高压与中压分别联络220kV和110kV两级升高电压，第三绕组则分裂为两个相同的低压绕组与两台发电机相连。发电机G_5、G_6分别经双绕组升压变压器升压后在高压侧并为一点接入110kV系统，这种接线称为联合单元接线，能节省高压侧断路器和隔离开关的数量，并使高压侧接线简化，减少占地面积。220kV和110kV电压级都采用了五角形接线。

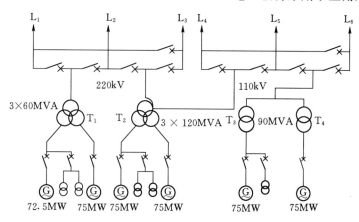

图5-18 ZX水力发电厂电气主接线（略去隔离开关等）

第四节　发电厂主变压器的选择

发电厂中用来向电力系统或用户输送电能的变压器称为主变压器（简称主变），其中用于沟通两个升高电压等级并可相互交换功率的变压器称为联络变压器；而只供发电厂本身用电的变压器则称为厂用变压器。

除发电机外，主变压器是发电厂中最为贵重的大型电气设备。主变压器台数、容量和型式的选择是否合理，对发电厂的安全经济运行至关重要。

一、主变压器的台数和容量选择

1. 单元接线的主变压器选择

采用发电机—变压器单元接线时，主变压器容量应与发电机容量相配套。例如100MW发电机配120MVA主变压器；300MW发电机配360MVA主变压器；600MW发电机配720（3×240）MVA主变压器等。

当采用扩大单元接线时，应采用低压侧分裂绕组变压器，其容量也与所连接的发电机容量相配套。例如葛洲坝（大江）电厂4台125MW发电机共用1台600MVA的低压分裂绕组变压器（见图5-17）。

2. 接于发电机电压母线的主变压器选择

发电机电压母线与系统连接的升压变压器在多数情况下应选 2 台，某些小型发电厂，或发电厂主要电能是以发电机电压向附近供出，系统电源仅作为备用时，亦可选用 1 台主变压器。主变压器的容量应按下列条件计算：

（1）当发电机电压母线上的负荷最小时，应能将发电机剩余的功率送入系统。

（2）当接入发电机电压母线上的最大一台发电机停用时，能由系统返送功率供给机压母线的最大负荷（可适当考虑变压器的过负荷能力）。

（3）当丰水季节为充分利用水能发电而对本厂发电机出力进行限制时，应能从系统返送电能满足发电机电压母线的最大负荷。

（4）对于装有 2 台主变压器的发电厂，当 1 台故障或检修时，另 1 台主变压器应能承担总传输功率的 70%。

3. 连接两种升高电压的联络变压器选择

联络变压器一般只设一台，最多不超过两台，否则会造成布置和引接线的困难。

联络变压器的容量应满足在各种不同运行方式下两级电压间的功率交换。

二、主变压器型式的选择

主变压器型式的选择应考虑以下几个问题。

1. 三相变压器与单相变压器

在容量相同的情况下，一台三相变压器比由三台单相变压器组成的变压器组便宜许多，且占地和运行损耗都小，因此，凡能够采用三相变压器时都应首先选择三相变压器。

当受到运输条件的限制而不能采用大容量三相变压器时，可考虑采用一组单相变压器（一般为 500kV 级大容量变压器），亦可考虑采用两台较小容量的三相变压器，具体工程应经技术经济比较决定。

对于特别重要的发电厂，如果采用了单相变压器，经技术经济比较认为确有必要时，可设置一台备用相变压器。由于变压器的可靠性极高，一般要有 9 台单相变压器（即 3 组）才需设置一台备用相变压器。

2. 双绕组变压器与三绕组变压器

当机组为 125MW 及以下容量的发电厂有两级升高电压时，一般优先考虑采用三绕组变压器。但当两种升高电压的负荷相差很大，经常流过三绕组变压器某一侧的功率小于该变压器额定容量的 15% 时，则宜选两台双绕组变压器。

对于 200MW 及以上的机组，其升压变压器一般不选用三绕组变压器。否则，发电机出口必须设置十分昂贵的大容量断路器。

联络变压器一般都选用三绕组变压器（多为自耦三绕组变压器），其第三绕组（低压绕组）可接发电厂厂用起动/备用变压器，并可接大功率无功设备（调相机、静止补偿器或并联电抗器）（可参见图 5-14）。

3. 普通型变压器与自耦变压器

与同容量的普通变压器相比，自耦变压器消耗材料省、体积小、重量轻、造价低，同时功率损耗也低，输电效率较高；可以扩大变压器的制造容量，便于运输和安装。在 220kV 及以上降压变电所中应用很广泛。

在大容量发电厂中，自耦变压器常被用于高压系统和中压系统之间的联络变压器。

在中小发电厂中，可用三绕组自耦变压器作为125MW及以下发电机的升压变压器，此时主要的潮流方向是低压侧和中压侧同时向高压侧输送功率（见图5-19），这样可以将部分发电机接到中压侧，充分利用自耦变压器的通过容量，节省变压器和开关设备的投资。但升压结构的自耦变压器不适于由低压侧和高压侧同时向中压侧输送功率（因漏磁较大）。

自耦变压器的中性点必须直接接地（或经过小电抗接地），否则，当高压电网中发生单相接地时，自耦变压器的中压侧绕组会出现过电压。

4. 关于分裂绕组变压器的选用

发电机单机容量小于系统容量的1%～2%，而发电厂与系统连接的电压又较高，如200MW机组升压到500kV时，采用单元接线不经济，可采用两台发电机共用一台低压绕组分裂的主变压器构成扩大单元接线。这种变压器低压侧有两个完全相同的绕组，不仅节约了投资，还能减小发电机端短路时短路电流数值，从而可选用便宜的轻型断路器作为发电机出口开关及厂用分支开关（见图5-17）。

分裂绕组变压器在大容量发电厂中，还常被用作厂用电变压器及厂用高压启动/备用变压器（见图5-14）。

5. 无载调压变压器与有载调压变压器

无载调压变压器必须在停电的情况下才能调节其高压绕组的分接头位置，从而改变变压器的变比达到调节低压侧电压的目的。调压范围较小，一般在±5%以内。一年中只能调节1～2次，电力系统中广泛使用的变压器大多数是无载调压变压器。

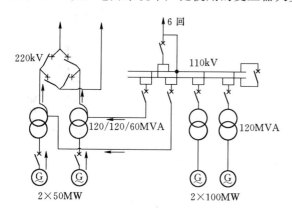

图5-19　自耦变压器作升压变压器的主接线
（1B电厂）（图中未画隔离开关）

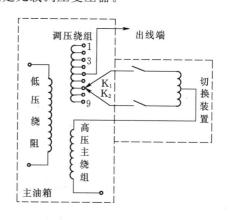

图5-20　有载分接开关工作原理图

有载调压变压器具有专用的分接头切换开关（见图5-20），能够在不停电（带着负载）的情况下改变分接头位置进行调压。调压的范围较大，一般为15%以上甚至可达30%，并且可根据负荷大小的变化在一天中调节好几次，并可进行自动调节。有载调压变压器价格要贵一些，当负载变化较大，采用无载调压变压器电压质量无法保证时，可以选用有载调压变压器。

在发电厂中，一般情况升压主变压器不必采用有载调压变压器。但接于出力变化大的发电机电压母线的主变压器，或功率方向常常变化的联络变压器以及一些厂用高压变压器，则常选用有载调压变压器。

6. 关于全星形接线变压器的选用

发电厂中大多数大容量主变压器都采用 Y，d 接线或者 Y，y，d 接线，其低压侧绕组总是接成三角形。如果没有这个 △ 绕组，变压器铁芯中的主磁通就会形成平顶波，其中包含较大的三次谐波磁通分量，会使变压器铁轭部件及油箱等铁磁物体产生附加的铁损，从而降低变压器的效率并引起局部过热。另一方面，线路上如出现三次谐波电流则会对通信线路造成干扰。有了这个 △ 绕组后，三次谐波电流仅在 △ 绕组内部循环流通，而不流到线路上去，就不会干扰通信线路了。同时，在 △ 绕组内部流通的三次谐波电流，对主磁通中的三次谐波分量产生强烈的去磁作用，从而使主磁通的波形变为正弦波，也使各相电压波形为正弦波。

我国 330/220/35kV、330/110/35kV、220/110/35kV 自耦变压器为全星形变压器，其第三绕组（35kV）也是星形接线。这是因为其高、中压绕组均为星形且中性点直接接地，可以让三次谐波电流流通，从而使变压器主磁通保持正弦波。同时，适当采用这种全星形变压器，还可以增大系统的零序阻抗，以减少日益增大的单相短路电流。

第五节　限制短路电流的方法

在大容量发电厂中，当发电机并联运行于发电机电压母线时，其短路电流可能高达十几万甚至几十万安培，这将使母线、断路器等一次设备遭受到严重的冲击（发热和电动力）。为了安全，必须加大设备型号，而无法采用价格便宜的轻型开关电器和较小截面的导线，这不仅会使投资大为增加，甚至会因短路电流太大而无法选到合乎要求的设备。因此，应当采取某些限制短路电流的措施。

一、选择适当的主接线形式和运行方式

1. 发电机组采用单元接线

各发电机和升压变压器采用单元接线而不在机端并联运行，将大大减少发电机机端短路的短路电流。

2. 环形电网开环运行

在环形电网某一穿越功率最小处开环运行，或将发电厂高压母线分裂运行，就是将本来并联运行的两大部分分开运行，当然使短路时的阻抗增大，短路电流变小。

3. 并联运行的变压器分开运行

多数降压变电所中装有两台变压器，其低压侧母线常采用单母线分段接线，当分段断路器分开运行时，会使短路电流大为减少。为保证供电可靠性，分段断路器上可装设"备用电源自动投入装置"，当一台变压器故障退出运行时，分段断路器能自动合闸，恢复对失电母线段及所带出线的供电。

二、装设限流电抗器

1. 在发电机电压母线上装设分段电抗器（图 5-21）

装设在发电机电压母线（6kV 或 10kV）分段处的电抗器能够有效地降低发电机出口断路器、母线分段断路器、母线联络断路器以及变压器低压侧断路器（还有连接这些设备的导体）所承受的短路电流。由于正常通过分段的电流不大，可以选较大电抗百分数

（8％～12％），而两段母线间的电压降也不会太大，电能损耗也少，因此优先采用。

2. 在发电机电压电缆出线上装设出线电抗器（图5-21）

6～10kV出线上短路时，虽然上述母线分段电抗器也能起一些限流作用，但因其额定电流大（约为母线上最大一台发电机额定电流的50％～80％），电抗有名值较小，限制短路电流的能力较小，有时还须在出线上装设出线电抗器，以使发电机电压直配线的短路电流限制到轻型廉价的开关所能开断的范围内（如常用的SN_{10}—10Ⅰ型少油断路器开断电流为16kA）。由于出线电抗器的额定电流较小（一般为300～600A），虽额定电抗标么值仅取3％～6％，但实际的有名值电抗较大，对短路电流的限制作用也大，可参见［例4-3］。但出线加装电抗器会使配电装置复杂，占地增多，正常运行时损耗增大。

出线电抗器可配置在线路断路器的外侧，也可配置在线路断路器的内侧，还可以一台电抗器带两条出线，见图5-22。

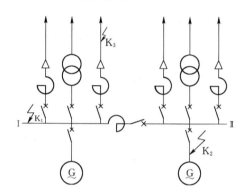

图5-21 用电抗器限制短路电流

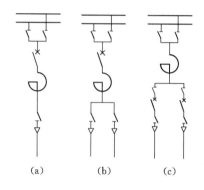

图5-22 10kV直配线电抗器布置位置

当电抗器配置在线路断路器外侧时，母线隔离开关、断路器以及电流互感器布置紧凑、操作方便。但当电抗器首端故障时，断路器可能切不断超出其开断能力的短路电流而损坏。然而电抗器是十分可靠的，发生故障的概率极小，此问题可以由继电保护配合解决。

当电抗器配置在线路断路器内侧时，出线断路器再无切断超限短路电流的可能，然而却使线路断路器及其电流互感器离母线距离远了，扩大了母线系统的范围，增加了母线系统故障的机会。另外，当线路断路器断开以后，用隔离开关拉开空载的电抗器也有些不够安全（当电抗器有异常时）。

大型变电所中，6～10kV母线的电缆出线上也有装设出线电抗器来限制短路电流的，这样可选用较小截面的电缆，但架空线则一般不装出线电抗器。

3. 装设分裂电抗器（图5-23）

分裂电抗器的两臂在正常运行时负荷应当相同或相近。这样，正常运行时分裂电抗器所造成的电压降较小，而在分裂电抗器某一臂所带线路发生短路时，短路电流却受到很大的限制（阻抗很大），这是分裂电抗器的优点。

图5-23（a）中，分裂电抗器的每个臂可以接一回或几回电缆出线，这使线路电抗器的数量减少，便于布置。图5-23（b）中，分裂电抗器串接在发电机回路中，不仅可起出线电抗器的作用，还兼有母线分段电抗器的作用，但应注意图中的母线分段断路器在

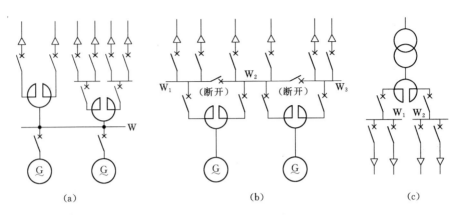

(a)　　　　　　　　　　　　　(b)　　　　　　　　　　　(c)

图 5-23　分裂电抗器的配置（隔离开关略）

（a）在电缆出线上装设；（b）在发电机回路装设；（c）在变压器回路装设

正常运行时必须是断开的。图 5-23（c）为分裂电抗器装设在变压器的低压侧回路中。

4. 采用低压绕组分裂变压器

将一台大容量变压器更换成电抗标么值与其相同的两台小容量变压器，然后在低压侧解列运行，就可以有效地减少低压侧的短路电流。但是这使变压器台数增多，占地和投资都会增加。而采用低压绕组分裂变压器，将使这一矛盾得到较好的解决。

图 5-24 为分裂变压器的应用及其等值电路。正常运行时，两支路负荷基本相等，$2'$ 与 $2''$ 为等电位点，等值电路如图中（d）所示，由于 $x'_2 = x''_2$，此时的阻抗为

$$X_{1-2} = X_1 + \frac{1}{2}X'_2 \approx \frac{1}{2}X'_2$$

上式中的 $X_1 \approx 0$，这是因为在设计分裂绕组变压器时，使高压绕组与两个低压绕组磁耦合较为紧密，而两低压绕组相互之间的磁耦合则较弱。在一般普通三绕组变压器中，也有一侧绕组的电抗近似为零，但不是高压绕组而是中压绕组（或低压绕组）。

当图 5-24（a）中 K_1 点短路时，系统电源和另一台发电机同时向 $2'$ 点供给短路电流，等值电路为图 5-24（e），此时很容易求出每一电源到短路点 $2'$ 的转移电抗：

系统电源的转移电抗为

$$X_1 + X'_2 + \frac{X_1 \cdot X'_2}{X''_2} = X'_2 + 2X_1 \approx X'_2$$

可见是正常运行时阻抗的 2 倍，另一台发电机的转移电抗为

$$X'_2 + X''_2 + \frac{X'_2 \cdot X''_2}{X_1} = 2X'_2 + \frac{X'_2 \cdot X''_2}{X_1}$$

由于 $X_1 \approx 0$，另一台发电机所供短路电流遇到的阻抗不仅仅是 $2X'_2$（正常运行时阻抗的 4 倍），同时另一项 $\dfrac{X'_2 \cdot X''_2}{X_1}$ 也相当大。这样，对短路电流的限制作用就更为明显了。

当图 5-24（b）中 K_2 点短路时，等值电路如图（f）所示，短路电流所遇阻抗为

$$X_{1-2'} = X_1 + X'_2 \approx X'_2$$

也是正常电流所遇阻抗的 2 倍。

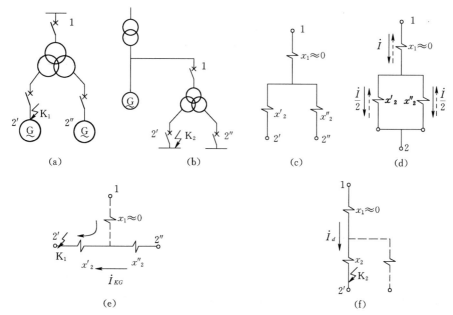

图 5-24　分裂变压器的应用及其等值电路

(a) 分裂变压器用于两台发电机构成扩大单元接线；(b) 分裂变压器用于大型机组厂
用变压器；(c) 分裂变压器的等值电路；(d) 正常运行时分裂变压器的等值电路
（虚线表示发电机发出电流，实线表示厂用变工作电流）；(e) K_1 点
短路时的等值电路；(f) K_2 点短路时的等值电路

第六节　电气主接线设计

一、电气主接线设计在电力工程设计中的地位和步骤

电力工程设计中，电气主接线设计是一项繁琐而复杂的综合性工作，必须遵循国家的有关法律、法规、方针、政策，依据相应的国家规范、标准和设计规程，结合具体工程的不同情况不同要求，按照严格的设计程序，与其他专业互相协调，由宏观到微观，要逐步地细化和充实，反复地比较和优化，最后提出技术上先进可靠、经济上合理的设计方案。

在电力建设项目的"初步可行性研究"阶段，电气专业的工作量很小，主要是配合系统专业就出线条件、总体布置等提出设想。

在电力建设项目被批准后，正式进入"可行性研究"阶段，需提交"可行性研究报告"。电气专业应在其中的"工程设想"一节中说明电厂主接线方案的比较和选择，各级电压出线回路数和方向，主要设备选择和布置等，并提供电气主接线图。

在上级正式下达"电力建设项目设计任务书"后，设计工作进入初步设计阶段。初步设计其实是工程建设中特别重要的设计阶段，所有重大事项和各种设计方案，经过反复和充分的论证，基本都作出了选择和决定，最后提交初步设计说明书和相关图纸。电气专业在初步设计阶段必须完成以下内容：

（1）对设计依据和基础资料进行综合分析，必要时进一步收集有关资料。

（2）明确本工程在电力系统中地位、作用，与系统的连接方式及出线要求。

（3）选择发电机的容量和台数，拟定可能采用的主接线形式（包括分期建设方案和过渡方案）。

（4）各级电压负荷功率交换及出线回路数。

（5）选择主变压器，确定其规范、容量、台数以及阻抗和分接头数据。

（6）各级电压中性点接地方式，对 6～35kV 出线要计算其单相接地的电容电流，选择补偿设备。

（7）决定无功补偿设备的容量和型式。

（8）进行短路电流计算，给出计算结果及计算依据（接线及运行方式、系统容量等），提出限制短路电流的措施。

（9）选择主要电气设备，如为扩建工程还要对原有设备进行校验。

（10）对选出来的方案进行技术经济综合比较，最后决定出最佳的电气主接线方案。

初步设计经审查批准之后，便可根据审查结论和主要设备的落实情况，开展最终的施工图设计。在作为施工图的电气主接线图中，须进一步注明各种电气设备和材料的型式、规范，主要元件还要标出编号。与初步设计有变动的部分，有时要重新计算短路电流进行校验，并对这些变动作出必要的论证和说明。

二、电气主接线的设计原则

电气主接线设计必须以设计任务书为依据，以国家相关的法规、规程为准则，结合工程的具体特点，全面地综合地加以分析，设计出可靠性高、运行方便灵活而又经济合理的最佳方案。具体设计中还应注意以下几个问题。

1. 发电机的容量和台数的考虑

（1）应根据发电厂在系统中的地位和作用，优先选用较大容量的发电机组，因为大机组（我国现为 300MW 及以上机组）的经济性好。如果附近负荷有供电的要求，一般可以在负荷中心建降压变电所解决。

（2）为便于管理，火力发电厂内一个厂房的机组不宜超过 6 台。

（3）发电厂最大机组的单机容量应不大于系统总容量的 10%。

（4）一个发电厂内发电机组的容量等级不宜过多，最好只有 1～2 种，同容量机组应尽量选用同一型式，以方便管理、运行和维护。

2. 电压等级及接入系统方式的考虑

（1）大中型发电厂的电压等级不宜多于 3 级（发电机电压一级，升高电压一级或两级）。大型发电机组要直接升压接入系统主网（目前指 330～500kV 超高压系统）；地区电厂接入 110～220kV 系统。

（2）一般发电厂与系统的连接应有两回或两回以上线路，并接于不同的母线段上，不应因线路故障造成"窝电"现象。个别地方电厂以供给本地负荷为主，仅有少量剩余功率送入系统，也可以用一回线路与系统连接。

（3）35kV 及以上高压线路多采用架空线路，10kV 线路可用架空线路，也可用电缆线路。

3. 保证负荷供电可靠性考虑

（1）对于一级负荷必须有两个独立电源（即发生某种单一故障不会同时停电）供电，

且当任何一个电源失去后，能保证对全部一级负荷不间断供电。

（2）对于二级负荷一般也要有两个独立电源供电，且当任何一个电源失去后，能保证全部或大部分二级负荷供电。

（3）对于三级负荷一般只需要一个电源供电。

4．其他方面的综合考虑

要考虑的其他因素也很多，如主要设备的供货厂家、交通运输的影响、环境、气象、地震、地质、地形及海拔高度等，都会影响电气主接线的设计，必须综合加以考虑。

三、电气主接线方案的技术经济比较

（一）主接线方案的技术比较

电气主接线的技术比较，主要是比较各方案的供电可靠性和运行灵活性。

评价电气主接线的可靠性，一般多用定性分析，现在也应用可靠性理论来进行定量计算。

1．对电气主接线可靠性的一般考虑

（1）运行实践是电气主接线可靠性的客观衡量标准。国内外长期积累的运行实践经验在评价可靠性时起决定性作用。目前，常被选用的主接线类型并不很多。我国现行设计技术规程中对主接线的一些规定，就是对运行实践的归纳和总结。

（2）可靠性概念不是绝对的。不能脱离发电厂和变电所在系统中的地位和作用，脱离负荷的重要程度，片面地追求高可靠性，对某一电厂而言可靠性不够高的一种主接线形式，对另外一个电厂则可能是合适的。

2．一般衡量主接线可靠性的具体标志

（1）断路器检修时，能否不影响供电。

（2）线路、断路器甚至母线故障时以及母线检修时，停运的回路数和停运时间的长短，能否保证对重要用户的供电。

（3）发电厂或变电所全部停运的可能性。

3．对大机组超高压主接线提出的可靠性准则

大机组或超高压变电所的容量巨大，供电范围广，在电力系统中的地位十分重要。当发生事故时会造成难以估量的损失，因此对大机组超高压电气主接线的可靠性要求极高，特别要避免因母线故障而导致全厂（所）性停电事故的发生。

参照国外经验并结合国内工程设计中遇到的实际情况，我国提出的大机组（300MW及以上）超高压（330～500kV）电气主接线可靠性准则如下：

（1）任何断路器检修，不得影响对用户的供电。

（2）任一台进出线断路器故障或拒动，不应切除一台以上机组和相应线路。

（3）任一台断路器检修并与另一台断路器故障或拒动相重合，以及当分段或母联断路器故障或拒动时，不应切除两台以上发电机组，不宜切除两回以上超高压线路。

（4）一段母线故障（或连接于母线上的进出线断路器故障或拒动），宜将故障范围限制到不超过整个母线的1/4；当分段或母联断路器故障时，其故障范围宜限制到不超过整个母线的1/2。

（5）经过论证，在保证系统稳定和发电厂不致全停的条件下，允许切除两台以上

300MW 机组或故障范围大于上述要求。

4. 电气主接线可靠性计算简介

对电气主接线的可靠性进行定量计算，无疑为各种方案的比较提供了更加科学的依据。

可靠性是指一个元件、设备或系统，在预定时间内完成规定功能的能力，常用可靠度表示无故障（成功）的概率，用不可靠度表示故障（失败）的概率。

现代电力系统中，一般以每年用户不停电时间在全年中的百分比来表示供电的可靠性，先进的指标都在 99.9% 以上，即每年用户停电时间不会超过 8.76h。

可靠性计算是以概率论和数理统计学为基础的。为开展这一工作，需要较长时期地积累和整理有关设备元件的实际故障率（每年发生故障的次数）、检修周期和检修时间等基础资料，其中尤以断路器的故障率最为重要。同时还需指出，已取得的数据资料不是一成不变的，随着设备本身质量和运行、检修水平的提高，这些数据亦应不断加以修正才能反映真实情况。这是一项涉及面很广且十分繁复的系统性工作。

此外，主接线系统包括了为数甚多的设备。利用建立数学模型的方法来计算其可靠性相当复杂，现今试用的"表格法"等几种近似计算方法还不够完善，例如对如何计及继电保护和二次回路对主接线可靠性的影响，目前尚无实用的方法。

基于上述原因，可靠性计算目前只能作为主接线选择时的一个参考。限于篇幅，关于电气主接线的可靠性计算方法从略。

（二）主接线方案的经济比较

经济比较包括计算综合投资、计算年运行费用和方案综合比较三方面内容。计算时，只计算各方案中不同的部分即可。

1. 计算综合投资

综合总投资包括变压器综合投资、配电装置综合投资、输电线路的综合投资等。

（1）变压器综合投资。除包括变压器本身价格外，还包括了运输和现场安装、架构、基础、铁轨、电缆等附加费用。变压器本身价格为 Z_0，各项附加费用可用 $\frac{a}{100}Z_0$ 表示，则变压器综合投资可表示为

$$Z_T = Z_0\left(1 + \frac{a}{100}\right)$$

a 值与变压器容量和电压有关，参见表 5-1。

表 5-1　　　　　　　　　变压器附加费用百分数 (a)

电压（kV）	35	110	220	330	500
a 值	50～100	40～90	25～70		

（2）配电装置综合投资。配电装置是主接线中除发电机、变压器之外其余部分（包括开关电器、保护和测量电器、母线等）的总称，每一进出线回路所用的设备被安装在一个间隔中。配电装置的综合投资可用下式表示：

$$Z_D = \sum(n \cdot K_D) \tag{5-1}$$

式中 n——某一类别配电装置的间隔数；

K_D——该类别配电装置一个间隔（例如 220kV 双母线出线回路）的综合投资，包括其中的设备价格和建筑安装费用，可从手册中查得。

（3）综合总投资。参与方案比较的综合总投资即为

$$Z = Z_T + Z_D \tag{5-2}$$

2. 计算年运行费 U

年运行费包括设备折旧费、维修费和电能损耗费三项。

（1）设备折旧费 U_1。

对于变压器： $U_{1T} = 5.8\% Z_T$

对于配电装置： $U_{1D} = (6 \sim 10)\% Z_D$

$$U_1 = U_{1T} + U_{1D} \tag{5-3}$$

（2）设备维修费 U_2

$$U_2 = (2.2 \sim 4.2)\% Z \tag{5-4}$$

（3）电能损耗费。设电能价格 α/（kW·h）（取各地实际电价），主变压器每年电能损耗为 ΔA（kW·h），则全年电能损耗费为 $\alpha \Delta A$。

一台双绕组变压器全年电能损耗为

$$\Delta A = \Delta P_0 \cdot T + \Delta P_k \left(\frac{S_{max}}{S_N} \right)^2 \tau \quad (\text{kW·h}) \tag{5-5}$$

式中 ΔP_0——变压器的空载有功损耗，kW；

ΔP_k——变压器的短路有功损耗，kW；

S_N——变压器的额定容量，kVA；

S_{max}——变压器通过的最大负荷，kVA；

T——变压器一年中的运行小时数，h；

τ——变压器的最大负荷损耗时间，h，其值可由表 5-2 查出。

表 5-2   最大功率损耗时间 τ 值 （h）

$T_{max(h)}$ \ $\cos\varphi$	0.8	0.85	0.9	0.95	1.0
2000	1500	1200	1000	800	700
2500	1700	1500	1250	1100	950
3000	2000	1800	1600	1400	1250
3500	2350	2150	2000	1800	1600
4000	2750	2600	2400	2200	2000
4500	3150	3000	2900	2700	2500
5000	3600	3500	3400	3200	3000
5500	4100	4000	3950	3750	3600
6000	4650	4600	4500	4350	4200
6500	5250	5200	5100	5000	4850
7000	5950	5900	5800	5700	5600
7500	6650	6600	6550	6500	6400
8000	7400		7350		7250

一台三绕组变压器全年电能损耗为

$$\Delta A = \Delta P_0 \cdot T + \Delta P_{k1}\left(\frac{S_1}{S_N}\right)^2 \tau_1 + \Delta P_{k2}\left(\frac{S_2}{S_N}\right)^2 \tau_2 + \Delta P_{k3}\left(\frac{S_3}{S_N}\right)^2 \tau_3 \quad (\text{kW} \cdot \text{h}) \quad (5-6)$$

式中　　S_1、S_2、S_3——经过变压器高、中、低压绕组的最大负荷，kVA；

　　　　τ_1、τ_2、τ_3——变压器高、中、低压绕组的最大负荷损耗时间，h；

　ΔP_{k1}、ΔP_{k2}、ΔP_{k3}——折合到变压器额定容量 S_N 的变压器高、中、低压绕组的短路损耗，kW。

换算公式如下：

$$\left.\begin{array}{l} \Delta P_{k1} = \dfrac{1}{2}\left[\Delta P_{k(1-2)} + \Delta P_{k(1-3)} - \Delta P_{k(2-3)}\right] \quad (\text{kW}) \\[2mm] \Delta P_{k2} = \dfrac{1}{2}\left[\Delta P_{k(1-2)} + \Delta P_{k(2-3)} - \Delta P_{k(1-3)}\right] \quad (\text{kW}) \\[2mm] \Delta P_{k3} = \dfrac{1}{2}\left[\Delta P_{k(1-3)} + \Delta P_{k(2-3)} - \Delta P_{k(1-2)}\right] \quad (\text{kW}) \end{array}\right\} \quad (5-7)$$

式中　$\Delta P_{k(1-2)}$、$\Delta P_{k(2-3)}$、$\Delta P_{k(1-3)}$——三绕组变压器产品手册中给出的短路损耗值，kW。

当变压器的容量比不是 100/100/100，例如 100/100/50 时，则还需换算一次，即用 $\left(\dfrac{100}{50}\right)^2$ 去乘 $\Delta P_{k(1-3)}$ 和 $\Delta P_{k(2-3)}$，而 $\Delta P_{k(1-2)}$ 不变。

最后，参与比较的方案年运行费用为

$$U = U_1 + U_2 + \sum \alpha \cdot \Delta A \quad (5-8)$$

3. 各方案的综合比较

综合比较方法有静态比较和动态比较两种。

(1) 静态比较法。静态比较法就是不考虑资金的时间效益，认为资金与时间无关，是静态的。这对工期很短的较小项目还适用。静态比较法又分为抵偿年限法和年计算费用法。

1) 抵偿年限法。若甲方案综合投资多于乙方案，但年运行费少于乙方案，则可求出其抵偿年限 T：

$$T = \frac{Z_甲 - Z_乙}{U_乙 - U_甲} \quad (年) \quad (5-9)$$

国家规定抵偿年限 T 为 5～8 年。如计算的 T 小于 5 年，则应选用投资多的甲方案（比乙方案多投资的钱不到 5 年即可收回，5 年以后每年都节省年运行费）。如计算的 T 大于 8 年，则应选乙方案为宜。

2) 年计算费用法。若有多个方案参加比较，可计算每个方案的年计算费用 C_i：

$$C_i = \frac{Z_i}{T} + U_i \quad (i = 1,\ 2,\ 3,\ \cdots) \quad (5-10)$$

取 $T = 5$～8 年，把总投资分摊到每一年中，求出每一年的计算费用 C_i，取 C_i 最小者为最优方案。

（2）动态比较法。一般发电厂建设工期较长，各种费用支付时间不同，就会有不同的效益。在方案比较时应充分计及资金的时间效益，须进行动态比较。

按照我国《电力工程经济分析暂行条例》规定，采用"最小年费用法"进行方案的动态比较。最小年费用法是将参加比较的诸方案计算期内的全部支出费用折算到某一年，然后计算同一时期内的等年值费用即年费用后进行比较，年费用低的方案即为经济最优方案。

年费用的计算公式为（采用国家计委颁布的统一符号）：

$$AC_m = \left[\frac{i(1+i)^n}{(1+i)^n-1}\right]$$
$$\times \left[\sum_{t=1}^{m} I_t(1+i)^{(m-t)} + \sum_{t=t'}^{m} C_t(1+i)^{(m-t)} + \sum_{t=m+1}^{m+n} C_t \frac{1}{(1+i)^{t-m}}\right] \quad (5-11)$$

式中　m——施工年限，第 m 年即工程建成年；

　　　n——工程经济使用年限（寿命），水电厂取 50 年，火电厂与核电厂取 25 年，变电所取 20～25 年；

　　　t'——工程部分投运的年份；

　　　t——从工程开工起算的年份；

　　　i——电力工业投资回收率，目前取 0.1；

　　　I_t——工程施工期内每年的投资；

　　　C_t——工程部分或全部投产后每年的运行费用。

年费用公式中第 2 个中括号内各项意义可解释如下：

第 1 项表示施工期内逐年投资折算到第 m 年的动态总投资；

第 2 项表示工程部分投产到工程建成期间逐年运行费用折算到第 m 年的动态总运行费用；

第 3 项表示从工程建成开始到经济寿命期止逐年运行费用折算到第 m 年的动态总运行费用；

第 2 个中括号内的总和表示折算到第 m 年的工程综合投入总费用；

年费用公式中，第 1 个中括号内的 $\frac{i(1+i)^n}{(1+i)^n-1}$ 称为等额分付资本回收系数，或称为等年值系数。表示在考虑资金时间价值的条件下，在工程寿命期（n 年）内，每万元综合投入总费用每年应分摊的份额，或者说保证不亏本每年至少应回收的金额。

【例 5-1】　某工程计划 4 年建成，第 2 年即部分投产，4 年中的逐年净投资分别为 1000 万、800 万、500 万元和 100 万元，自第 2 年起逐年的运行费分别为 10 万、20 万、30 万元和 40 万元（以后不再变动）。预期寿命为 8 年，投资回收率 $i=0.1$。求计及投资时间价值的年费用。

解　列表 5-3 进行计算，先将上述已知数据填入表中，再计算出表中其余各项。

$$I_m = \sum_{t=1}^{m} I_t(1+i)^{(m-t)} = 1000 \times 1.1^3 + 800 \times 1.1^2 + 500 \times 1.1 + 100$$

$$= 1331 + 968 + 550 + 100 = 2949 （万元）$$

$$\sum_{t=t'}^{m} C_t (1+i)^{(m-t)} = 10 \times 1.1^2 + 20 \times 1.1 + 30$$

$$= 12.11 + 22 + 30 = 64.1 \ (万元)$$

$$\sum_{t=m+1}^{m+n} C_t \frac{1}{(1+i)^{(t-m)}} = \frac{40}{1.1^1} + \frac{40}{1.1^2} + \frac{40}{1.1^3} + \frac{40}{1.1^4} + \frac{40}{1.1^5}$$

$$+ \frac{40}{1.1^6} + \frac{40}{1.1^7} + \frac{40}{1.1^8}$$

$$= 36.36 + 33.05 + 30.1 + 27.32 + 24.84$$

$$+ 22.57 + 20.52 + 18.66 = 213.42 \ (万元)$$

折算到第 4 年末工程综合投入总费用为

$$2949 + 64.1 + 213.42 = 3226.52 \ (万元)$$

$$\frac{i(1+i)^n}{(1+i)^n - 1} = \frac{0.1(1.1)^8}{1.1^8 - 1} = \frac{0.1 \times 2.1436}{2.1436 - 1} = 0.187444$$

年费用为 $\quad AC_m = 3226.52 \times 0.187444 = 604.8 \ (万元)$

若建成后每年净利润大于 604.8 万元，工程就有投资价值。若两方案预期建成后收入相同，则年费用小的方案为优。

表 5-3   计　算　表

年份 项目	1	2	3	4	第4年末总计	5	6	7	8	9	10	11	12
逐年净投资 I_t	1000	800	500	100									
折算到工程建成年	1331	968	550	100	2949								
逐年的运行费 C_t		10	20	30		40	40	40	40	40	40	40	40
折算到工程建成年		12.1	22	30	64.1 213.42	36.36	33.05	30.1	27.32	24.84	22.57	20.52	18.66
综合投入总费用					3226.52								
n 年每年分摊的 年费用 AC_m						604.8	604.8	604.8	604.8	604.8	604.8	604.8	604.8

思 考 题 与 习 题

1. 请按可靠性从高到低的顺序列出各种电气主接线的名称。

2. 主母线作用是什么？旁路母线作用是什么？可否由旁路母线代替主母线工作？

3. 隔离开关可以进行哪些操作？操作时应注意什么？在什么情况下可以进行等电位操作？

4. 在单母线带旁路母线的条件下，列出不停电检修某一出线断路器的操作步骤。

5. 内桥接线和外桥接线各有何优缺点？水电厂发电机承担调峰任务，如用桥式接线用哪一种为宜？

6. 为什么对短路电流要采取措施加以限制？有哪几种限制短路电流的方法？分裂电抗器和分裂绕组变压器各有什么优缺点？

7. 自耦变压器有何优缺点？

8. 欲建一地方性火电厂，发电机 G_1、G_2 为 50MW，10.5kV，功率因数 0.8；发电机 G_3、G_4 为 125MW，10.5kV，功率因数 0.85。厂用电率为 10％。地方负荷 10kV 出线 16 回，总最大负荷 50MW，总最小负荷 35MW；110kV 出线 2 回，最大负荷 40MW；220kV 出线 4 回与系统相连。试拟定电气主接线图（不包括厂用电部分，但要配好断路器和隔离开关），并选定主变压器的容量和台数。

9. 欲建一区域性火电厂，选用 300MW，18kV，$\cos\varphi = 0.8$ 的发电机和 200MW，15.75kV，$\cos\varphi = 0.8$ 的发电机各 2 台；110kV 出线 8 回，总最大负荷 200MW；220kV 出线 6 回，且与系统相连。检修出线断路器时不能停电。请拟定合适的电气主接线图。

10. 电气主接线方案如何进行经济比较？什么叫静态比较法？什么叫动态比较法？如何理解资金的时间效益？

第六章 厂用电及其接线

第一节 概 述

一、厂用电及厂用电率

发电厂中为了保证主要设备（锅炉、汽轮机或水轮机、发电机等）正常运行设置了许多厂用辅助机械设备，这些辅助机械大都是由电动机来拖动的。这些电动机数量很多，容量大小不等，小的仅几个千瓦，大的则有数千千瓦（如锅炉给水泵电动机有 5500kW 甚至 6300kW）。这些电动机以及厂内其他运行操作、试验、修配、电焊、照明等用电设备的总耗电量，统称为厂用电或自用电。由厂用变压器（或电抗器）、厂用供电电缆、厂用成套配电装置及各类厂用负荷所构成的系统，统称为厂用电系统。

厂用电系统的可靠性，对发电厂乃至整个电力系统的可靠运行都有直接的影响。在任何情况下，厂用电都是最重要的负荷，必须能满足发电厂正常运行、事故处理和检修试验等的需求，尽量缩小厂用电系统发生故障时的影响范围，避免因此造成全厂停电事故。

厂用电耗电量占同一时期发电厂全部发电量的百分数，称为厂用电率。在额定工况下，厂用电率可用下式估算

$$K_P = \frac{S_{ca} \cos\varphi}{P_N} \times 100\% \tag{6-1}$$

式中 K_P——厂用电率，%；

S_{ca}——厂用计算负荷，kVA；

$\cos\varphi$——平均功率因数，一般取 0.8；

P_N——发电机的额定功率，kW。

一般凝汽式火电厂厂用电率为 5%～8%，热电厂为 8%～10%，水电厂的厂用机械很少，厂用电率仅为 0.3%～2%。

厂用电率是发电厂的一项重要经济指标。降低厂用电率即可降低发电成本，增大对系统的售电量，有着巨大的经济效益。采用许多新技术的大容量发电机组厂用电率就比较少，因此应尽量选用大容量发电机组。

二、厂用电负荷的分类

根据厂用电设备在生产中的作用，以及中断供电时对人身、设备、生产的影响，厂用电负荷可以分为五类。

1. Ⅰ类负荷

Ⅰ类负荷指短时停电（如手动切换电源）都会影响人身或设备安全，使机组停止运行或发电量大幅度下降的负荷。如火电厂中的给水泵、凝结水泵、循环水泵、吸风机、送风机、给粉机以及水电厂中的调速器压油泵、润滑油泵等。这些重要辅助机械通常都设置两套，互为备用，且其电动机分别接到两个独立电源的母线（段）上。厂用母线可从两个电源受电，一个工作一个备用。当工作电源失去后，备用电源就立即自动投入。

2. Ⅱ类负荷

Ⅱ类负荷允许短时停电（几秒至几分钟），但较长时间的停电有可能损坏设备或影响机组的正常运行。如火电厂中的输煤设备、工业水泵、疏水泵、灰浆泵和化学水处理设备，水电厂中的吊车、整流设备、漏油泵等。Ⅱ类负荷一般由两段母线供电，采用手动切换。

3. Ⅲ类负荷

Ⅲ类负荷允许较长时间的停电而不会直接影响生产的正常运行。如试验室、油处理室及中央修配厂的用电设备等。Ⅲ类负荷一般由一个电源供电即可。

4. 事故保安负荷

事故保安负荷是指在停机过程中及停机后的一段时间内必须保证供电的负荷，否则将导致主要设备损坏、重要的自动控制失灵或恢复供电的延迟。事故保安负荷有直流保安负荷和交流保安负荷两种：

（1）直流保安负荷。由蓄电池组供电，如发电机的直流润滑油泵等。

（2）交流保安负荷。平时由交流厂用电供电，失去厂用电源时，一般由快速自起动的柴油发电机组自动投入供电（极短时间停电），如200MW及以上机组的盘车电动机等。

5. 不间断供电负荷

不间断供电负荷必须保证连续供电（发生事故后电源自动切换时间不大于5ms），并且要求电压和频率非常稳定。因此有时被称为0Ⅰ类负荷。如实时控制的计算机系统。不间断供电电源（UPS）一般采用以直流蓄电池组为后备的整流—逆变装置，采用静态开关进行自动切换。

三、厂用电负荷的工作方式

厂用电负荷的工作方式根据其使用时间划分，有经常、不经常、连续、短时和断续五种情况：

经常——指每天都要使用的用电设备；

不经常——指仅在检修、事故或机炉起停期间使用的用电设备；

连续——每次使用均带负荷运转2h以上的用电设备；

短时——每次使用均带负荷运转10～20min者；

断续——每次使用从带负荷到空载或停止，反复周期性地工作，每一周期（工作时间加停止时间）不超过10min者。

例如，给水泵的运行方式为经常连续，备用励磁机为不经常连续，空压机为经常短时，消防水泵为不经常短时，抓煤机为经常断续，起重机则为不经常断续，等等。

表6-1列出了火力发电厂主要厂用负荷的分类情况。

表6-1　　　　　　　　　　　火力发电厂主要厂用负荷

序号	名　称	负荷类别	工作方式	是否易于过负荷	容量范围举例（kW）	备　注
	一、锅炉部分					
1	吸风机	Ⅰ	经常连续	易	2240　1250×2	
2	送风机	Ⅰ	经常连续	不易	1000　1250×2	
3	排粉机	Ⅰ或Ⅱ	经常连续	易	680　360×4	无煤粉仓时为Ⅰ类
4	磨煤机	Ⅰ或Ⅱ	经常连续	易	1000　550×4	无煤粉仓时为Ⅰ类

序号	名 称	负荷类别	工作方式	是否易于过负荷	容量范围举例（kW）	备 注
5	给煤机	Ⅰ或Ⅱ	经常连续	易		无煤粉仓时为Ⅰ类
6	给粉机	Ⅰ	经常连续	易		
7	螺旋输粉机	Ⅱ	经常连续	易		
8	炉水循环泵	Ⅰ	经常连续	不易		
9	空压机	Ⅱ或Ⅲ	经常短时	不易		用于控制气源时为Ⅱ类
10	回转式空气预热器盘车	保安	不经常连续	不易		
	二、汽机部分					
11	给水泵	Ⅰ	经常连续	不易	5500 3200×2	
12	循环水泵	Ⅰ	经常连续	不易	1250 1150×2	
13	凝结水泵	Ⅰ	经常连续	不易	315	
14	射水泵	Ⅰ	经常连续	不易	260 300×2	
15	备用给水泵	Ⅰ	不经常连续	不易	5500	
16	给水泵油泵	Ⅰ	经常连续	不易		给水泵不带主油泵时
17	凝结水升压泵	Ⅰ	经常连续	不易		
18	汽机调速油泵	Ⅱ	不经常短时	不易		
19	生水泵	Ⅱ	经常连续	不易		
20	工业水泵	Ⅱ	经常连续	不易		
21	备用励磁机	Ⅰ	不经常连续		850	
	三、电气及公用部分					
22	充电机	Ⅱ	不经常连续	不易		
23	空压机	Ⅰ	经常短时	不易		
24	变压器冷却风机	Ⅱ	经常连续	不易		
25	硅整流装置通风机	Ⅰ	经常连续	不易		
26	机炉自动控制电源	Ⅰ或保安	经常连续	不易		用于200MW以上机组时为保安
27	通信电源	Ⅰ	经常连续	不易		
28	电动执行机构	不间断	经常断续	易		
29	自动控制和调节装置	不间断	经常断续	不易		
30	远动通信	不间断	经常连续	不易		
	四、输煤部分					
31	碎煤机	Ⅱ	经常连续	易	320 570	
32	筛煤机	Ⅱ	经常连续	不易		
33	叶轮给煤机	Ⅱ	经常连续	不易	40	
34	磁铁分离器	Ⅱ	经常连续	不易		
35	斗链运煤机	Ⅱ	经常连续	易		
36	抓煤机	Ⅱ	经常断续	不易		
37	移动式皮带机	Ⅱ	经常连续	易		
38	卸煤小车	Ⅱ	经常断续	不易		
39	输煤皮带	Ⅱ	经常连续	易	300	
40	翻车机	Ⅱ	经常断续	不易	52	
41	堆取料机	Ⅱ	经常连续	不易	340	
	五、出灰部分					
42	灰浆泵	Ⅱ	经常连续	易		
43	冲灰水泵	Ⅱ	经常连续	不易	300×2	
44	除尘水泵	Ⅰ	经常连续	不易		
45	除尘皮带机	Ⅱ	经常连续	易		
46	电气除尘器	Ⅱ	经常连续	不易		

序号	名　称	负荷类别	工作方式	是否易于过负荷	容量范围举例（kW）	备　注
	六、化学水处理部分					热电厂或300MW及以上机组为Ⅰ类负荷
47	除盐水泵	Ⅰ或Ⅱ	经常连续	不易		
48	中间水泵	Ⅰ或Ⅱ	经常连续	不易		
49	清水泵	Ⅰ或Ⅱ	经常连续	不易		
50	加氯升压泵	Ⅲ	不经常短时	不易		
	七、厂外水工部分					
51	中央循环水泵	Ⅰ	经常连续	不易		
52	消防水泵	Ⅰ	不经常短时	不易		
53	冷却塔通风机	Ⅱ	经常连续	不易		
54	真空泵	Ⅱ	经常短时	不易		
	八、废水处理部分					
55	废水处理输送泵	Ⅱ	经常连续	不易		
56	刮泥机	Ⅱ	经常连续	易		
57	排泥泵	Ⅱ	经常连续	易		
58	pH调整池搅拌器	Ⅱ	经常连续	不易		
	九、事故保安负荷					
59	顶轴油泵	保安	不经常连续	不易		
60	交流润滑油泵	保安	不经常连续	不易		
61	热工自动装置电源	保安	经常连续	不易		
62	事故照明	保安	经常连续	不易		
63	盘车电动机	保安	不经常连续	不易		
64	浮充电装置	保安	经常连续	不易		

注 随主机和锅炉容量不同，同类厂用电动机容量差别很大，表中仅举出几种容量较大电动机的例子，使读者对厂用电有初步了解。

第二节　厂　用　电　接　线

一、厂用电系统的电压等级

厂用电系统的电压等级要根据发电机额定电压、厂用电系统的可靠性和经济性等多方面因素综合考虑，经过技术经济比较后确定。

各种厂用机械的电动机容量差别很大，从几瓦到几千千瓦，而电动机的容量与其额定电压有关。表6-2列出了我国电动机制造的容量范围。

表 6-2　　　　　　　　　　电动机容量范围与电压等级

电动机额定电压（V）	220	380	3000	6000	10000
容量范围（kW）	小于140	小于300	大于75	大于200	大于200

选用厂用电动机时，应在满足技术要求的前提下优先采用较低电压等级的电动机，只有少数很大容量的电动机才选用高电压等级的。这是因为高压电动机绝缘要求高、尺寸大、价格贵、磁路长、损耗大、效率低（但另一方面是使供电导体截面小，相应地电缆投

资和损耗也小）。

发电厂厂用电压等级不能太多，一般分为高压和低压两级。低压级为 0.4kV（380/220V），高压级可在 3、6、10kV 中选用一种。超大容量机组（如 600MW）则可选用两级高压。

根据运行实践经验，大致可按下列情况考虑：

（1）高压采用 3kV。火电厂当发电机容量在 60MW 及以下，发电机电压为 10.5kV 时，100kW 以上的电动机用 3kV，100kW 以下的电动机用 380V。

（2）高压采用 6kV。火电厂发电机容量在 100～300MW 时，200kW 以上的电动机用 6kV，200kW 以下的电动机用 380V。

（3）高压采用 3kV 和 10kV 两级。火电厂发电机容量为 300MW 以上，例如 600MW 时，200kW 以下的电动机用 380V，200～1800kW 的电动机用 3kV，超过 1800kW 的电动机用 10kV。

（4）不设高压等级。水电厂厂用机械少，电动机容量也不大，通常只设 380/220V 一种厂用电电压（如果坝区有大型机械，如闸门启闭机、船闸或升船机等，则需要专设坝区变压器，以 6kV 或 10kV 供电）。

上述内容可综合为表 6-3。

表 6-3　　　　　发电厂厂用电电压等级及电动机容量选择

发电机容量 （MW）	发电机电压 （kV）	厂用电压（kV） 高压/低压	电动机容量范围（kW） 高压/低压
60 及以下	10.5	3/0.38	100 以上/100 以下
60 以上	6.3	6/0.38	200 以上/200 以下
100～200	10.5、13.8、15.75	6/0.38	200 以上/200 以下
300 及以上	18	6/0.38	200 以上/200 以下
	20	3/10/0.38	200～1800/1800 以上/200 以下
多数中、小水电厂	6.3、10.5、13.8	—/0.38	—/200 以下，起动没困难时最大到 245

二、厂用电源的引接方式

1. 厂用工作电源的引接

厂用工作电源对可靠性要求很高，工作电源的引接方式与电气主接线有密切联系。

当主接线具有发电机电压母线时，厂用高压工作电源从机压母线上引接；当发电机、变压器采用单元接线时，厂用高压工作电源从主变压器的低压侧引接；当主接线为扩大单元时，厂用高压工作电源从发电机出口或主变低压侧引接，参见图 6-1。

厂用低压工作电源，一般从厂用高压母线段上引接；当无高压厂用母线段时，从发电机电压母线上或从发电机出口直接接入低压厂用变压器，以取得 380/220V 低压工作电源。

2. 厂用备用电源的引接

当事故情况下厂用负荷失去了工作电源时，即会自动切换到备用电源上继续运行。因此，要求厂用备用电源具有供电的独立性，并有足够的容量。最好与系统紧密联系，在全厂停电情况下仍能从系统获得厂用电源。有以下几种方式：

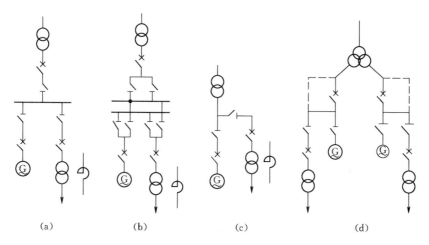

图 6-1 厂用工作电源的引接方式

（发电机电压为 6.3kV 而厂用高压为 6kV 时用电抗器）

(a)、(b) 从发电机电压母线上引接；(c) 从主变压器低压侧引接；

(d) 从发电机出口（或主变压器低压侧）引接

（1）从发电机电压母线的不同分段上引接厂用备用变压器。

（2）从与电力系统联系紧密的升高电压母线上引接厂用高压备用变压器，如有两级与系统联系的升高电压，尽量选用较低一级以节省投资。

（3）从联络两级升高电压的联络变压器的第三绕组引接厂用备用变压器。

（4）从外部电网中引接专用线路（经济性差极少采用）。

厂用备用电源分明备用和暗备用两种。

火电厂中一般采用明备用，即装设专门的备用变压器，平时不工作或仅带很小负荷，一旦某一工作电源失去后，该备用变压器自动代替原来的工作电源。表 6-4 为火电厂备用厂用变压器的设置原则。

表 6-4　　　　　　　　火电厂厂用备用变压器的配置原则（明备用）

电 厂 类 型	厂用高压变压器	厂用低压变压器
一般电厂	6 台以下设 1 台备用 6 台及以上设 2 台备用	8 台以下设 1 台备用 8 台及以上设 2 台备用
机、炉、电单元控制	5 台以下设 1 台备用 5 台及以上设 2 台备用	8 台以下设 1 台备用 8 台及以上设 2 台备用
单机容量大于或等于 200MW 的电厂	3 台及以下设 1 台备用 3 台以上每 2 台设 1 台备用	每 2 台设 1 台备用 大于或等于 300MW 时每台机组设 1 台备用

水电厂（也包括小火电厂）多采用暗备用，即不设专门的备用变压器，而是两个厂用工作变压器容量选大一些，互为备用。暗备用减少了厂用变压器的数量，也相应节约了占地和费用。

图 6-2 为厂用备用电源与工作电源接线图。

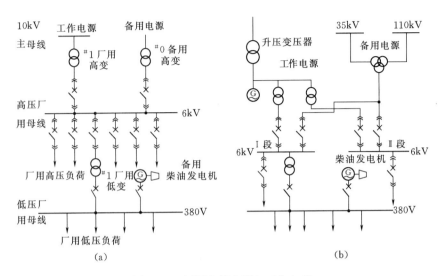

图 6-2　厂用备用电源与工作电源

3. 起动电源的取得

在严重事故情况下可能造成全厂停电。此时所有厂用工作电源全部失去。为保证发电机组能够快速起动，必须由起动电源向必要的辅助设备供电。起动电源实际上是一种可靠性更高的备用电源，可以从外部可靠独立电源经过专门的厂用高压变压器取得。我国目前对 200MW 以上大型机组设置厂用起动电源，一般以起动电源兼作事故备用电源，统称为起动（备用）电源。

4. 事故保安电源的取得

蓄电池组是一种独立和十分可靠的直流事故保安电源。在正常运行时，蓄电池组承担全厂操作、信号、保护及其他直流负荷用电；在事故情况下，则提供事故照明、润滑油泵等直流保安负荷用电。此外，还可通过逆变器将直流变成交流，向不允许间断供电的交流负荷供电，如计算机、热工仪表和自动装置等。

可快速启动的柴油发电机组或从外系统引入的独立专线，可作为交流事故保安电源。

三、火力发电厂厂用电接线

1. 按炉分段的原则

火电厂中锅炉的辅机较多，用电量也大，如送风机、引风机、磨煤机等容量都达到兆瓦级，用电量约占全部厂用电量的 60％以上。为提高厂用电系统的可靠性，高压厂用母线通常采用单母线分段的形式，并按锅炉台数分为若干独立的工作段。同一机炉或在生产程序上相互有关的电动机和其他用电设备都接在同一个分段上，而作为备用的一套则应接在另外的分段上。这种按炉分段便于运行和检修，如一处发生故障，只影响一炉一机，不会造成多台机组停电。当锅炉容量大（如 400t/h 以上）时，每台锅炉又分为 A、B 两个小的分段。

全厂的公用负荷则可分别接到各个分段上。当公用负荷很多时，应单独设置公用母线段。但相同的Ⅰ类公用机械的电动机不要接在同一个母线段上。

2. 火力发电厂厂用电接线举例

图 6-3 为一中型火电厂厂用电接线图。电厂装有二机三炉，$2 \times 50MW$ 发电机，电压为 10.5kV。6kV 厂用高压母线为单母线，按炉分为三段，由三台 5600kVA、10.5/6.3kV 厂用高压变压器供电。备用电源采用明备用方式，专设一台 #0 备用厂用高变，容量也是 5600kVA，平时断开。由于机组容量不大，未另设专用的起动电源和事故保安电源。当某一 6kV 厂用工作段失去电源时，备用电源自动投入装置动作，使相应的断路器自动合闸，由备用变压器继续供电。6kV 厂用高压电动机直接从 6kV 母线上受电。

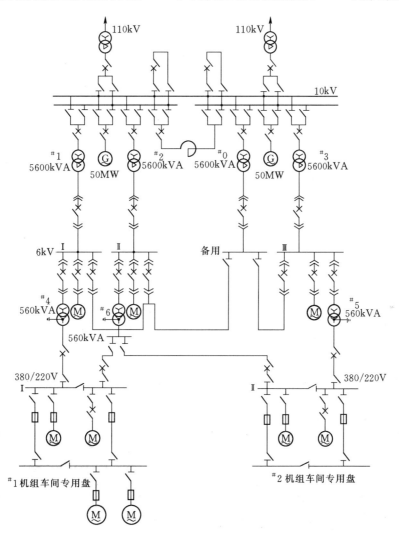

图 6-3　中型火电厂的厂用电接线

厂用低压母线为 380/220V 三相四线制，也采用单母线，按两台机组分成两大段，并用刀闸分为两小段，由两台 560kVA、6/0.4kV 厂用低压变压器供电。#6 备用厂用低压变压器则从 6kVⅡ段母线受电。

高压厂用电动机每台都个别供电。低压厂用电动机 5.5kW 及以上的Ⅰ类厂用负荷和

40kW以上的Ⅱ、Ⅲ类厂用负荷也采用个别供电方式。其他电动机采用成组供电方式，即在厂用380/220V工作母线上引出一条电缆，送到车间配电盘后，再分别引向电动机。这样可以节约电缆，简化厂用配电装置。

图6-4为4×100MW机组火电厂厂用电接线图。4台厂用高压变压器分别从各自单元的主变低压侧引出。其中 #1 和 #2 厂用高压变压器容量为20000kVA，#3 和 #4 厂用高压变容量为16000kVA。这是由于水源地、输煤和公用负荷由 #1 和 #2 厂用高压变供电。备用高压变容量为20000kVA，引自主接线的110kV配电装置，供电给厂用6kV备用段。每台机组都分成厂用6kV的A段和B段，除供6kV的高压电动机外，还供本机组厂用低压变压器。厂用低压变压器容量为1000kVA，低压母线也按机组分为两个小段。此外还有 #1、#2 厂用公用变和 #1、#2 厂用输煤变以及厂用备用低压变等。

图6-5为200MW机组火电厂厂用电主厂房部分接线（通用设计）。厂用电电压为6kV和380/220V两级。发电机电压为15.75kV，厂用高变采用低压绕组分裂变压器，电压比15.75/6.3—6.3kV，从发电机出口引接。发电机出口至变压器包括厂用分支采用全链式分相封闭母线。每台机组厂用6kV母线又分为A、B两段。每两台200MW机组设置一台起动备用变压器，从220kV高压母线引接，既作厂用高压变压器的备用，又供机组起动和停机的负荷。#1 高压厂变和起动备用变的容量为40/20—20MVA，比 #2 号高压厂变大，因为5500kW电动给水泵和全厂公用负荷都集中由 #1 机组供电，这是考虑到这种大电厂一般分期投产。#1 机组先投运时，公用负荷必须同时投运。虽然 #1 厂高变故障时似乎会影响其他机组，但因设置有起动/备用变且引自与系统紧密联系的220kV母线，备用电源自动投入保证了全厂公用负荷的可靠性。低压厂用变压器分布在6kV各段上，380/220V母线有工作变 I_A、I_B 段和 II_A、II_B 段，此外还有照明、电除尘、检修等母线分段（均分A、B小段）。专设一台备用厂用低压变压器，同时还有两台柴油发电机组作为交流保安电源供给380V保安Ⅰ、Ⅱ段，可靠性也很高。

图6-6为600MW火电机组厂用电接线简图。600MW是我国目前最大的火电机组。厂用电可靠性要求特别高。高压厂用电有3kV和10kV两级。从发电机出口引接出两台工作厂用高压变压器，电压比为20/10.5/3.15kV，备用高压变压器也有两台，从220kV高压母线引接，电压比为220/10.5/3.15kV。

四、水力发电厂厂用电接线

水力发电厂厂用电比火力发电厂简单。中小型水电厂的厂用电动机单台容量很少有超过100kW的，大多仅有380/220V一级厂用电压且只分两段，两台厂用变压器互为备为（暗备用）。大型水电厂因坝区有大型机械，还需用6（10）kV供电。大容量水电厂地位重要，厂用电可靠性要求高，一般按机组台数构成单母线分段，每段由单独的厂用变压器供电，并设置专用备用变压器（明备用）。

图6-7是2×36MW的中型水电厂厂用电接线图。两台发电机共用一台升压变压器构成扩大单元接线，两台厂用变压器互为备用，由于水电站担任调峰任务，为保证全厂停机时可由系统倒送电，两台厂用变压器分别从 #1 发电机机端和主变压器低压侧接引。全部厂用负荷均由0.4/0.23kV供电，没有高压电动机。机组自用负荷及比较重要的全厂公用负荷均直接由厂用母线供电，有的重要负荷则由两段母线交叉供电。这种中型水电厂由

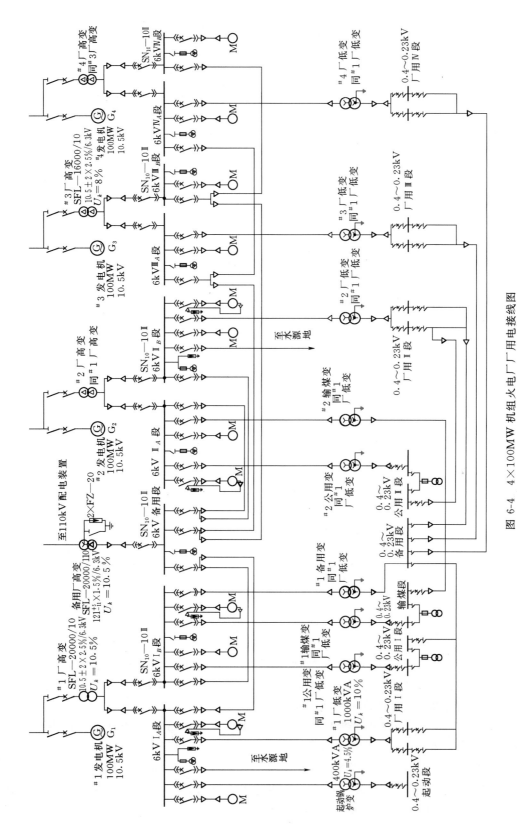

图 6-4 4×100MW 机组火电厂厂用电接线图

155

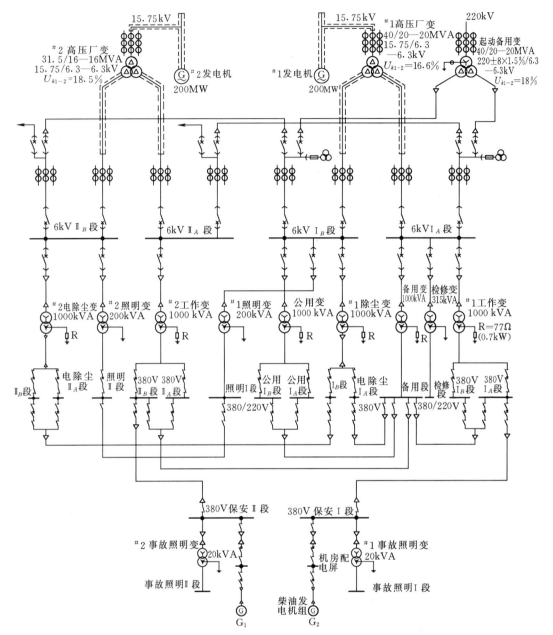

图 6-5 200MW 机组火电厂厂用电接线（主厂房部分）

于发电机台数少，厂用电采用集中供电而不设机旁配电盘的接线方式，厂用配电装置采用 BSL 型低压配电屏，通常布置在发电机层的机组附近。

图 6-8 为某 4×110MW 水电厂厂用电接线图。该厂采用 6kV 和 0.4kV 两级厂用电压。两台厂用高变引自扩大单元的主变低压侧，容量为 1800kVA，互为备用。全厂设 2 台低压机组自用变压器，电源分别引自厂用 6kV 的 1 段和 2 段母线，供电给 4 台机组机旁盘，均互为备用，有足够的可靠性。其他公用负荷另设 2 台低压变压器，分别供给 0.4kV 公用 1 段和 2 段母线，低压公用变也互为备用。

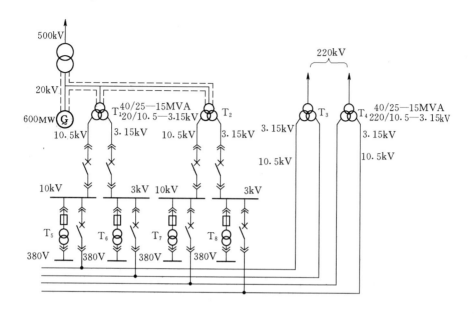

图 6-6　600MW 火电机组厂用电接线简图

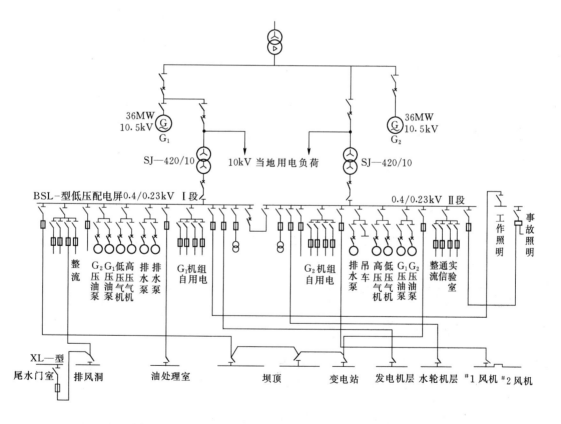

图 6-7　只有低压厂用电压的水电厂厂用电接线

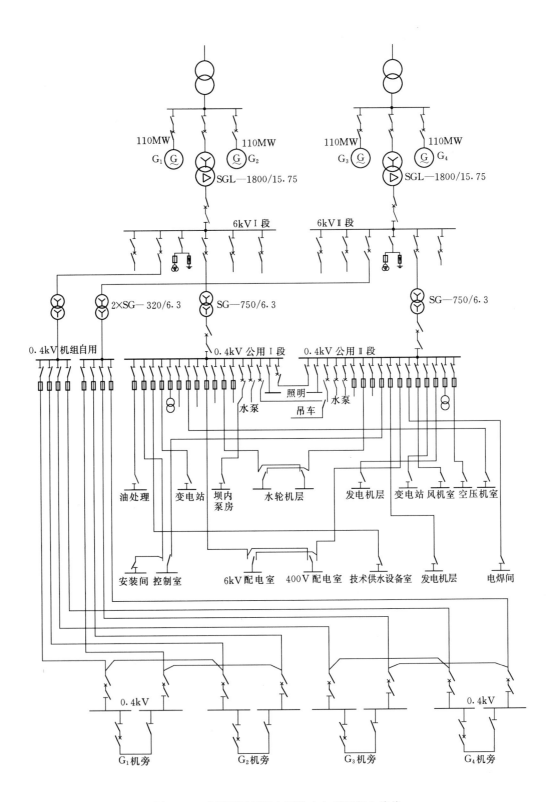

图 6-8 采用两级厂用电压的水电厂厂用电接线

第三节 厂用变压器或电抗器的选择

一、厂用负荷的统计计算

（一）计算原则

（1）经常连续运行的负荷全部计入。

（2）不经常连续的负荷也应计入。

（3）经常而断续运行的负荷亦应计入。

（4）不经常短时或不经常断续运行的负荷不计入，如修理车间的行车、电焊机等。在选择相关变压器时，容量一般都有适当裕度。但若由电抗器供电时，因电抗器无过载能力，则应全部计入。

（5）由同一台变压器供电的互为备用的设备，只计算同时运行的台数。

（6）由不同电源供电的互为备用的设备，应全部计入。但当台数较多时，允许扣除其中一部分。

（7）对分裂变压器，当两个低压绕组有互为备用设备时，对高压绕组只计算同时运行的部分，而对低压绕组则应全部计入。

（8）对分裂电抗器，应分别计算每一臂中通过的负荷。

（二）计算方法

厂用电负荷计算一般采用"换算系数法"。如按换算系数法求得的计算负荷与所选的变压器额定容量很接近，可用"轴功率法"进行检验。

1. 换算系数法

换算系数法的公式为

$$S = \sum (KP) \tag{6-2}$$

式中　S——厂用分段母线上的计算负荷，kVA；

　　　P——电动机及其他用电设备的计算功率，kW；

　　　K——换算系数，是综合考虑了各电动机的负荷率、同时率、效率和功率因数等的系数，见表 6-5。

表 6-5　　　　　　　　　　　　　　换 算 系 数 表

发电机组容量 （MW）	≤125	≥200	发电机组容量 （MW）	≤125	≥200
给水泵及循环水泵电动机	1.0	1.0	其他低压电动机	0.8	0.7
凝结水泵电动机	0.8	1.0	电除尘硅整流设备	0.45～0.75	0.45～0.75
其他高压电动机	0.8	0.85	电除尘电加热设备	1.0	1.0

电动机及其他用电设备的计算功率 P 要根据其运行特点分别加以计算：

（1）对经常连续和不经常连续运行的电动机

$$P = P_N \tag{6-3}$$

式中　P_N——电动机的额定功率，kW。

（2）对经常短时或断续运行的电动机

$$P = 0.5P_N \tag{6-4}$$

（3）不经常短时或断续运行的电动机不计入。

（4）对照明负荷

$$P = K_x P_A \tag{6-5}$$

式中 K_x——需要系数，一般取 0.8~1.0；

$\quad P_A$——安装容量，kW。

（5）对机修车间的电动机

$$P = 0.14P_\Sigma + 0.4P_{\Sigma 5} \tag{6-6}$$

式中 P_Σ——全部电动机额定功率的总和，kW；

$\quad P_{\Sigma 5}$——其中最大 5 台电动机额定功率之和，kW。

（6）对煤场机械应分别计算

1）中小型机械

$$P = 0.35P_\Sigma + 0.6P_{\Sigma 3} \tag{6-7}$$

式中 $P_{\Sigma 3}$——其中最大 3 台电动机额定功率之和，kW。

2）翻车机

$$P = 0.22P_\Sigma + 0.5P_{\Sigma 5} \tag{6-8}$$

3）轮斗机

$$P = 0.13P_\Sigma + 0.3P_{\Sigma 5} \tag{6-9}$$

2. 轴功率法

轴功率法的计算公式为

$$S = K_t \sum \left(\frac{P_{\max}}{\eta \cos\varphi} \right) + S_\Sigma \tag{6-10}$$

式中 K_t——同时率，新建电厂取 0.9，扩建电厂取 0.95；

$\quad P_{\max}$——电动机最大运行轴功率，kW；

$\quad \eta$——对应于轴功率的电动机效率；

$\quad \cos\varphi$——对应于轴功率的电动机功率因数；

$\quad S_\Sigma$——接于高压母线的低压厂用计算负荷之和，kVA。

二、厂用变压器的选择

（一）对厂用变压器的基本要求

（1）厂用变压器原边额定电压必须与引接处电压一致。如从发电机出口分支引接，应为发电机额定电压（10.5kV、13.8kV、15.75kV、18kV、20kV 等）。

（2）厂用变压器副边额定电压则与厂用电压配合，如 6.3kV、0.4kV 等。

（3）厂用变压器可以选用双绕组变压器，但大型机组的厂用变压器多选择低压绕组分裂变压器。

（4）当高压厂用变压器阻抗电压大于 10.5％时，或引接处电压波动超过±5％时，宜采用有载调压变压器。其调压范围应达 20％，且分接头电压级差不宜过大。

（5）厂用变压器的阻抗电压不能太小，否则短路电流大，厂用系统的高压断路器无法选用价格低廉的轻型断路器（一般系指国产 $SN_{10}—10$ Ⅰ、$SN_{10}—10$ Ⅱ和 $SN_{10}—10$ Ⅲ少油断路器）；也不能太大，否则无法满足电压波动和电动机自起动要求。

（6）厂用变压器的容量必须满足厂用机械正常运转和自起动的需要。

（7）为了使厂用高压母线的备用段与工作段在电压相位上一致，一般从电厂升高电压母线引接的厂用高压备用变压器，其绕组连接组别要给以特别注意。

（二）厂用变压器容量的确定

1. 低压厂用工作变压器的容量

低压厂用工作变压器容量选择时宜留有适当裕度（一般为 10％左右），可按下式计算：

$$S_{NL} \geqslant \frac{S_{ca}}{K_\theta} \tag{6-11}$$

式中　S_{NL}——低压厂用工作变压器额定容量，kVA；

　　　S_{ca}——由该变压器供电的低压厂用工作母线段上的计算负荷，kVA；

　　　K_θ——变压器温度修正系数，一般可取 1.0。但在南方地区安装在由主厂房进风的小间内时，取值为 0.9～0.97 之间，可查有关手册。

2. 低压厂用备用变压器的容量

低压厂用备用变压器的容量应与最大一台低压厂用工作变压器容量相同。

3. 高压厂用工作变压器的容量

高压厂用工作变压器容量应按由其供电的厂用高压母线段上各高压电动机计算负荷的 1.1 倍再加上 0.85 倍的所带低压厂用变压器额定容量之和。

$$S_{Nh} \geqslant 1.1 S_{ca} + 0.85 \sum S_{NL} \tag{6-12}$$

式中　S_{Nh}——高压厂用工作变压器额定容量，kVA；

　　　S_{ca}——各高压电动机的计算负荷，kVA；

　　$\sum S_{NL}$——由高压厂用工作变压器供电的各低压厂用变压器额定容量之和，kVA。

当高压厂用工作变压器采用低压分裂绕组变压器（例如图 6-5 中 #2 高压厂变电压比为 15.75/6.3-6.3kV）时，其高、低压绕组容量应分别计算：

6.3kV 分裂绕组额定容量 S_{2N} 仍然采用公式（6-12）计算。

15.75kV 高压绕组额定容量则为

$$S_{Nh} \geqslant \sum S_{2N} - S_f \tag{6-13}$$

式中　S_f——分裂绕组两分支重复的计算负荷，kVA。

4. 高压厂用备用或起动/备用变压器容量

高压厂用备用或起动/备用变压器容量应等于最大一台高压厂用工作变压器的容量。

当起动/备用变压器还带有部分公用负荷时，还应计入这部分公用计算负荷。考虑到起动/备用变压器检修时这部分公用计算负荷要能切换到其他工作或备用变压器上去，计算相关工作或备用变压器容量时，也应计入这部分容量。

5. 厂用电抗器的容量

当厂用高压母线段直接由厂用电抗器供电时（如发电机额定电压为 6.3kV 时，厂用 6kV 母线段即由电抗器供电，以限制厂用母线的短路电流），电抗器容量为

$$S_N \geqslant S_{ca} \tag{6-14}$$

式中 S_N——电抗器的额定容量，kVA；

S_{ca}——由电抗器供电的厂用高压母线段上的计算负荷，kVA，应与高压厂变容量选择公式相同。

电抗器没有过载能力，因此应留有适当裕度，经济上合理时，可放大一级。当周围环境温度超过设计值时，其允许工作电流要相应降低，由式（3-7）可得：

$$I_{al} = I_N \sqrt{\frac{100 - \theta_0}{100 - 40}} \qquad (6-15)$$

式中 I_{al}——电抗器允许的工作电流，A；

I_N——电抗器的额定电流，A；

100——电抗器绕组的最高允许温度，℃；

θ_0——电抗器实际的环境温度，℃，可取电抗器小室的排风温度；

40——电抗器的标准环境温度。

电抗器的电抗百分值通常取为8%以内。过大会增加正常运行时的电压降，过小则对短路电流的限制能力不足。

表6-6给出了6kV厂用电工作变压器容量选择实例（2×300MW机组）。

表6-6　　　　6kV厂用工作变压器负荷计算及容量选择实例（2×300MW机组）

序号	设备名称	额定容量(kW)	安装数量(台)	工作数量(台)	#1厂用高压变压器					#2厂用高压变压器				
					ⅠA段		ⅠB段		重复容量(kW)	ⅡA段		ⅡB段		重复容量(kW)
					安装数量(台)	工作容量(kW)	安装数量(台)	工作容量(kW)		安装数量(台)	工作容量(kW)	安装数量(台)	工作容量(kW)	
1	电动给水泵	5500	2	2	1	5500				1	5500			
2	循环水泵	1250	6	6	1	1250	2	2500		1	1250	2	2500	
3	凝结水泵	315	4	2	1	315	1	315	315	1	315	1	315	315
	$\sum P_1$(序号1~3之和)					7065		2815	315		7065		2815	315
4	吸风机	2240	4	4	1	2240	1	2240		1	2240	1	2240	
5	送风机	1000	4	4	1	1000	1	1000		1	1000	1	1000	
6	一次风机	300	4	4	1	300	1	300		1	300	1	300	
7	排粉机	680	8	8	2	1360	2	1360		2	1360	2	1360	
8	磨煤机	1000	8	8	2	2000	2	2000		2	2000	2	2000	
9	凝结水升压泵	630	4	2	1	630	1	630	630	1	630	1	630	630
10	主汽机调速油泵	350	2		1					1				
11	碎煤机	320	2	1			1	320				1	320	
12	喷射水泵	260	2	1	1	260						1	260	
13	#1皮带机	300	2	1	1	300						1	300	
14	#4皮带机	300	2	1	1	300						1	300	
	$\sum P_2$(序号4~14之和)					8390		7850	630		7530		8710	630
	$S_h = \sum P_1 + 0.85 \sum P_2$ (kVA)					14196.5		9487.5	850.5		13465.5		10218.5	850.5

162

序号	设备名称	额定容量（kW）	安装数量（台）	工作数量（台）	#1厂用高压变压器					#2厂用高压变压器				
					I A 段		I B 段		重复容量（kW）	II A 段		II B 段		重复容量（kW）
					安装数量（台）	工作容量（kW）	安装数量（台）	工作容量（kW）		安装数量（台）	工作容量（kW）	安装数量（台）	工作容量（kW）	
15	机炉变压器（kVA）	1600	4	4	1	1600	1	1600	1600	1	1600	1	1600	1600
16	电除尘变压器（kVA）	1250	4	4	1	1250	1	1250	1250	1	1250	1	1250	1250
17	化水变压器（kVA）	1000	2	2			1	1000				1	1000	
18	公用变压器（kVA）	1000	3	2	1	1000	1	1000		1	1000			
19	输煤变压器（kVA）	1000	3	2	1	1000	1	1000				1	1000	
20	灰浆泵变压器（kVA）	1000	1	1			1	1000						
21	负压风机房变（kVA）	1000	1	1								1	1000	
22	污水变压器（kVA）	315	2	2			1	315				1	315	
23	修配变压器（kVA）	800	1	1			1	800						
24	水源地电源（kVA）	1000	2	1			1	1000				1	1000	
25	照明变压器（kVA）	315	2	2			1	315				1	315	
	$\sum S_N$（序号15～25之和）（kVA）					4850		9280	2850		3850		7480	2850
	$S_L=0.85\sum S_N$（kVA）					4122.5		7888	2422.5		3272.5		6358	2422.5
	分裂绕组负荷（$1.1S_h+S_L$）（kVA）					19738.6		18324	3358		18084.5		17598	3358
	高压绕组负荷（kVA）					19738.6＋18324－3358＝34704.6					18084.5＋17598－3358＝32324.5			
	选择分裂变压器容量（kVA）					40000/2×20000					40000/2×20000			

注 机炉变压器及电除尘变压器均互为备用。

第四节　厂用电动机自起动校验

一、电动机自起动的概念

当厂用母线电压降低较多或突然消失时，由其供电的厂用电动机转速就会下降，甚至完全停止。电动机转速明显下降的过程称为惰行。当故障排除或备用电源自动投入（约需0.5～1.5s）后，仍然连于电源上处于惰行状态的电动机又会自动加速，恢复到稳态运行，这一过程称为电动机的自起动。

若同一段厂用母线上的一组电动机同时参加自起动，总的自起动电流会很大，在其通过的厂用变压器（或电抗器）及线路上将产生较大的电压降，使电动机机端电压低于额定电压，电磁转矩小于拖动机械的阻转矩而起动不了，或略大于阻转矩而使起动时间拖得过长，导致电动机严重发热，损害其绝缘和寿命甚至使电动机烧毁。因此，设计厂用电系统时必须进行电动机自起动校验。

二、电动机自起动时厂用母线电压的最低限值

厂用电动机多为异步电动机，其转矩与所受电压的平方成正比。当电压降至额定电压

的 70% 时，电动机最大转矩不到额定电压时最大转矩的一半。通常在额定电压下运行时，其最大转矩约为额定转矩的两倍，这样，在 70% 额定电压下运行时，电动机的转矩即达不到额定转矩了。若拖动机械为额定阻转矩，电动机就会惰行。出现惰行时的电压称为临界电压 U_G，一般临界电压的值为 64%~75%U_N。为维持系统稳定运行，规定电动机正常起动时，厂用母线电压的最低限值为 80%U_N，电动机机端电压的最低限值为 70%U_N。考虑到自起动时被拖动设备有较大的飞轮惯性，电压降低时机械转速不会立即有很大变化，规定火电厂厂用母线电压能够保证Ⅰ类厂用负荷自起动的最低限值不应低于表 6-7 的数值。

表 6-7 火电厂厂用母线电压最低限值

名　　称	类　　型	自起动电压最低限值 (%)
高压厂用母线	高温高压电厂 中压电厂	65~70 60~65
低压厂用母线	低压母线单独自起动 低压母线与高压母线串联自起动	60 55

注　对于高压厂用母线，失压或空载时自起动取上限值，带负荷自起动时取下限值。

三、电动机自起动时母线电压的校验

图 6-9 (a) 表示一组高压电动机经厂用高压变压器自起动的情形。假设这组电动机在电压消失后处于制动状态，电压恢复后同时开始自起动。计算时可认为厂用高压变压器的一次侧为无穷大容量电源（$U_{1*}=1.0$），若忽略回路中的电阻，各参数均以标幺值表示（均以厂用高压变压器额定容量为基准值），可得等值电路如图 6-9 (b) 所示。

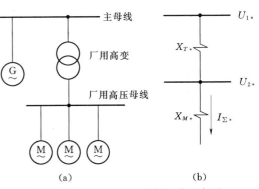

图 6-9　厂用电动机群自起动示意图
(a) 接线图；(b) 等值电路图

由图 6-9 (b) 可得：

$$\left.\begin{array}{l} U_{1*} = I_{\Sigma*}(X_{T*} + X_{M*}) \\ U_{2*} = I_{\Sigma*} X_{M*} = \dfrac{U_{1*} X_{M*}}{X_{T*} + X_{M*}} = \dfrac{U_{1*}}{1 + \dfrac{X_{T*}}{X_{M*}}} \end{array}\right\} \quad (6-16)$$

式中　　U_{1*}——电源电压标幺值，一般电抗器取 1.0。无载调压变压器取 1.05，有载调压变压器取 1.1；

　　　　U_{2*}——自起动开始瞬间厂用高压母线电压标幺值；

　　　　$I_{\Sigma*}$——参加自起动的各电动机起动电流标幺值之和（容量基准值相同）；

　　　　X_{T*}——厂用高压变压器的电抗标幺值，$X_{T*} = \dfrac{(1.0 \sim 1.1) U_k\%}{100}$；

　　　　X_{M*}——参加自起动的各电动机合成总电抗标幺值。

对一台从静止起动的电动机，在起动瞬间起动电流倍数 K'_{st} 等于其电抗标幺值（以电动机自身容量为基准）的倒数，即

164

$$K'_{st} = \frac{1}{X'_{M*}}$$

如果所有自起动电动机取一个平均的起动电流倍数 K_{st}，则全部电动机的等值总电抗标么值（改为以厂用高压变压器额定容量为基准）可以写成

$$\left. \begin{array}{l} X_{M*} = \dfrac{S_T}{K_{st}S_{M\Sigma}} \\[3mm] S_{M\Sigma} = \dfrac{P_{M\Sigma}}{\eta \cdot \cos\varphi} \end{array} \right\} \qquad (6-17)$$

式中　S_T——厂用高压变压器的额定容量，kVA；

　　　K_{st}——电动机群的平均起动电流倍数，当失压后备用电源自动投入时间大于 0.8s 时，$K_{st} = 5.0$，小于 0.8s 时，$K_{st} = 2.5$；

　　　$S_{M\Sigma}$——参加自起动电动机的总容量，kVA；

　　　$P_{M\Sigma}$——厂用高压母线上参加自起动电动机的总功率，kW；

$\eta \cdot \cos\varphi$——电动机的效率和功率因数，均为平均值。二者乘积一般可取 0.8。

这样，电动机群自起动瞬间厂用高压母线电压为

$$U_{2*} = \frac{U_{1*}}{1 + \dfrac{K_{st}P_{M\Sigma}X_{T*}}{\eta\cos\varphi S_T}} \qquad (6-18)$$

若此值不低于表 6-5 所列的最低允许值，该组电动机就能够顺利自起动。

四、高、低压厂用变压器串联自起动时母线电压的校验

图 6-10 为高、低压厂用变压器串联自起动时的示意图。当厂用工作高压变压器故障，QF_1 跳闸后 QF_2 将自动合闸，由厂用备用高压变压器供电，因而出现了高、低压厂

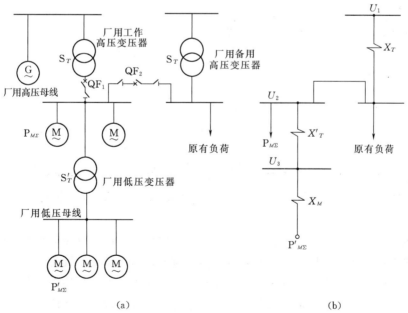

(a) 　　　　　　　　　　　　　　　　(b)

图 6-10　高、低压厂用变压器串联自起动示意图

(a) 接线图；(b) 等值电路图

用变压器串联自起动的现象。图中分别用 U_1、U_2、U_3 来表示电源电压、厂用高压母线电压及厂用低压母线电压；X_T、X'_T 分别表示厂用备用高压变压器电抗和厂用低压变压器电抗；$P_{M\Sigma}$、$P'_{M\Sigma}$ 分别表示厂用高压电动机自起动总功率和厂用低压电动机自起动总功率。

参照前面自起动时厂用高压母线电压校验公式，可用以下公式进行计算。

1. 高、低压串联自起动时厂用高压母线电压

$$U_{2*} = \frac{U_{1*}}{1 + \dfrac{K_{st} \sum P_M X_{T*}}{\eta \cos\varphi S_T}} \qquad (6-19)$$

$$\sum P_M = P_{M\Sigma} + P'_{M\Sigma}$$

式中　$\sum P_M$——参加自起动的高、低压电动机总功率，kW。

K_{st}、η、$\cos\varphi$ 均为高、低压电动机平均值（取同样值）。当失压后高压母线（图 6-10 中厂用备用高变二次侧母线）已带有负荷时，应与式中 $K_{st} \cdot \sum P_M$ 相加后再与 X_{T*} 相乘，见 [例 6-1]。

2. 高、低压串联自起动时厂用低压母线电压

$$U_{3*} = \frac{U_{2*}}{1 + \dfrac{K_{st} P'_{M\Sigma} X'_{T*}}{\eta \cos\varphi S'_T}} \qquad (6-20)$$

式中　U_{2*}——按式（6-19）计算出的厂用高压母线电压标么值；

　　　U_{3*}——厂用低压母线电压标么值；

　　　$P'_{M\Sigma}$——厂用低压电动机自起动总功率，kW；

　　　X'_{T*}——厂用低压变压器电抗标么值，以本身容量为基准；

　　　S'_T——厂用低压变压器额定容量，kVA。

五、允许参加自起动的电动机总容量

若把厂用母线最低允许值作为已知值，从上面的公式中反求允许参加自起动的电动机总容量，则有下列公式：

$$\left.\begin{array}{l} \sum P_M = \dfrac{(U_{1*} - U_{2*})\eta\cos\varphi}{U_{2*} X_{T*} K_{st}} S_T \\[3mm] P'_{M\Sigma} = \dfrac{(U_{2*} - U_{3*})\eta\cos\varphi}{U_{3*} X'_{T*} K_{st}} S'_T \end{array}\right\} \qquad (6-21)$$

式中各项符号含义均与前相同。如果厂用高压母线由电抗器供电时，上述公式中的 S_T 应以电抗器容量（$\sqrt{3} U_{LN} I_{LN}$）代替，X'_{T*} 也相应改变成电抗器电抗标么值（以本身容量为基准）。

由上述公式可见，电源电压低，电动机端电压要求值高，变压器电抗大，或电动机起动电流倍数大，允许参加自起动的电动机总功率就小；而电源电压较高，电动机效率和功率因数较高，或厂用变压器容量较大，允许参加自起动的电动机总功率就大。

当拟参加自起动的电动机总功率超过允许值时，一般可采取以下措施来保证重要厂用电动机的自起动：

（1）限制参加自起动的电动机数量，对 Ⅱ、Ⅲ 类的电动机加装低电压保护，延时

0.5s 跳闸，不参加自起动。

（2）分批自起动，使不太重要的电动机延时一定时限再起动；对Ⅰ类电动机当装有自动投入备用机械时，应加装 9～10s 低电压保护动作跳闸，不参加自起动。

（3）重要设备选用起动电流倍数较小而起动转矩较大的电动机拖动。

（4）减小备用电源投入的切换时间。

（5）最后在不得已的情况下，增大厂用变压器的容量。

【例 6 - 1】 计算高压备用变压器自动投入至厂用高压母线工作段时高、低压串联自起动的厂用母线电压（参考图 6 - 10）。

解

1. 原始数据

厂用母线额定电压：$U_{2N}=6\text{kV}$，$U_{3N}=0.38\text{kV}$；

高压备用变压器额定容量：$S_N=50/25-25\text{MVA}$；

高压备用变压器阻抗电压：$U_{k(1-2)}\%=19$；

高压备用变压器电压比：$242/6.3-6.3\text{kV}$，为有载调压变；

厂用低压变压器额定容量：$S'_N=1000\text{kVA}$；

厂用低压变压器阻抗电压：$U_k\%=10$；

高压备用变压器原已带有的负荷：$P_1=6200\text{kW}$；

厂用高压母线上自起动电动机总容量：$P_2=13363\text{kW}$；

厂用低压母线上自起动电动机总容量：$P_3=500\text{kW}$；

高、低压电动机平均起动电流倍数：$K_{st}=5$；

高、低压电动机额定效率和功率因数：$\eta\cdot\cos\varphi=0.8$。

2. 数据计算

厂用高压备用变压器电抗标么值（以自身容量为基准）：

$$X_{T*}=\frac{19}{100}=0.19$$

厂用低压变压器电抗标么值（以自身容量为基准）：

$$X'_{T*}=\frac{10}{100}=0.1$$

参加自起动的高、低压电动机总动率：

$$\sum P_M=13363+500=13863\text{（kW）}$$

计入备用变压器原有负荷且高、低压串联自起动时，参照公式（6 - 19），厂用高压母线电压标么值为

$$U_{2*}=\frac{1.1}{1+\dfrac{(6200+5\times13863)\times0.19}{0.8\times50000}}=\frac{1.1}{1+0.359}=0.809$$

参照公式（6 - 20）厂用低压母线电压标么值为

$$U_{3*}=\frac{0.809}{1+\dfrac{5\times500\times0.1}{0.8\times1000}}=\frac{0.809}{1+0.313}=0.616$$

都超过了最低允许电压值，可以顺利自起动。

思考题与习题

1. 发电厂厂用电负荷分哪几类？保安电源和不停电电源如何取得？起什么作用？

2. 厂用电负荷应当如何统计计算？厂用变压器容量应如何选择？

3. 厂用备用电源如何取得？有几种备用方式？

4. 在厂用电系统中的电抗器设在何处？起何作用？

5. 厂用电电压等级有哪几种？如何选择？在这方面水电厂与火电厂有何不同？

6. 厂用电系统供电可靠性是很高的，有哪些方面可以体现出这种可靠性？

7. 为什么火电厂厂用电母线要按炉分段？厂用公用负荷又如何处理？水电厂厂用母线如何分段？

8. 对厂用工作变压器和起动/备用变压器的联接组别应当有什么要求？

9. 哪些电动机应当个别供电？哪些电动机可以成组供电？

10. 何谓电动机自起动？若参加自起动的电动机太多而超过允许的容量限值，会有怎样的后果？出现这种情况应当采取哪些措施？

第七章 发电厂的过电压保护和接地装置

第一节 过 电 压 保 护 概 述

电力系统中电气设备的绝缘会受到两种过电压的危害：一种是外部过电压，又叫大气过电压，是由雷电活动所引起的过电压；另一种是内部过电压，是由开关操作和系统故障而引起的过电压。

一、外部过电压

雷电是两块带异性电荷的雷云之间或雷云对大地之间空气击穿而形成的。当雷云临近大地时，由于雷云电荷所形成的强大电场的作用，使云块下的大地感应出与雷云电荷不同极性的电荷，雷云与大地犹如组成一个以空气为绝缘介质的电容器，如果雷云和大地间的电场强度高到使其间空气被击穿而形成雷击通道，雷云即向大地放电。这种雷云向大地放电的过程叫做雷击，其形成的放电电流叫做雷电流。一次雷击过程时间虽然很短（一般为几十微秒），但由于雷云的电压极高（可高达几百万到几千万伏）和雷电流极大（可达几万至几十万安培），其热效应和电磁效应会使雷击通道中的建筑物和设备遭到破坏，人畜伤亡。雷电的热效应还可以发出强烈的闪光，并使周围空气急剧膨胀，形成巨大的轰鸣声（雷声）。

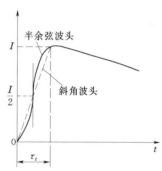

图 7-1 雷电流波形示意图

雷电流具有强烈的冲击特性，即在几微秒内上升到极高的幅值，再经过几十微秒又由幅值降到很小的数值，波形如图 7-1，其特性一般用峰值、陡度和波头波形来表示。

雷电流的峰值符合概率分布曲线，或者用下式表示

$$I = -108 \lg p \tag{7-1}$$

式中 I——雷电流峰值，kA；

p——峰值等于或大于 I 的雷电流出现的概率。

依上式计算，峰值等于或超过 50kA 的概率为 33%，等于或超过 32.5kA 的概率为 50%。

雷电流的陡度（di/dt）以 kA/μs 计，其值与雷电流波形有关，一般为几十 kA/μs。波头长度 τ_1 大约 1～4μs，我国在防雷设计中 τ_1 取 2.6μs。在设计一般线路时，波头波形近似取斜角波；在设计 40m 以上高塔时，近似采用半余弦波。

雷电对发电厂的危害，由以下三种情况造成。

1. 直击雷

雷云向发电厂的电气设备和建筑物直接放电称为直击雷。极高的直击雷过电压，将使电气设备的绝缘被击穿，即使电压等级较高的电气设备也难以承受。巨大的雷电流会造成建筑物的劈裂、倒塌和火灾。

2. 感应雷

感应雷是由静电感应所引起。在雷云临近发电厂上空时，发电厂建筑物和附近地面上，将感应出大量的电荷，这种与雷云电荷相互吸引着的、极性不同的感应电荷，叫做束缚电荷。与雷云电荷同极性的电荷，则被排斥到大地深处。当此雷云对另一雷云或地面放电后，如果此时建筑物接地不够良好，则积聚在它上面的感应电荷不能立刻流散，将与大地间形成很高的电位差，这个电位差叫做感应雷过电压。感应雷过电压达到足够大的数值，就会引起建筑物内部的电线、金属管道和大型金属设备放电，造成火灾、爆炸或人身伤亡事故。

3. 雷电侵入波

当输电线路遭到直击雷或感应雷时，泄泻到输电线上的雷电荷将会沿着输电线两侧向发电厂或变电所流动；形成雷电侵入波，其所产生的高电压叫做侵入波过电压，有时高达三四十万伏，也会造成发电厂电气设备绝缘的破坏。

二、内部过电压

由于操作和故障引起的电网电压的升高，都属于内部过电压。引起内部过电压的原因较多，主要有以下几种形式。

1. 工频过电压

发电机突然甩负荷，电力系统中发生故障，或者由于远距离输电线路的电容效应，都可能引起短时超过正常工作电压的电压升高。例如，中性点不接地电力系统中发生单相接地后，非故障相的对地电压就会升高$\sqrt{3}$倍。

2. 操作过电压

电力回路中存在着电阻、电感和电容。当用断路器进行线路或设备的投入、切除操作时，在达到新的稳定运行方式之前有一段短暂的过渡过程，往往会产生振荡过电压。例如：开断空载线路；开断空载变压器；开断电容器组；开断电动机以及空载线路合闸等。

3. 谐振过电压

电力系统中的许多电感、电容元件构成一系列不同自振频率的振荡回路。当开关操作或发生故障时，某些振荡回路与电源产生谐振现象，导致某些部分或元件上出现严重的谐振过电压。根据谐振元件的性质不同，分为线性谐振、铁磁谐振和参数谐振。

三、防止过电压危害的措施

无论哪种形式的过电压，都会对设备绝缘构成威胁。如果过电压使设备绝缘击穿，由于电气设备本身还带有工频交流电压，则当短暂过电压引起的击穿电流过去之后，工频交流电也将流过其击穿通道（称为工频续流），从而造成短路事故。为此，对电气设备必须加装必要的过电压保护设施。

1. 对直击雷的防护措施

对于直击雷，发电厂和变电站通常采用避雷针、避雷线进行保护。

2. 对感应雷的防护措施

（1）较低电压等级的电气设备及母线，因其绝缘水平较低，不可太靠近容易引雷的物体，以免发生"反击"。

（2）采用避雷器泄放感应过电压。

3. 对雷电侵入波的防护措施

发电厂、变电所对雷电侵入波的防护主要是安装多组避雷器。此外，发电厂、变电所的进线段保护（邻近的1～2km架空线避雷线）有利于减少雷电侵入波的危害。

4. 对内部过电压的防护措施

对内部过电压的保护措施有：采用灭弧性能良好不重燃的断路器（对于超高压系统采用具有中、低值并联电阻的断路器）、限制工频电压升高的并联电抗器、保护间隙、限制内部过电压的磁吹避雷器、阻尼电阻、电容器以及合理的运行操作方式避免发生谐振等。

第二节 避雷针和避雷线

雷电在通常情况下，都是向地面上高耸的物体，特别是金属物体放电。因此，在适当的位置装设适当高度的避雷针（线），就可以主动引导雷电向避雷针（线）放电，并通过接地装置将电荷泄入大地中，从而使电气设备或建筑物不致遭受雷击的危害。

避雷针（线）能够提供一个空间保护范围。如果被保护的物体处在这个空间范围内，一般不会遭到雷击。避雷针（线）的保护范围是通过模拟试验，并经过运行实践验证而确定的，可以通过作图或公式计算求得。

避雷针（线）由接闪器、接地引下线和接地体（接地装置）三部分组成。

一、避雷针

避雷针是发电厂中用来保护电气设备和建筑物免受直接雷击的主要防护装置。避雷针的接闪器（针尖）一般用直径 10～20mm、长 1～2m 的钢棒制成。引下线一般使用截面不小于 25mm 圆钢、扁钢或镀锌钢绞线，如果支持物为钢筋混凝土或钢支架时，也可用支架内的钢筋或支架本身作为引下线。

避雷针的保护范围与针的高度和数目有关，在工程设计中，一般采用简化做图法来确定。

单支避雷针的保护范围像一个由它支撑的"帐篷"。当避雷针的高度为 h 时，从针顶向下作 45°的斜线，在距地面 $h/2$ 处转折，再与地面上距针底 1.5h 处相连，即构成了保护空间帐篷的外缘，如图 7-2 所示。

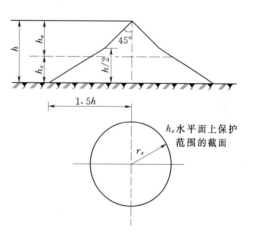

图 7-2 单支避雷针的保护范围

避雷针在高度 h_x 水平面上的保护半径 r_x 也可以按下面公式计算：

$$\left.\begin{aligned} \text{当 } h_x \geqslant h/2 \text{ 时} \qquad & r_x = (h - h_x)p = h_a p \text{ （m）} \\ \text{当 } h_x < h/2 \text{ 时} \qquad & r_x = (1.5h - 2h_x)p \text{ （m）} \end{aligned}\right\} \qquad (7-2)$$

式中　h_x——被保护物的高度，m；

　　　h——避雷针的高度，m；

　　　h_a——避雷针的有效高度，m；

p——高度影响系数，$h \leqslant 30\text{m}$，$p=1$，$30 < h \leqslant 120\text{m}$，$p=5.5/\sqrt{h}$（后面公式中 p 也如此取值）。

实践证明，如果被保护物完全处于上述空间内，能够得到有效保护（发生"绕击"的概率仅有 0.1%）。两支或多只等高或不等高避雷针的保护范围，可参见有关手册和规程。

二、避雷线

1. 进线保护段

避雷线（又称架空地线）是 110kV 及以上输电线路的主要防雷措施，一般沿线路全长架设，不仅保护线路本身，也减少了雷电波侵入对发电厂和变电所的危害。

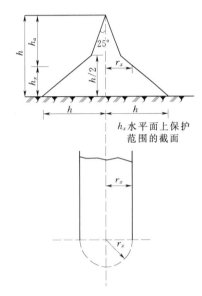

图 7-3 单根避雷线的保护范围
h—避雷线高度；h_x—被保护物高度；
h_a—有效高度；r_x—避雷线一侧保护宽度

发电厂应特别采取措施防止或减少近区雷击闪电，35～110kV 出线未沿全线架设避雷线的，应在出线始端 1～2km 内架设避雷线（进线保护段）。进线保护段可以使从线路上侵入发电厂、变电所的雷电波幅值和陡度大为降低。在雷雨季节，如果线路进线开关可能经常断开运行，则应在靠近开关的线路侧装设一组避雷器来保护开关本身的绝缘。

2. 发电厂中的避雷线

在发电厂中，避雷线主要用来保护主变压器高压引出线（当主变压器与户外高压配电装置相距较远时）免遭直接雷击。对于特殊地形条件的发电厂，如峡谷地区的电厂，在两侧山头上埋桩架设避雷线很方便，也可以采用避雷线作为建筑物和配电装置的直击雷保护装置。

避雷线的接闪器为悬挂在被保护物上方的接地导线（架空地线），一般采用截面不小于 35mm² 镀锌钢绞线。接地引下线则采用截面不小于 25mm² 镀锌钢绞线。

单根避雷线的保护范围可根据图 7-3 确定。由避雷线向下作与其垂线成 25° 的斜面，构成保护空间的上部；在 $\frac{h}{2}$ 处转折，与地面上离避雷线水平距离 h 处相连的斜面，构成保护范围的下部。在被保护物高度 h_x 水平面上，避雷线每侧保护宽度 r_x 可由下列公式计算：

$$\begin{array}{ll} \text{当 } h_x \geqslant h/2 \text{ 时} & r_x = 0.47(h - h_x)p \text{ (m)} \\ \text{当 } h_x < h/2 \text{ 时} & r_x = (h - 1.53h_x)p \text{ (m)} \end{array} \right\} \quad (7-3)$$

必要时，也可架设两根等高或不等高避雷线，其保护范围可参见有关手册和规程。

在某些情况下，发电厂对直击雷的防护，也可由避雷针和避雷线联合构成。

三、避雷针（线）的设置

在发电厂中，户外布置的电力变压器、配电装置、发电机电压引出线，以及油处理室、露天油罐、主变压器修理间、易燃易爆材料仓库等，均应装设直击雷保护装置。主厂房、主控制室和 35kV 及以下的户内配电装置，一般不需设置直击雷保护装置，仅将其屋顶金属结构接地即可。

避雷针可分为独立避雷针和架构避雷针两种。避雷针的设置应注意以下几点：

（1）独立避雷针与电气设备的带电部分、电气设备的外壳、架构和建筑物的接地部分之间的空中距离 S_k 应不小于 5m，其接地装置与被保护物体的接地体之间的地中距离 S_d 应不小于 3m。这是因为避雷针落雷时其引下线泄放雷电流瞬间具有很高电位，可能会对较近的被保护物放电或者对被保护物接地装置放电（这种情形称为反击），见图 7-4。

（2）独立避雷针的接地装置一般是独立的，不与被保护对象的接地体相连，其工频接地电阻应不大于 10Ω。当不能满足要求时，其接地装置可与主接地网相连接，但应保证其与主接地网的连接点远离 35kV 及以下设备接地线与主接地网的连接点（两者之间沿接地体的长度不小于 15m）。否则，避雷针上落雷时主接地网电位升高会造成反击。

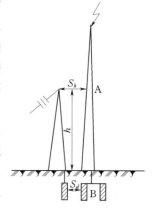

图 7-4 独立避雷针
与周围物体的距离

（3）对于土壤电阻率小于 1000Ω·m 的地区的 110kV 及以上配电装置，为降低造价并简化布置，也可将避雷针装设在配电装置构架上，称为架构避雷针。其接地除了利用主接地网外，还应在其附近装设集中接地装置。35kV 及以下配电装置绝缘水平较低，不宜设架构避雷针，以免发生反击。

（4）110kV 及以上的配电装置，可将保护线路的避雷线直接引到出线门型构架上，但土壤电阻率大于 1000Ω·m 的地区应装设集中接地装置。

（5）35kV 配电装置在土壤电阻率不大于 500Ω·m 的地区，允许将线路避雷线引到出线门型架上，亦应装设集中接地装置。在土壤电阻率大于 500Ω·m 的地区，线路避雷线应架设到线路终端杆为止，终端杆到配电装置的一档线路，则采用独立避雷针保护（也可在线路终端杆上装设避雷针）。

（6）在变压器的门型构架上不得装设避雷针（线），而且任何避雷针（线）与主接地网的地下连接点到变压器接地线与主接地网的地下连接点，沿接地体的长度不应小于 15m，以防止变压器低压绕组的绝缘遭到反击破坏。

（7）如果需要在主厂房上装避雷针来保护发电机到变压器的连线时，为了防止反击，除应装设集中接地装置外，还应采取加强分流、避雷针的引下线远离电气设备及其接地点等措施，并应在靠近避雷针的发电机出口，装设一组磁吹式避雷器。

（8）独立避雷针不应设在人员经常通行的地方，并应距道路不小于 3m。否则，应采取均压措施或铺设砾石或沥青路面。

第三节 避 雷 器

一、避雷器的基本原理

避雷器实质上是一种放电器，其一端接某一相带电导体，另一端接地。正常运行时，避雷器的电阻呈无限大状态，不会对地短路；当雷电侵入波沿线路进入发电厂或变电所时，避雷器的电阻自动变得很小，使巨大的雷电冲击电流顺利入地，此时避雷器两端电压

（称为残压）并不高，不会危及被保护设备的绝缘。冲击大电流过后，在一小段时间内，由线路正常工作电压驱动的电流（称为工频续流）也经过避雷器入地。这时避雷器自动恢复成很大的电阻，于是电力系统又恢复了正常运行。

避雷器与其所保护对象必须用伏秒特性来互相配合，才能达到预期效果。所谓伏秒特性就是避雷器或设备绝缘材料在一定电压波形作用下，击穿电压的峰值与击穿延迟时间的关系曲线（由于放电的分散性，曲线变成带状），见图7-5。

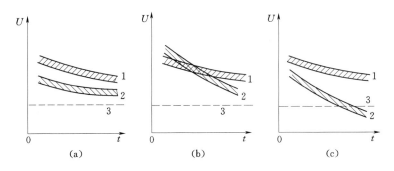

图 7-5　避雷器与被保护设备伏秒特性的配合

1—变压器伏秒特性；2—避雷器的伏秒特性；3—电气设备上可能出现的最高工频电压

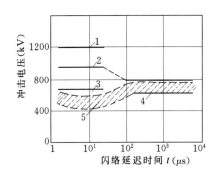

图 7-6　220kV电力设备绝缘配合示意图
（用普通阀型避雷器配合）
1—雷过电压入侵波；2—电力设备绝缘水平；
3—避雷器残压；4—电力系统操作过电压水平；
5—避雷器伏秒特性

在图7-5（a）中，避雷器的伏秒特性始终低于变压器的伏秒特性，并始终高于正常工作中电气设备可能出现的最高工频电压，这就是最佳配合。避雷器平时不会误动作，有雷电波侵入时则先行击穿放电，有效地保护了变压器。而图7-5（b）就没有配合好，当侵入波电压过高时，变压器先击穿了。图7-5（c）也不好，在出现正常的最高工频电压时，避雷器就误动作了。

图7-6所示为220kV电力设备用普通阀型避雷器的绝缘配合图。通常发电厂、变电站的电气设备将会承受几种电压：①最高工作电压；②内部过电压；③雷电过电压。若电气设备绝缘水平定得太高，虽然事故的次数和事故损失会小，但造价很高；反之，若将绝缘水平定得很低，造价虽小，但可靠性下降，事故次数增多，维修及损失增大。在这种技术—经济的矛盾中找到一种最佳方案，使造价、维修费和事故损失三者总和为最小，就是最佳的绝缘配合。

对220kV及以下的系统，一般认为雷电过电压最危险，主要限压措施是选用残压合适的避雷器，而不必采取专门限制内部过电压措施。

对330kV及以上系统，认为操作过电压幅值很大，构成了主要危险，因此要有专门限制内部过电压的措施，如并联电抗器，断口有并联电阻的断路器等。

对电气设备最危险的是谐振过电压。在绝缘配合中并不考虑谐振过电压，否则代价太高了，而应在系统设计和运行中避免和消除产生谐振的条件。

避雷器冲击放电电压与工频放电电压（峰值）之比，叫做避雷器的冲击系数。冲击系数越小，伏秒特性越平缓，越容易与被保护设备配合好。

常见的避雷器有保护间隙、管型避雷器、阀型避雷器及金属氧化锌避雷器。下面主要介绍应用最为广泛的阀型避雷器和氧化锌避雷器。

二、阀型避雷器

阀型避雷器的主要元件是火花间隙和非线性（阀性）电阻，二者串联叠装在封闭的瓷套中。

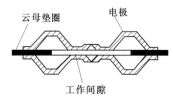

图 7 - 7 单个火花间隙

阀型避雷器的火花间隙采用多个平板电极的单间隙相串联，单个间隙的结构如图 7 - 7。图中上下两片是黄铜制成的圆形平板电极，中间用 0.5～1mm 厚的云母垫圈隔开，电极中央部分为工作部分。这种间隙的放电伏秒特性较平缓，分散性小，用来保护具有平缓伏秒特性的设备时，就不致发生绝缘配合的困难。

阀性电阻一般由碳化硅（SiC）和黏合剂等烧结成的多个饼状阀片相叠组成，其电阻呈非线性，即流过大电流时电阻变小，而流过小电流时电阻变大。其伏安特性见图 7 - 8，可用公式表示为

$$U = CI_E^a \tag{7-4}$$

式中 U——阀性电阻上的电压；

I_E——通过阀性电阻的入地电流；

C——与工艺和材料有关的常数，它也和阀片的截面及厚度有关；

a——非线性系数，$0 < a < 1$，一般在 0.2 左右，a 越小说明非线性程度越高。

正常工作时，火花间隙将带电部分与地隔开，火花间隙的工频放电电压应高于安装处的最高工作电压，以避免正常运行时误动作。

当过电压幅值超过避雷器的冲击放电电压时，火花间隙被击穿，冲击电流经阀性电阻泄入大地。当通过雷电流的最大值为 I_{sh} 时，避雷器的残压为 U_{re}。只要避雷器的冲击放电电压和残压低于被保护设备绝缘的冲击耐压水平，设备就可以得到保护。

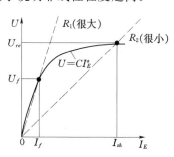

图 7 - 8 阀性电阻的伏安特性

图 7 - 8 中，I_f 代表避雷器能够可靠切断的工频续流，当加到避雷器上的工频电压不大于 U_f 时，火花间隙中的电弧就能被熄灭。避雷器能可靠灭弧的最大允许工频电压 U_f，称为避雷器的灭弧电压。残压与灭弧电压之比，称为保护比 K_p。

$$K_P = \frac{U_{re}}{U_f} \tag{7-5}$$

保护比 K_P 越小，表明在一定的灭弧电压之下残压越低，避雷器性能越好。

为了减小残压，要求泄放雷电流 I_{sh} 时阀性电阻值（图中 R_2）越小越好。冲击放电电压和残压是避雷器性能的两个重要指标。

避雷器的灭弧电压必须高于避雷器安装点的最高工作电压，确保能够顺利熄灭工频续

流电弧。

　　阀型避雷器分为普通阀式和磁吹阀式。普通阀式避雷器靠间隙自然灭弧，允许的工频续流小，一般在 80A 左右。磁吹阀式的间隙采用磁场力吹弧灭弧，允许的工频续流较大，一般在 450A 左右。磁吹阀式避雷器的性能优于普通阀式避雷器。

　　普通阀型避雷器有 FS 和 FZ 两种系列。FS 系列主要用于保护小容量的 3～10kV 配电装置中的电气设备，其伏秒特性较陡，流通容量小，图 7-9 为 FS₃—10 型阀型避雷器的结构示意图。

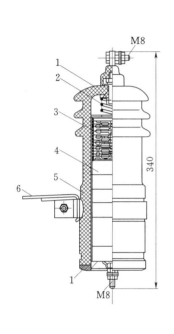

图 7-9　FS₃—10 型阀型避雷器
的结构示意图（单位：mm）

1—密封橡胶；2—压紧弹簧；3—间隙；
4—阀片；5—瓷套；6—安装卡子

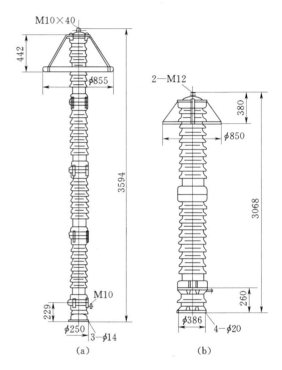

图 7-10　阀型避雷器的外形及安装尺寸（单位：mm）
（a）FZ—110J 型普通电站用阀式；
（b）FCZ₃—220J 型磁吹电站用阀式

　　FZ 系列主要用于保护发电站和变电所的变压器及电气设备，额定电压等级为 3～220kV。额定电压 35～220kV 的避雷器由 FZ—15、FZ—20 和 FZ—30J 这三种标准单元串联组成。图 7-10（a）为 FZ—110J 型阀型避雷器的外形及安装尺寸，它由四个 FZ—30J 串联而成。由于串联元件的增加，冲击电压沿各单元的分布变得不很均匀，使冲击放电电压降低，所以在成组阀型避雷器的顶端装设均压环，改善其冲击电压分布，提高冲击放电电压。

　　磁吹阀型避雷器分为电站用的 FCZ 型和保护旋转电机的 FCD 型。图 7-8（b）为 FCZ3—220J 型阀型避雷器的外形及安装尺寸。

　　三、氧化锌避雷器

　　氧化锌避雷器也是阀型避雷器，是当前最先进的过电压保护设备。氧化锌避雷器中没

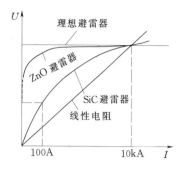

图 7-11 SiC、ZnO 和理想避雷器的伏安特性曲线对比

有串联放电间隙，主要由氧化锌（ZnO）非线性电阻片组装而成，有十分良好的非线性特性。在正常工作电压下，具有很高的电阻，仅有几百 μA 的电流通过；在遭受雷电等过电压时，电阻变得很小，而泄放完雷电流后又立即恢复为高阻状态。图 7-11 中将普通碳化硅（SiC）、氧化锌（ZnO）和理想避雷器的伏安特性作了对比。

与传统的 SiC 避雷器相比，ZnO 避雷器具有动作迅速、残压低、通流容量大、实际上无续流、结构简单、可靠性高、维护简便等优点，零部件减少 $40\%\sim50\%$，性能稳定、重量减轻 $50\%\sim60\%$，保护性能改善 $10\%\sim15\%$，放电容量增大 $30\%\sim40\%$，并设有防爆装置，可防止瓷套损坏。由于氧化锌避雷器没有串联间隙，阀片不仅要承受瞬时性的雷电过电压和操作过电压，还要长期耐受正常的运行相电压。虽然平时通过的电流很小，但仍存在老化、寿命和热稳定问题，这是需要加以注意的。

图 7-12 为高压氧化锌避雷器的结构图。由基本元件、均压环（192kV 及以上产品）、绝缘底座组成，基本元件由氧化锌电阻片串联而成，额定电压在 96kV 及以上的避雷器采用环状电阻片，中间用绝缘棒固定。

目前生产的氧化锌避雷器大部分无间隙。但也有一些带并联间隙和串联间隙的金属氧化锌避雷器。

四、避雷器的设置

1. 各种避雷器的应用范围

各种类型避雷器性能不同，各自的应用范围可参考表 7-1。

2. 避雷器的配置原则

避雷器一般按以下的规定配置：

（1）配电装置的每组母线上均应装设避雷器，就近接入主接地网，并加设集中接地装置。

（2）旁路母线上是否需要装设避雷器，应视当旁路母线投入运行时，避雷器到被保护设备的电气距离是否满足要求而定。

（3）330kV 及以上变压器和并联电抗器处必须装置避雷器，并应尽可能靠近设备本体。

（4）220kV 及以下变压器到避雷器的电气距离超过允许值时，变压器附近应增设一组避雷器。

（5）三绕组变压器中压侧或低压侧可能会开路运行时，应在其出线处设置一组避雷器。

（6）自耦变压器必须在其两个自耦合的绕组出线上装设避雷器，位置在变压器与断路器之间。

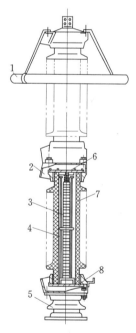

图 7-12 高压氧化锌避雷器的结构图

1—均压环；2—喷弧口；3—ZnO 电阻片；4—绝缘支杆；5—绝缘底座；6—压力释放装置；7—瓷套；8—密封圈

（7）单元连接的发电机与变压器之间的母线桥（或组合导线）无屏蔽部分长度大于50m，应在发电机侧每相装设 $0.15\mu F$ 电容器或磁吹避雷器。保护高压旋转发电机用的避雷器，应具有较低的冲击放电电压和残压，通常采用FCD型磁吹阀型避雷器。

（8）容量为25MW及以上有直配线的发电机，应在每台电机出线处装一组避雷器。25MW以下有直配线的发电机应尽量将母线上的避雷器靠近发电机装设或装在电机出线上。如果发电机出口处靠近避雷针引下线，则也应装一组避雷器以防发生反击。

（9）发电厂、变电所35kV及以下电缆进线段，在电缆与架空线的连接处应装设避雷器。

表 7－1 各种类型避雷器的应用范围

型　号	型　式	应　用　范　围
FS	配电用普通阀型	10kV及以下的配电系统、电缆终端盒
FZ	电站用普通阀型	3～220kV发电厂、变电所的配电装置
FCZ	电站用磁吹阀型	1. 330kV及以上配电装置； 2. 220kV及以下需要限制操作过电压的配电装置； 3. 降低绝缘的配电装置； 4. 布置场所特别狭窄或高烈度地震区； 5. 某些变压器的中性点
FCX	线路型磁吹阀型	330kV及以上配电装置的出线上
FCD	旋转电机用磁吹阀型	发电机、调相机等（户内安装）
Y系列	金属氧化物（氧化锌）阀型	1. 同FCZ、FCX与FCD型磁吹阀型避雷器的应用范围[①]； 2. 并联电容器组、串联电容器组； 3. 高压电缆； 4. 变压器和电抗器的中性点； 5. 全封闭组合电器； 6. 频繁切合的电动机

① 对非直接接地系统，多在特殊情况下（如弱绝缘、频繁动作或需要释放较大能量）使用金属氧化物避雷器。

（10）SF_6 全封闭电器的架空线路侧必须装设避雷器。

（11）在不接地的直配线发电机中性点上应装设一台避雷器。避雷器型号可参考表7-2。

表 7－2 有直配线的发电机中性点不接地时避雷器的选择

电压等级（kV）	3		6		10		
避雷器型式	FCD—2	FZ—2	FCD—4	FZ—4	FCD—6	FZ—6	FS—6

（12）下列情况的变压器中性点应装设避雷器：

1）直接接地系统中，变压器中性点为分级绝缘且装有隔离开关时。

2）直接接地系统中，变压器中性点为全绝缘，但变电所为单进线且为单台变压器运行时（因多路进线可以分流雷电流）。

3）不接地和经消弧线圈接地系统的中性点一般不必装设，但多雷区且单进线变压器中性点需装设。

保护变压器中性点的避雷器可参照表7-3选取。

表 7-3　　　　　　　　　　　变压器中性点绝缘水平及配用阀型避雷器

变压器额定电压 (kV)	中性点非直接接地（全绝缘）			中性点直接接地（分级绝缘且有隔离开关）				
	35	63	110	110	220	330		500
中性点绝缘水平 (kV)	35	63	110	35	110	110	<154	154	<220
避雷器型式	（FZ—15 ＋FZ—10） FZ—30 FZ—35	FZ—40 FZ—60	FZ—110J 4×FZ—15	FZ—40 推荐用 氧化锌 避雷器	FZ—110J FZ—60	FZ—110J FCZ—110	推荐用 氧化锌 避雷器	FZ—154J FCZ—154J	推荐用 氧化锌 避雷器

3. 阀型避雷器与被保护设备间的最大允许电气距离

（1）阀型避雷器与被保护设备的距离越近越好。

（2）允许距离与发电厂、变电所的进线数有关，进线数越多，允许距离可适当增大。

（3）变压器是最重要也是最容易受雷电侵入波危害绝缘的设备，阀型避雷器与被保护变压器的距离不可远，而断路器、隔离开关、耦合电容器等电器的绝缘水平比变压器要高，避雷器与这些设备的允许距离可增大。

（4）避雷器与 10kV 主变压器的最大电气距离，可参考表 7-4。

（5）35～330kV 变压器与避雷器的最大允许距离可查曲线确定，见图 7-13。

（6）侵入波陡度可查表 7-5。

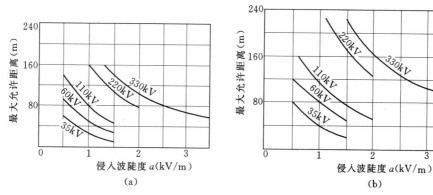

图 7-13　35～330kV 变电所避雷器到变压器之间的最大允许距离曲线

（a）一路进线的变电所；（b）两路进线的变电所

表 7-4　　　　　　　变电所母线避雷器与 10kV 主变压器的最大电气距离

变电所在雷季经常运行的进线数	1 回	2 回	3 回	4 回以上
避雷器与变压器最大允许电气距离（m）	15	23	27	30

表 7-5 变电所侵入波的计算陡度（kV/m）

额定电压 （kV）	有 1km 进线段	有全线避雷线 或有 2km 进线段	额定电压 （kV）	有 1km 进线段	有全线避雷线 或有 2km 进线段
35	1.0	0.5	220	—	1.5
60	1.1	0.6	330	—	2.2
110	1.5	0.75			

第四节 发电厂的接地装置

一、概述

接地装置由埋设在土壤中的金属接地体和接地线组成。将电气设备的某个部分用金属导体与接地体相连，称为接地。

电气设备的接地，按其作用可分为工作接地、保护接地和防雷接地三种。

（1）工作接地。为了保证电力系统正常运行，将电力系统中的某些点加以接地。例如：在中性点直接接地系统中将变压器星形绕组的中性点接地；电压互感器一次侧线圈的中性点接地等。

（2）保护接地。将电气设备的外壳或装设电气设备的架构等金属部件加以接地，称为保护接地也叫安全接地。这是为了避免设备绝缘损坏时工作人员触及而发生触电事故。对高压设备，保护接地电阻不宜超过 10Ω，对低压设备则不宜超过 4Ω。

（3）防雷接地。为了泄掉雷电流避雷针等防雷设备必须有可靠的接地。

这三种接地有时是难以分开的，都要用一些接地装置来实现。接地装置的接地体可分为自然接地体和人工接地体。

1. 自然接地体

埋设在水下或地中的各种构筑物金属部件，包括金属管道、井管、金属结构和钢筋混凝土基础等，可作为接地装置的自然接地体。但可燃液体或气体的金属管道除外。

2. 人工接地体

人工接地体是专门为接地需要而在地下埋设的接地体。人工接地体有垂直和水平两种敷设方式。垂直接地体一般用长约 2.5～3m 的角钢、圆钢或钢管垂直打入地下，上端埋入地下 0.3～0.5m，以使接地电阻不因冬季土壤表面冻结和夏季水分蒸发而引起很大变动。水平接地体多用扁钢（宽 20～40mm，厚不小于 4mm）或直径不小于 6mm 的圆钢在地中水平敷设，埋于地下 0.5～1.0m 处。对于有强烈腐蚀性的土壤，接地体的接地线厚度和截面应适当加大，或采取镀锌、镀锡等防腐蚀措施。由于水平接地体施工比较方便，所以接地网常以水平接地体为主，并组成网格形，使地面电位比较均匀，另辅之以若干垂直接地体，两者组成复式接地网。

一般情况下，应该首先利用自然接地体，在接地电阻达不到要求时，可加设一些人工接地体，连成总接地网。为减小接地电阻，要求所有的连接应采用焊接。对于大接地短路电流系统的发电厂和变电所，必须装设人工接地体构成全厂统一接地网。总接地网的接地电阻主要根据工作接地的要求来决定（因其要求的接地电阻值最小），同时也可满足保护接地和防雷接地的要求。但是独立避雷针则应单独设置自己的接地体。

二、接地电阻

接地电阻是指接地电流经接地体泄到大地中所遇到的电阻。图 7-14（a）是电流通过单个垂直接地体的情况，接地电流 I_E 通过接地体向大地作半球形流散，形成电流场。由于半球形面积距接地体越远而越大，地中的电流密度越小，与此相应的单位长度大地散流电阻也越远越小。实验证明，在离开接地体 20m 左右的地方，流散电阻已趋近于零，地电位也趋近于零。这电位为零的地方，称为电气上的"地"或"大地"。电气设备外壳或接地体与"大地"间的电位差，就称为对地电压。

对于相互间距离较小的多个垂直接地体，电流流散将受到限制，一组接地体总的电阻将大于各单一接地体电阻的并联值，这称为屏蔽效应，见图 7-14（b）。

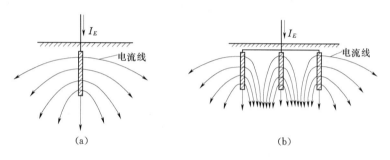

图 7-14 通过垂直接地体的入地电流示意图
(a) 单支接地体；(b) 3 支接地体，流散电流有屏蔽效应

接地装置的接地电阻，主要决定于接地体周围土壤的导电情况，除与土壤的成分直接有关外，还受土壤的温度、湿度等因素的影响。

1. 工频接地电阻

工频接地电流所遇到的接地电阻称为工频接地电阻，是指在低频率小电流情况下，用接地电阻测量仪表所能量到的电阻。各种人工接地体工频接地电阻有相应的计算公式，一般可用表 7-6 中的估算公式进行估算。

工频接地电阻的允许值是根据入地故障电流 I 的大小、接地装置上出现电压时间的长短、允许出现的对地电位和接触的机会多少而制定的，见表 7-7。

2. 冲击接地电阻

雷电流的特点是峰值高，且等值频率也高。当雷电流入地时，在接地体附近形成了极高电场强度，会使土壤发生电弧或火花放电，使该区域内土壤电阻率大为降低，其效果相当于增大了接地体的几何尺寸。因此，同一接地装置的冲击接地电阻会小于其工频接地电阻；但另一方面，雷电流等值频率高则会因电感的存在而阻碍电流向接地体远端流通，使雷电流不能沿接地体全长向地中流散，这种效应又会使冲击接地电阻增大。一般冲击接地电阻可用下式表示：

$$R_{sh} = \alpha R \tag{7-6}$$

式中 R_{sh}——冲击接地电阻，一般要求小于 10Ω；

R——工频接地电阻；

α——接地体冲击系数，其值在 0.2～1.25 范围内变化，多数情况下 $\alpha < 1$；当接地体很长时，也有 $\alpha > 1$（因此过分加长接地体并不能继续减小冲击接地电阻）；α 值可查有关手册。

表 7-6　　　　　　　　　　　　人工接地体工频接地电阻估算式

接地体型式	估　算　式	备　　　　注
垂直式	$R \approx 0.3\rho$	长度 3m 左右的接地体
单根水平式	$R \approx 0.03\rho$	长度 60m 左右的接地体
复合式接地网	$R \approx 0.5\dfrac{\rho}{\sqrt{S_\Sigma}} = 0.28\dfrac{\rho}{r}$ 或 $R \approx \dfrac{\rho}{4r} + \dfrac{\rho}{L_\Sigma}$	S_Σ 为大于 100m^2 的闭合接地网的总面积（m^2）； r 为与 S_Σ 等值的圆的半径，即等值半径（m）； L_Σ 为接地体的总长度（m）； ρ 为土壤电阻率（$\Omega \cdot \text{m}$）

表 7-7　　　　　　　　　　　　工频接地电阻允许值

系统名称	接　地　装　置　特　点		接地电阻（Ω）
大接地短路电流系统	一般电阻率地区		$R \leqslant \dfrac{2000}{I}$* 或 $R \leqslant 0.5$（当 $I > 4000\text{A}$ 时）
	高电阻率地区		$R \leqslant 5$**
小接地短路电流系统	仅用于高压电力设备的接地装置		$R \leqslant \dfrac{250}{I} \leqslant 10$
	高压与低压电力设备共用的接地装置		$R \leqslant \dfrac{120}{I} \leqslant 10$
	高电阻率地区	高压和低压电力设备	$R \leqslant 30$
		发电厂和变电所	$R \leqslant 15$
低压电力设备	低压电力设备		$R \leqslant 4$***
	并列运行的发电机、变压器等电力设备的总容量不超过 100 kVA 时		$R \leqslant 10$***
	重复接地		$R \leqslant 10$
	电力设备接地电阻允许达到 10Ω 的电力网的重复接地（重复接地不少于三处）		$R \leqslant 30$

* 　I 为计算用的流经接地装置的入地短路电流（A）。

** 　$R \leqslant 5\Omega$ 时并应符合下列要求：

　　1）对可能将接地网的高电位引向厂、所外，或将低电位引向厂所内的设施，应采取隔离接地电位措施；

　　2）当接地网电位升高时，考虑短路电流非周期分量的影响，发电厂、变电所内 3～10kV 阀型避雷器不应动作；

　　3）设计时应采取均压措施并验算接触电压和跨步电压；施工后应进行测量，并绘制电位分布曲线。

*** 　在采用接零保护电力网中是指变压器的接地电阻。

独立避雷针的接地体应是专用的，不与发电厂总接地网相连。其冲击电阻允许值见表7-8。

表 7-8 冲击接地电阻允许值

序号	名　称	接地装置特点		接　地　电　阻　（Ω）
1	独立避雷针		一般电阻率地区	$R \leqslant 10$
		高电阻率地区	接地设置不与主接地网连接	R_{sh}不作规定，但应满足：$S_k \geqslant 0.3R_{sh} + 0.1h_j$ $S_d \geqslant 0.3R_{sh}$
			接地装置与主接地网连接	R_{sh}不作规定，但至 35kV 及以下设备接地点的接地体长度不得小于 15m
2	配电装置构架上的避雷针	符合《电力设备过电压保护设计技术规程》第71条的要求		R_{sh}不作规定，但与主接地网连接处应埋设集中接地装置，至变压器接地点的接地体长度不得小于 15m
3	主厂房屋顶上避雷针	符合《电力设备过电压保护设计技术规程》第71条要求		R_{sh}不作规定，但应将主厂房梁柱的钢筋连成具有良好电路的整体，并与人工接地体连接
4	避雷器	装置在地面的构架上		R_{sh}不作规定，但与主接地网连接处应埋设集中接地装置
5	防静电接地			$R \leqslant 30$

注　S_k——避雷针支持构架与带电部分、其他接地部分之间的空气中距离（m）；
　　S_d——避雷针接地装置与主接地网之间的地中距离（m）；
　　R——工频接地电阻（Ω）；
　　R_{sh}——冲击接地电阻（Ω）；
　　h_j——避雷针校验点的高度（m）。

三、接触电压和跨步电压

发生接地故障时，在接地点处电位最高；离接地点越远，电位越低，在半径约 20m 处可视为零电位。处于分布电位区域的人，可能有两种方式触及不同电位点而受到电击（见图 7-15）。当人触及漏电外壳，加于人手与脚之间的电压，称为接触电压 U_{tou}（通常按人站在距设备外壳水平距离 0.8m、手触及设备外壳 1.8m 高处来计算）。

当人在分布电位区域径向跨开一步时，两脚间（约取 0.8m）所受到的电压称为跨步电压 U_{step}。

人体手脚间受到接触电压时，电流经过心脏，因此十分危险。人体可以耐受的接触电压允许值，与通过人体的电流值、持续时间的长短及地面土壤电阻率有关。

人体遭受跨步电压时，电流不经过心脏，因而跨步电压的允许值比接触电压允许值高些。

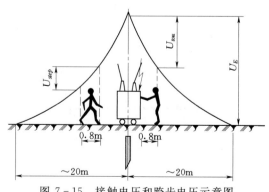

图 7-15　接触电压和跨步电压示意图

在大接地电流系统中，接触电压和跨步电压的允许值为

$$U_{tou} = (250 + 0.25\rho)/\sqrt{t} \ (\mathrm{V}) \qquad (7-7)$$

$$U_{step} = (250 + \rho)/\sqrt{t} \ (\mathrm{V}) \qquad (7-8)$$

式中 ρ ——人脚站立处地面土壤的电阻率，$\Omega \cdot \mathrm{m}$；

t ——接地短路电流的持续时间，s。

在小接地电流系统中，单相接地故障不必迅速切除，故接触电压和跨步电压的允许值更小。

$$U_{tou} = 50 + 0.05\rho \ (\mathrm{V}) \qquad (7-9)$$

$$U_{step} = 50 + 0.2\rho \ (\mathrm{V}) \qquad (7-10)$$

在确定发电厂变电所接地装置的型式和布置时，应考虑尽可能降低接触电压和跨步电压。

四、发电厂中需要保护接地的部分

发电厂电气设备很多，为了工作人员的人身安全，以下部分需要进行保护接地：

（1）发电机、变压器、各种电器、照明器具、携带式及移动式用电器具等的机座和金属外壳。

（2）互感器的二次线圈。

（3）配电盘和控制盘的框架。

（4）室内外配电装置金属构架和钢筋混凝土构架，靠近带电部分的金属围栏和门。

（5）交、直流电力电缆的接线盒、终端盒的金属外壳，电缆的金属外皮及穿线钢管。

（6）铠装控制电缆的金属外皮，非铠装或非金属护套电缆的 $1\sim2$ 根屏蔽芯线。

五、发电厂接地装置的布置

发电厂的接地装置，除利用自然接地体或各种人工接地体之外，还应装设水平敷设的人工接地网。人工接地网应围绕设备区域连成闭合形状，其面积大体与发电厂面积相同，并在其中敷设若干均压带（见图 7-16）。水平接地网应埋在 0.6m 以下，以免受到机械损

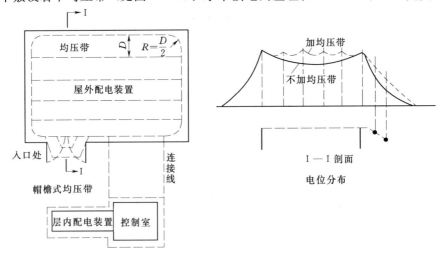

图 7-16 发电厂水平闭合式接地网及其电位分布示意图

伤，并可减少冬季土壤表层冻结和夏季水分蒸发对接地电阻的影响。

如果接地电阻难以达到规定要求时，为了减少接地装置的材料消耗和投资，在敷设人工接地体时可以采取一些措施，如敷设水下接地网等。

随着电力系统的发展，电力网的接地短路电流日益增大，大接地电流系统的发电厂内，接地网电位的升高已成为重要问题。为了保证人身安全，应采取以下均压措施：

（1）因接地网边角外部电位梯度较高，边角外应做成圆弧形。

（2）在接地网边缘上经常有人出入的走道处，应在该走道下不同深度装设两条与接地网相连的"帽檐式"均压带，或将此处附近铺成高电阻率的路面。

思 考 题

1. 电力系统中过电压有哪几种形式？如何防护？

2. 避雷针的设置应注意哪些问题？

3. 发电厂中哪些地方应设置避雷器？

4. 氧化锌避雷器和各种阀型避雷器的特点是什么？什么叫"残压"？如何进行绝缘配合？

5. 避雷针、线的保护范围如何确定？

6. 电气装置接地的种类及其作用是什么？发电厂总接地网的接地电阻主要由什么要求决定？数值范围是多少？

7. 什么叫接触电压？什么叫跨步电压？怎样才能减少它们以确保人员安全？

第八章 配电装置及发电厂电气部分的总体布置

第一节 概 述

配电装置是发电厂的重要组成部分。它是由各种开关电器、保护电器、测量电器、母线和必要的辅助设备根据主接线图中的连接顺序组装而成，用来对电能进行汇集、分配和控制。

配电装置分为屋内配电装置和屋外配电装置。在现场组装的配电装置，又称为装配式；在工厂预先把各种电器安装在柜（屏）中，成套运至安装地点，则称为成套配电装置。此外还有由新型的 SF_6 全封闭组合电器构成的配电装置。

屋内配电装置的特点是：①由于允许安全净距小、可以分层布置，故占地面积较小；②维修、操作、巡视在室内进行，比较方便，且不受气候影响；③外界污秽空气不会影响电气设备，维护工作可以减轻；④房屋建筑投资较大。但 35kV 及以下电压等级可采用价格较低的户内型设备，减少一些设备投资。

屋外配电装置的特点是：①土建工程量和费用较少，建设周期短；②扩建方便；③相邻设备之间距离较大，便于带电作业；④占地面积大；⑤设备露天运行条件较差，须加强绝缘；⑥天气变化对设备维修和操作有较大影响。

成套配电装置的特点是：①电气设备布置在封闭或半封闭的金属外壳中，相间和对地距离可以缩小，结构紧凑，占地面积小；②大大减少现场安装工作量，有利于缩短建设周期，也便于扩建和搬迁；③运行可靠性高，维护方便；④耗用钢材较多，造价较高。

大、中型发电厂中，35kV 及以下的配电装置普遍采用屋内配电装置成套配电装置也大多放于屋内；110kV 及以上多为屋外配电装置。在严重污秽地区，110kV 甚至个别220kV 也有采用屋内配电装置的。

$3\sim35kV$ 高压成套配电装置，广泛应用在大、中型发电厂和变电所中。$110\sim500kV$ 更电压等级的 SF_6 全封闭组合电器（GIS），应用也逐渐增多。

无论选用哪种形式的配电装置，应满足以下基本要求：

（1）配电装置的设计必须贯彻执行国家有关方针、政策，因地制宜，充分利用地形，尽量减少土石方工程量，尽可能不占或少占农田。在保证安全的前提下，布置紧凑，力求节约材料，降低造价。

（2）合理选择设备，布置力求整齐、清晰，保证有足够的安全距离。保证运行可靠。

（3）巡视、操作和检修设备安全方便。

（4）考虑施工、安装和扩建（水电厂考虑过渡）的方便。

表 8－1 列出了各种配电装置的特点及其适用范围。

表 8-1　　　　　　　　　　　　　　配电装置的各种布置形式

布置形式		简要说明	适用范围
屋外配电装置	普通中型布置	母线下一般不布置任何电气设备，施工、运行及检修都较方便，但占地面积大	多用于 330～500kV 配电装置；土地贫瘠或地震烈度 8 度以上地区 110～220kV 配电装置
	分相中型布置	与普通中型不同的是将一组母线隔离开关分解为 A、B、C 三相，每相隔离开关布置在该相母线之下，可取消复杂的双层构架，布置清晰，可节约用地 20％～30％	一般地区的 220kV 配电装置均可采用；因 110kV 的构架不高，并缺相应的单柱隔离开关，很少采用分相布置
	半高型布置	抬高母线，在母线下布置断路器、电流互感器及隔离开关等；布置较集中，节省占地面积，但检修条件较差。钢耗量 220kV 时较普通中型约大 5％，110kV 时则比普通中型节约	土地资源紧张或空间狭窄地方的 110～220kV 配电装置，特别是 110kV 尤宜优先采用
	高型布置	两组母线及两组隔离开关上下重叠布置，节约用地，220kV 时可节约 50％左右；布置集中，便于巡视操作，但钢耗量大，施工及检修不便，投资同普通中型	土地特别紧张及空间狭窄地方的 110～220kV 配电装置
屋内配电装置 成套配电装置		显著节约用地，防止污秽空气侵入，但须充分采取防潮、防锈、防止小动物进入等措施；施工复杂，110kV 以上时屋内比屋外造价要高。成套配电装置可靠性高	6～10kV 因电压较低，广泛采用屋内及成套配电装置；35kV 一般采用屋内；2 级以上污秽地区或市区 110kV 宜采用；技术经济合理时 220kV 也可采用
SF₆ 全封闭组合电器 配电装置（GIS）		占地面积大大减少，约为普通中型布置的 2％～10％；维修工作量少，检修周期长，运行安全，可避免污染及高海拔影响；但投资较贵，检修较麻烦	大城市中心地区、地下、水电站、用地特别狭窄或环境特别恶劣地区的 110～500kV 配电装置

第二节　配电装置的安全净距

配电装置的整个结构尺寸，是综合考虑设备外形尺寸、检修和运输的安全距离等因素而决定的。屋内、外配电装置中各有关部分之间的安全净距见表 8-2 和表 8-3，这些距离可分为 A、B、C、D、E 五类，可参见图 8-1 和图 8-2。

在各种间隔距离中，最基本的是空气中不同相的带电部分之间和带电部分对接地部分之间的空间最小安全净距，即所谓 A 值。在这一距离下，无论在正常最高工作电压或内、外过电压时，都不致使空气间隙击穿。

其他电气距离，是在 A 值的基础上再考虑一些实际因素决定的。以屋内配电装置为例，B_1 为带电部分至栅栏的距离和可移动设备在移动中至带电裸导体的距离。$B_1 = A_1 + 750\text{mm}$，其中 750mm 是指一般运行人员手臂误入栅栏的长度，设备移动时的摆动也不会大

表 8-2　　　　　　　　屋内配电装置的安全净距（不含成套配电装置）　　　　　单位：mm

符号	适用范围	额定电压（kV）									
		3	6	10	15	20	35	60	110J*	110	220J*
A_1	1. 带电部分至接地部分之间； 2. 网状和板状遮栏向上延伸线距地 2.3m 处，与遮栏上方带电部分之间	75	100	125	150	180	300	550	850	950	1800
A_2	1. 不同相的带电部分之间； 2. 断路器和隔离开关的断口两侧带电部分之间	75	100	125	150	180	300	550	900	1000	2000
B_1	1. 栅状遮栏至带电部分之间； 2. 交叉的不同时停电检修的无遮栏带电部分之间	825	850	875	900	930	1050	1300	1600	1700	2550
B_2	网状遮栏至带电部分之间**	175	200	225	250	280	400	650	950	1050	1900
C	无遮栏裸导体至地（楼）面之间	2375	2400	2425	2450	2480	2600	2850	3150	3250	4100
D	平行的不同时停电检修的无遮栏裸导体之间	1875	1900	1925	1950	1980	2100	2350	2650	2750	3600
E	通向屋外的出线套管至屋外通道的路面	4000	4000	4000	4000	4000	4000	4500	5000	5000	5500

＊　J系指中性点直接接地系统。

＊＊　当为板状遮栏时，其 B_2 值可减少 70mm。

表 8-3　　　　　　　　屋外配电装置的安全净距　　　　　　　　　单位：mm

符号	适用范围	额定电压（kV）								
		3~10	15~20	35	60	110J*	110	220J*	330J*	500J*
A_1	1. 带电部分至接地部分之间； 2. 网状遮栏向上延伸线距地2.5m 处与遮栏上方带电部分之间	200	300	400	650	900	1000	1800	2500	3800
A_2	1. 不同相的带电部分之间； 2. 断路器和隔离开关的断口两侧引线带电部分之间	200	300	400	650	1000	1100	2000	2800	4300
B_1	1. 设备运输时，其外廓至无遮栏带电部分之间； 2. 交叉的不同时停电检修的无遮栏带电部分之间； 3. 栅状遮栏至绝缘体和带电部分之间； 4. 带电作业时的带电部分至接地部分之间	950	1050	1150	1400	1650	1750	2550	3250	4550
B_2	网状遮栏至带电部分之间	300	400	500	750	1000	1100	1900	2600	3900
C	1. 无遮栏裸导体至地面之间； 2. 无遮栏裸导体至建筑物、构筑物顶部之间	2700	2800	2900	3100	3400	3500	4300	5000	7500
D	1. 平行的不同时停电检修的无遮栏带电部分之间； 2. 带电部分与建筑物、构筑物的边沿部分之间	2200	2300	2400	2600	2900	3000	3800	4500	5800

于此值。B_2 为带电部分至网状遮拦的距离。$B_2 = A_1 + 30 + 70 \text{mm}$，其中 70mm 是指一般运行人员手指误入网状遮拦时，手指长度不大于此值，30mm 是考虑施工误差。

C 值为无遮拦裸导体至地面的距离。$C = A_1 + 2300 \text{mm}$，其中 2300mm 是指一般运行人员举手高度不超过此值。

D 值为不同时停电检修的无遮拦裸导体之间的水平净距。$D = A_1 + 1800 \text{mm}$，其中 1800mm 是指一般检修人员和工具的允许活动范围。

E 值为屋内配电装置出线套管中心线至屋外通道路面的距离。35kV 及以下，$E = 4000 \text{mm}$，110kV 及以上 $E \geqslant A_1 + 3500 \text{mm}$，其中 3500mm 为人站在载重汽车车厢上举手的高度。

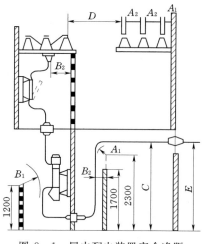

图 8-1 屋内配电装置安全净距校验图（单位：mm）

实际工程中所采用的距离，通常要大于表 8-1 和表 8-2 中的数据。

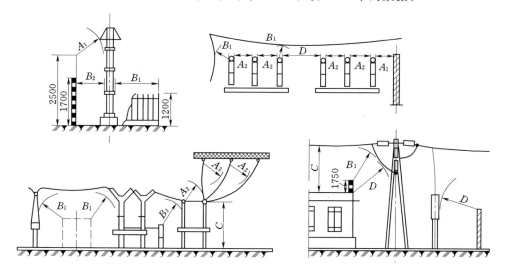

图 8-2 屋外配电装置安全净距校验图（单位：mm）

第三节 屋内配电装置

一、屋内配电装置概述

屋内配电装置的结构除与电气主接线形式、电压等级、母线容量、断路器型式、出线回路数、出线方式、有无电抗器等有密切关系外，还与施工、检修条件、运行经验和习惯有关。随着新设备和新技术的应用，运行、检修经验的不断丰富，配电装置的结构和形式也在不断地发展、更新。

屋内配电装置按其布置形式的不同，可分为单层、二层和三层。单层式是把所有的设备布置在一层，占地面积较大，通常采用成套开关柜。二层式是将线路出线电抗器、断路器等较重电气设备布置在底层，而母线及母线隔离开关等设备布置在上层，占地面积较小。但结构较复杂，造价较高。三层式我国已很少采用。

屋内配电装置的布置应注意以下几点：①同一回路的电器和导体应布置在一个"间隔"内，以保证检修安全和限制故障范围；②尽量将电源进线布置在每段母线的中部，这样使母线截面流过的电流较小；③较重的设备（如电抗器）布置在下层；④要充分利用间隔的空间；⑤布置对称，便于操作；⑥容易扩建；⑦配电装置中须设置必要的通道。用来维护和搬运各种电气设备的通道称为维护通道；运行人员对断路器（或隔离开关）进行操作控制的通道称为操作通道；仅和防爆小室相通的通道称为防爆通道；⑧配电装置室的门应向外开，并应装弹簧锁，相邻配电装置室之间如有门时，应能向两个方向开启；⑨配电装置室可以开窗采光和通风，但应采取防止雨雪和小动物进入室内的措施。处于空气污秽、多台风地区的配电装置，可开窗采光而不可通风。配电装置室还应按事故排烟要求，装设足够的通风装置。

成套配电装置（包括 SF_6 全封闭组合电器）目前也大多放于屋内。

二、屋内配电装置示例

图 8-3 所示为 6～10kV 二层二通道、双母线、出线带电抗器的屋内配电装置。母线和隔离开关设在第二层，三相母线呈垂直布置，第二层有两个维护通道。第一层布置断路器和电抗器等笨重设备，分两列布置，中间为操作通道，断路器及母线隔离开关均集中在第一层操作通道内操作。出线电抗器小室与出线断路器前后布置，三相电抗器垂直叠放，电抗器下部有通风道，能引入冷空气，小室中的热空气从外墙上部的百叶窗排出。变压器回路架空引入，出线则采用电缆经由地下电缆隧道引出。

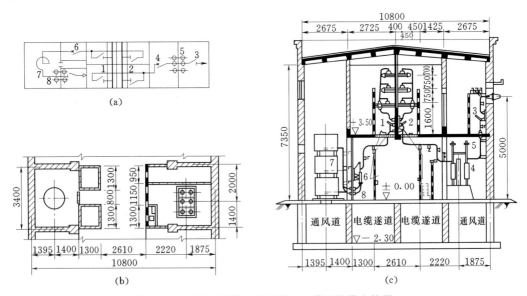

图 8-3　二层二通道、双母线、电缆出线带电抗器
的 6～10kV 屋内配电装置（单位：mm）
(a) 解释性配置图；(b) 平面图；(c) 断面图
1、2、3—隔离开关；4—少油断路器（SN_{10}—10）；5、8—电流互感器；
6—少油断路器（SN_4—10G）；7—电抗器

190

图 8-4 为 GG 系列固定式高压开关柜外形及结构图，旁边还画出了解释性电路。母线敞露安装在柜顶上；上、下两组隔离开关通过装于柜门上的手柄进行手动分、合；少油断路器的电动操动机构也装在柜门上；电缆出线由下部通过电缆隧道引出；柜门上部还装有仪表和继电器。

图 8-5 所示为 JYN2 型高压开关柜外形及结构图。这是一种移开式（手车式）成套配电装置。断路器及其操动机构装在小车上，断路器通过上、下插头插入固定在柜中的插座内，从而连通一次回路，省去了通常必需的隔离开关。检修时，在断路器分闸后将小车从柜中沿滑道拖出（有闭锁，断路器未分闸手车拖不出），使检修更为安全方便。为减少停电时间还可将同型号的公共备用小车推入后立即恢复供电。

成套配电装置是在工厂中成批生产的，运到现场很快即可投入运行。由专业厂家生产可保证设备质量可靠，

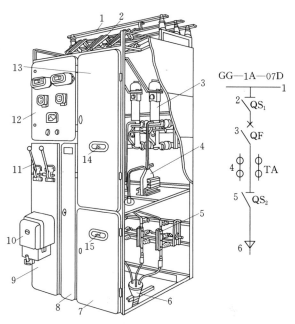

图 8-4 GG 系列固定式高压开关柜外形及结构图

1—母线；2—母线隔离开关（QS_1，GN_8—10 型）；3—少油断路器（QF，SN_{10}—10 型）；4—电流互感器（TA，LQJ—10 型）；5—线路隔离开关（QS_2，GN_6—10 型）；6—电缆头；7—下检修门；8—端子箱门；9—操作板；10—断路器的电磁操动机构（CD_{10}型）；11—隔离开关的操动机构手柄（CS_5 型）；12—仪表继电器屏；13—上检修门；14、15—观察窗口

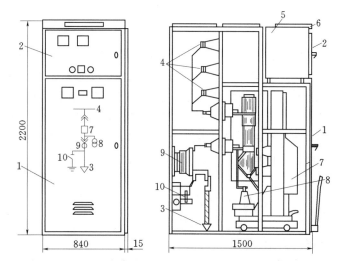

图 8-5 JYN2—10 型高压开关柜外形及结构图（单位：mm）

1—手车室门；2—仪表板；3—电缆头；4—母线；5—继电器及仪表室；6—小母线室；7—断路器手车；8—电压互感器；9—电流互感器；10—接地开关

布置紧凑合理，而且可降低成本。在发电厂和变电所的 6kV、10kV 及 35kV 配电装置中得到了广泛应用。

图 8-6 所示为 ZF—220 型 SF$_6$ 全封闭组合电器断面图（220kV 双母线）。

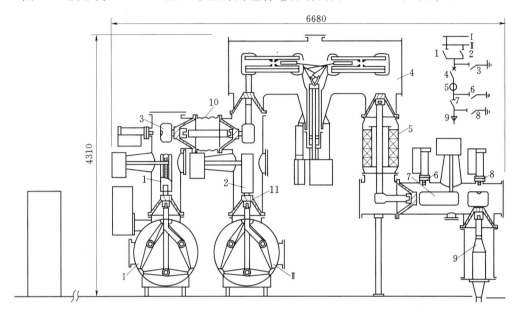

图 8-6　ZF—220 型 SF$_6$ 全封闭组合电器断面图（220kV 双母线，单位 mm）

Ⅰ、Ⅱ—主母线；1、2、7—隔离开关；3、6、8—接地开关；4—断路器；
5—电流互感器；9—电缆头；10—伸缩节；11—盆式绝缘子

这种组合电器是尺寸最紧凑、占空间最少的配电装置，特别适合于城市中心、地下、险峻山区、洞内等空间狭窄的地方以及严重污秽和气候恶劣的地区使用。电压可从 110kV 到 500kV。

SF$_6$ 是一种绝缘和灭弧能力都非常好的气体，用密封接地的金属外壳将其密封起来。图 8-6 中作为电器支撑和隔离的是优质环氧树脂盆式绝缘子。母线、隔离开关、断路器，电流互感器、电压互感器、避雷器和电缆终端等诸多电器全部被密封于内（互相之间也密封）。这类 SF$_6$ 全封闭组合电器的优缺点是：①大量节省土地和空间；②运行可靠性极高；③由工厂制造，现场安装快；④检修周期可长达 10 多年；⑤金属外壳屏蔽作用强，解决了静电感应、噪声和无线电干扰及电动力稳定等问题；⑥抗震性好；⑦需专门的 SF$_6$ 检漏仪来加强运行监视；⑧价格贵。

第 四 节　屋 外 配 电 装 置

一、屋外配电装置的类型

屋外配电装置根据电气设备和母线的布置高度和重叠情况，可分为中型、半高型和高型。

中型布置的特点是将所有电器都安装在同一水平面内，并装在一定高度（2～2.5mm）的基础上，以保证地面上工作人员可以安全活动。

高型和半高型配电装置的母线和电器分别装在几个不同高度的水平面上，并重叠布置。凡是将一组母线与另一组母线重叠布置，就称高型配电装置。如果仅将母线与断路器、电流互感器等重叠布置，则称为半高型配电装置。高型和半高型配电装置可大量节省占地面积，在 110kV 及 220kV 系统中得到了广泛应用。

二、屋外配电装置示例

屋外配电装置的结构型式与主接线、电压等级、容量、重要性有关，也与母线、断路器和隔离开关的类型密切相关。必须注意合理布置，保证电气安全净距，同时还要考虑带电检修的可能性。下面给出几种类型的示例。

1. 中型配电装置

中型配电装置按照隔离开关的布置方式，可分为普通中型和中型分相两种。

（1）普通中型配电装置。图 8 - 7 为 220kV 双母线进出线带旁路、合并母线架、断路器单列布置的中型配电装置。采用 GW4—220 型隔离开关和少油断路器，除避雷器外，

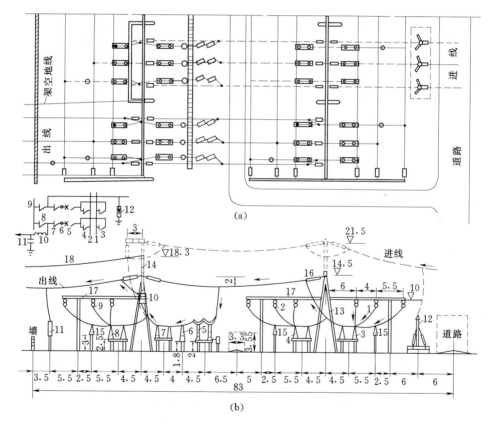

图 8 - 7 220kV 双母线进出线带旁路、合并母线架、
断路器单列布置的中型配电装置（尺寸单位：m）
（a）平面图；（b）断面图
1、2、9—母线Ⅰ、Ⅱ和旁路母线；3、4、7、8—隔离开关；5—少油断路器；
6—电流互感器；10—阻波器；11—耦合电容器；12—避雷器；
13—中央门形架；14—出线门形架；15—支柱绝缘子；
16—悬式绝缘子串；17—母线构架；18—架空地线

所有电器都布置在2~2.5m高的基础上。主母线及旁路母线的边相距隔离开关较远，故在引下线设支柱绝缘子15。图中虚线表示的主变进线要跳高跨线布置。

普通中型的优点是：布置比较清晰，不易误操作；运行可靠，施工和维修都较方便；构架高度较低，所用钢材较少，造价低；经过多年实践已积累了丰富的经验。其最大缺点是占地面积较大，一般110~220kV很少采用（仅在地震烈度为8度以上或土地贫瘠地区采用）。

（2）中型分相布置。所谓分相布置即指隔离开关是分相直接布置在母线正下方。图8-8为500kV、3/2接线、中型分相布置的进出线断面图。采用硬管母线和单柱式隔离开关（又称剪刀式），可减小母线相间的距离，降低构架高度，减少占地面积，减少母线绝缘子串数和控制电缆长度。并联电抗器布置在线路侧，可减少跨线。

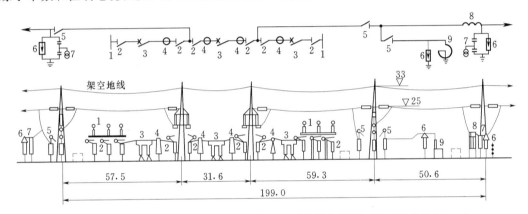

图8-8　500kV、3/2接线、中型分相布置的进出线间隔断面图（尺寸单位：m）
1—管形硬母线；2—单柱式隔离开关；3—断路器；4—电流互感器；5—双柱伸缩式
隔离开关；6—避雷器；7—电容式电压互感器；8—阻波器；9—高压并联电抗器

断路器采用三列布置，一、二列间布置出线，二、三列间布置进线，接线布置简单、清晰。在每一间隔中设置两条相间纵向通道，在两组管形母线外侧各设一条横向车道，构成环行通道。为满足检修机械和带电设备的安全净距和降低静电感应场强，抬高了所有设备的支架，使最低瓷裙对地距离也大于4m。

2. 半高型配电装置

图8-9为110kV单母线、进出线带旁路、半高型布置的配电装置进出线间隔断面图。其主要优点是：①旁路母线与出线断路器、电流互感器重叠布置，能节省占地面积（约比中型减少30%）；②旁路母线及隔离开关布置在上层，因不经常带电运行，运行和检修的困难相对较小，而常带电运行的主母线及其他电器的布置和普通中型相同，检修运行都比较方便；③由于旁路母线与主母线采用不等高布置，实现进出线均带旁路的接线就很方便。

3. 高型配电装置

图8-10为高型布置的220kV双母线、进出线带旁路、三框架、断路器双列布置的进出线间隔断面图。两组主母线重叠布置；旁路母线布置在主母线两侧，并与断路器和电流互感器重叠布置。在同一间隔内可布置两个回路。显而易见，这种布置方式特别紧凑，纵向尺寸显著减小，占地面积一般只有普通中型的50%左右。同时，母线、绝缘子串、控制电缆的用量也比中型少。

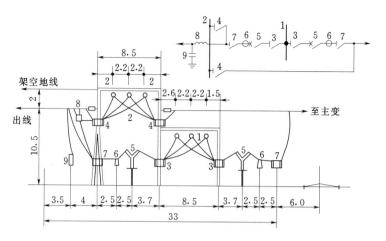

图 8-9 110kV 单母线、进出线均带旁路、半高型布置的
进出线间隔断面图（尺寸单位：m）

1—主母线；2—旁路母线；3、4、7—隔离开关；5—断路器；
6—电流互感器；8—阻波器；9—耦合电容器

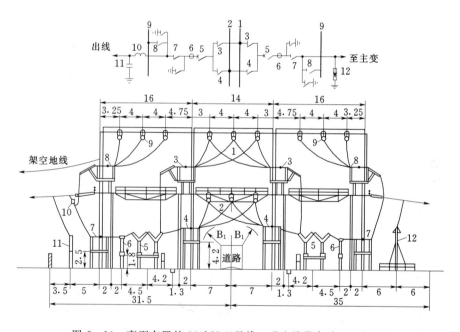

图 8-10 高型布置的 220kV 双母线、进出线带旁路、三框架、
双列断路器的进出线间隔断面图（尺寸单位：m）

1、2—主母线；3、4—隔离开关；5—断路器；6—电流互感器；
7、8—带接地刀闸的隔离开关；9—旁路母线；10—阻波器；
11—耦合电容器；12—避雷器

高型布置方式的主要缺点是：①耗用钢材比中型多，大约多 15％～60％；②操作条件比中型差；③检修上层设备不方便，检修作业要特别仔细，若上层设备瓷件损坏或检修工具落下，可能打坏下层设备。

三、超高压配电装置的特殊问题

超高压配电装置是指 330～750kV 电压等级的配电装置，由于其电压高、容量大、设备外形尺寸大，常采用中型布置。与 220kV 及以下电压等级的配电装置相比，应特别注意以下几点。

1. 内部过电压在绝缘配合中起控制作用

绝缘配合是技术经济的综合问题。220kV 及其以下电压等级的绝缘水平主要由大气过电压数值决定，采用避雷器限制大气过电压。而超高压配电装置的内部过电压很高，设备绝缘和配电装置的间隙主要由内部过电压决定。常用并联电抗器限制工频过电压；用带并联电阻的断路器限制操作过电压；避雷器除能保护大气过电压，必要时也能有效地保护操作过电压。

2. 要注意防护静电感应对人体的危害

在强静电场中人体也会感应出电压。当人体与地接通时，就会产生电流，有时甚至有麻木的感觉。为保证人员的安全，要求感应电压不超过 10kV/m，感应电流不大于 $200\mu A$。为此采取了必要的措施，如用较高的设备支架、大设备周围加金属屏蔽网等。检修时也要考虑感应电压问题。

3. 要满足电晕和无线电干扰允许标准

超高压电力系统电压高，导线表面电场强度超过空气的击穿强度时，导线表面会产生电晕放电。电晕放电将不断发射不同频率的无线电干扰电磁波，同时引起电晕损失。规程要求在 1.1 倍最高工作电压下的晴天夜晚电气设备上应没有可见电晕，1MHz 时的无线电干扰电压不大于 $2500\mu V$。为防止电晕和无线电干扰，超高压配电装置中的导线和母线，大都采用扩径空心导线、多分裂导线或大直径铝锰合金管。

4. 要注意限制噪声

配电装置中的主要噪声源是变压器、电抗器和电晕放电。在设计时应注意变压器等设备与主控制室（网控室）、通信楼等的距离和相对位置，尽量使噪声水平不超过规定值。控制室、通信室的连续噪声级不可大于 65dB，一般应低于 55dB。

5. 要努力节约用地

超高压配电装置电压高，绝缘距离大，占地面积较大。如果采用高型布置，虽可减小占地面积，但构架尺寸太大，结构复杂，对电气设备的正常巡视、操作和维修，都带来不少困难，所以一般采用中型布置。为减少占地面积，可采用 SF_6 组合电器、SF_6 全封闭电器、支持式硬母线配单柱式隔离开关（中型分相）及悬吊式隔离开关等措施。

6. 要合理设置检修和运输通道

超高压配电装置在电力系统中的地位非常重要，各种设备体积庞大，检修时必须动用多种大型器具和车辆。为此，必须留有充裕合理的运输通道。

第五节　发电厂（变电所）电气部分的总体布置

电气设备的总体布置，必须兼顾发电厂和变电所长期安全运行、巡视维修方便、节省土地和建设费用、施工便利和良好的工作环境等各方面要求。由于发电厂在系统中的地位、厂房型式、机组台数、容量以及地形、地质等条件各不相同，因此进行电气设备总体布置设计时，必须根据具体情况，经过深入细致的技术经济比较，才能设计出合理的布置方案。

一、总体布置设计时应考虑的原则

（1）应使电能生产流程各环节（发电机—发电机电压配电装置—升压主变压器—高压配电装置）之间的电气连线尽量短，设备布置尽量紧凑，便于运行人员正常巡视、维护，发生事故时也能迅速及时处理；同时可以节省母线、电缆及相应的构架、沟道，减少占地面积和空间，也减小电能损耗及发生事故的机会。

（2）中央控制室（主控室）应尽量靠近各台发电机组。中央控制室是整个电站的控制中心，运行人员在这里通过各种测量仪表监视电站的运行情况，进行开机、停机、改变机组运行方式以及线路停送电等各项操作，因此应布置在适中的位置，以使至各发电机组的平面距离最短，便于正常巡视和事故处理，同时也可缩短控制电缆长度。布置中央控制室时，还需考虑通风、采光、振动、隔音等问题，为值班人员提供一个良好的工作环境。

水电厂中央控制室一般设置在主厂房的一侧，或者在厂坝之间与主变压器并列布置。火电厂在具有发电机电压配电装置的中型发电厂中，主控制室通常设在发电机电压配电装置的固定端，通过栈桥与汽轮发电机组平面连接；大型火电厂多为机、炉、电单元集中控制方式，有时还需另设一网络控制室。该网络控制室可布置在屋外配电装置附近，也可与首先投产的单元控制室设在一起。

（3）主变压器一般露天布置，尽量靠近主厂房，最好与主厂房的安装场同一高程，以使检修时可以通过敷设的铁轨推进安装场，利用主厂房吊车起吊检修。另外，布置主变压器时，应考虑进、出线方便，周围留有一定的空间，保证良好的通风散热条件，且要符合防火要求。

（4）必须充分利用地形条件和自然环境，结合电站形式、枢纽布置的特点，使电气设备布置合理，并尽量减少土建工程量。

（5）必须考虑在发电初期尽量避免与施工设施的干扰交叉，必要时还应考虑分期过渡的方案。

二、发电机出口母线的布置方式

发电机出口母线的重要性是不言而喻的，必须十分可靠而且应具有良好的运行经济性。目前常用的形式有敞露母线桥、组合导线、电缆和封闭母线等，如图 8-11、图 8-12 所示。

1. 敞露母线桥

敞露母线桥一般为矩形或槽形硬铝母线，因电流较大，母线较长，应按经济电流密度

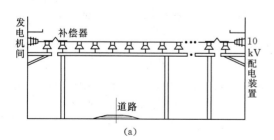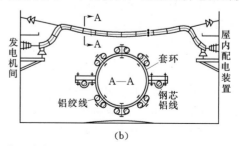

(a)　　　　　　　　　　　　　(b)

图 8-11　母线桥及组合导线布置图

(a) 母线桥；(b) 组合导线

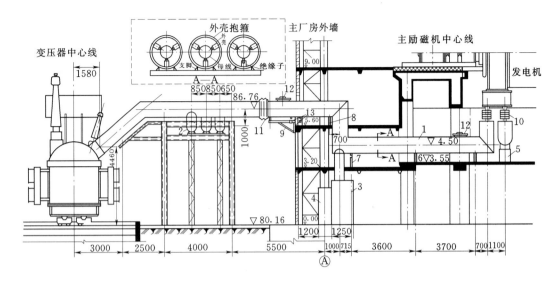

图 8-12　200MW 发电机—变压器全链式分相封闭母线布置图

（尺寸单位：标高为 m，其余为 mm）

1—发电机主回路封闭母线；2—厂用分支封闭母线；3—发电机出口电压互感器柜；
4—避雷器柜；5—中性点电压互感器柜；6、7、8、9—封闭母线支架；
10—电流互感器；11—波纹管；12—检查孔；13—吸潮器

选择母线截面。

2. 组合导线

组合导线由多根软绞线固定在套环上组合而成，悬吊在发电机间和配电装置外墙（或独立门型架）之间。套环用来使各根导线间保持均匀的距离不致互碰且便于散热，一般每隔 0.5～1m 设置一个。通常在环的左右两侧采用 2 根钢芯铝绞线承受应力，其余为铝绞线。

组合导线有集肤效应小，散热好，运行可靠性高，维护工作量小，投资少等优点，同时也便于跨越厂区道路（跨距可达 30～35m）适用于 6～125MW 发电机组的出口。

3. 电缆

因电缆价格贵且电缆头易出故障，采用较少，只在小机组（2.5 万 kW 以下）且总体布置无法采用敞露方式时才使用。

4. 封闭母线

封闭母线的优点前已介绍，目前我国 200MW 及以上大机组的出口母线均采用全链式封闭母线，图 8-12 为一实例图。

主母线采用 $\phi400mm\times12mm$ 管形铝母线，外壳采用厚 7mm 的铝板卷成，直径为 900mm，母线用 3 个支柱绝缘子固定，绝缘子跨距 $L\leqslant4m$，两相中心距为 1.2m。

高压厂用变压器从出口母线上分支。分支母线采用 $\phi130mm\times10mm$ 铝管母线，分支外壳直径 600mm，壳厚 5mm，绝缘子跨短比 4m 小许多（因为分支处短路电流更大）。

发电机出口电压互感器和避雷器柜的连线也同样封闭处理。

母线设有伸缩接头，外壳设置波纹管。外壳在几个地点设有三相短路板并可靠接地。封闭系统中还须有吸潮装置。为便于检查，设有检查孔。

三、水电站总体及电气设备的布置

水电站的形式较多，一般可分为坝后式、引水式、河床式、地下式、坝内式和坝后溢流式等，电气设备的布置受地质条件和枢纽布置影响较大。在大、中型水力发电厂中，发电机电压配电装置的位置通常靠近机组。升压变压器装在主厂房上游侧或下游尾水平台上。这样可使主变压器与发电机的连接导线最短。由于水电厂主坝地面狭窄，开关站通常设置在下游河岸边，用架空线与升压变压器连接；或者设置在房顶上，以减少开挖工程量和便利维护管理。在屋外配电装置中，一般设有网络继电保护室和值班室。

图 8-13 为某坝后式水电站总体及主要电气设备布置图。主厂房中并列布置 8 台发电机组；主变压器则紧靠主厂房安放，220kV 和 110kV 升压开关站都布置在右岸山坡上。

四、火电厂总体及电气设备的布置

火电厂电气设备的布置应注意以下几点：

（1）发电机电压配电装置应靠近发电机。在中等容量发电厂中，发电机电压配电装置紧靠中央控制室，通常与主厂房相隔一段距离，此距离长短取决于循环水进水、排水管道和道路的布置。此时，中央控制室与主厂房采用栈桥连接，即使人员来往方便，也有助于减少中央控制室的噪声。

（2）升压变压器应尽量靠近发电机电压配电装置。在大型电厂中多采用发电机—变压器单元接线，没有发电机电压配电装置，则主变压器应靠近发电机间，以缩短封闭母线的长度。

（3）升压开关站的位置，应保证高压架空线引出方便。

（4）主变压器和屋外配电装置，应设在晾水塔（喷水池）在冬季时主导风向的上方，

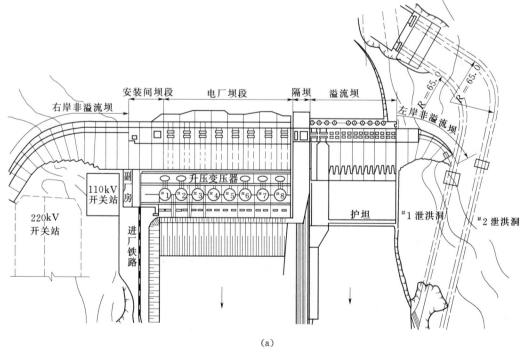

(a)

图 8-13（一）　某坝后式水电站总体电气设备布置图
（a）俯视图

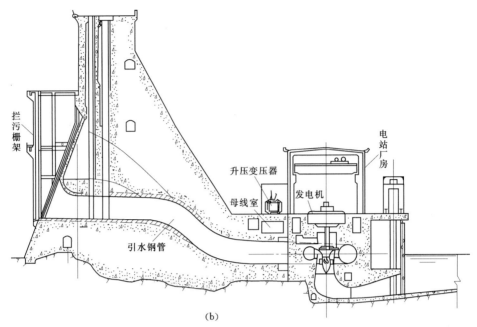

图 8-13（二） 某坝后式水电站总体电气设备布置图

（b）剖面图

且在储煤场和烟囱常年主导风向的上方，并要保持规定的距离，尽量减轻结冰、灰尘和有害气体的侵害。

图 8-14 为凝汽式火电厂生产过程示意图，图 8-15 为火电厂电气设备布置示例。

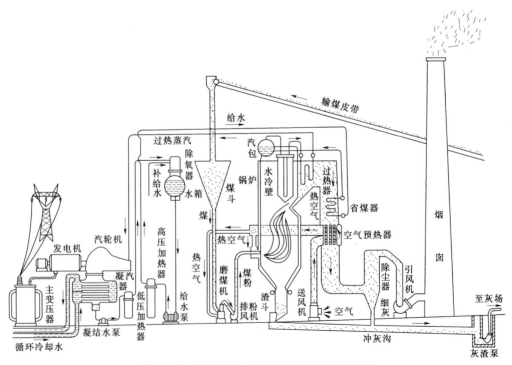

图 8-14 凝汽式火力发电厂生产过程示意图

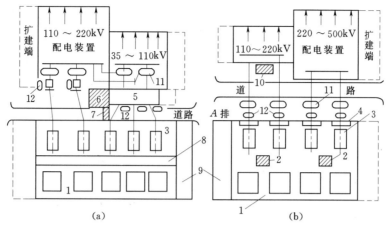

(a)   (b)

图 8-15　火力发电厂电气设施布置示例

（a）有 6～10kV 发电机电压配电装置的布置；（b）单元接线的布置

1—锅炉房；2—机、电、炉集控室；3—汽机间；4—6～10kV 厂用配电装置；
5—6～10kV 发电机电压配电装置；6—电气主控制室；7—天桥；
8—除氧间；9—生产办公楼；10—网络控制室；
11—主变压器；12—高压厂用变压器

五、变电所电气设备总体布置举例

1. 某 220/110/10kV 变电所总体布置

图 8-16 所示为某 220/110/10kV 变电所总布置图。10kV 屋内配电装置与控制楼相连，220kV 和 110kV 屋外配电装置并排一列式布置，一台三绕组主变压器居间露天放置（以后再扩建一台主变）。

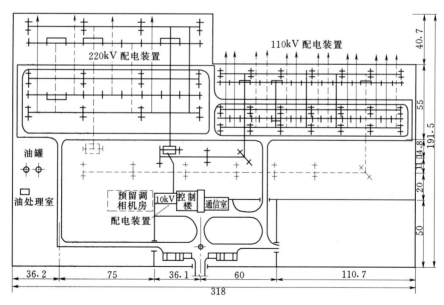

图 8-16　220/110/10kV 变电所总布置图（尺寸单位：m）

2. 某 35/10kV 变电所屋外部分布置

图 8-17 为某 35/10kV 降压变电所主接线图（2 台 SFL—8000/35 主变，两回 35kV

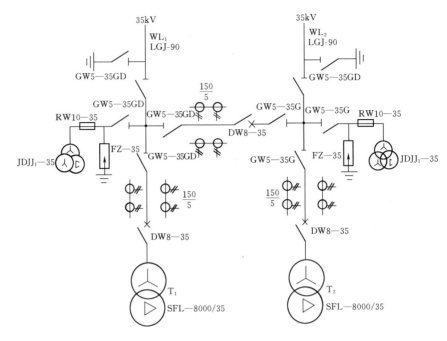

图 8-17 某 35kV 降压变电所电气主接线图（35kV 部分）

进线，外桥式接线）。图 8-18 为其平面布置图和断面图。

表 8-4 给出了各种设备的规格型号，读者可按编号与图 8-18 一一对照。

表 8-4　　　某 35kV 降压变电所户外配电装置设备表（编号参见图 8-18）

编号	名　　称	型号及规格	单位	数　量	备　　注
1	多油断路器	DW8—35，1000A	台	3	附 CD11 操动机构和套管式电流互感器
2	隔离开关	GW5—35G	台	6	附 CS1—G 操动机构（9#）
3	隔离开关	GW5—35GD	台	2	附 CS1—G 操动机构（9#）
4	0°设备线夹	SL1—TL	套	31	
5	45°设备线夹	SL2—TL	套	18	
6	T 形线夹	TL	套	12	
7	耐张绝缘子串	4×（X—4.5）	套	6	
8	电源进线	LGJ—90	m	200	
9	操动机构	GS1—G	套	8	
10	围墙	2.2m 高	m	120	
11	高压限流式熔断器	RW10—35/0.5	只	6	
12	电压互感器	JDJJ₁—35	台	6	
13	避雷器	FZ—35	台	6	
14	变压器	SFL₁—8000/35	台	2	
15	电缆沟		条	2	
16	卵石层		m²	36	
17	结桥母线和 T 形线夹	LJ—90、TL			
18	进线门型架		个	2	

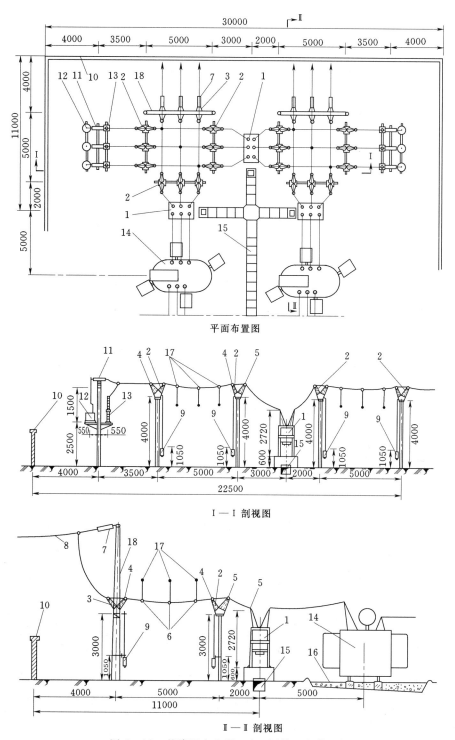

平面布置图

I—I 剖视图

II—II 剖视图

图 8-18 某降压变电所 35kV 屋外配电装置
平面布置及剖面图（单位：mm）

思　考　题

1. 对配电装置有哪些基本要求?
2. 配电装置的安全净距是如何确定的?
3. 屋外配电装置常见的有几种布置方式? 各有什么特点?
4. 超高压配电装置有什么特点?

第九章　发电厂电气设备的控制与信号

第一节　发电厂的控制方式

发电厂的电气设备，有些是就地控制，有些是集中在一起控制。

一、主控制室的控制方式

全厂的主要电气设备都在主控制室进行控制。主控制室为全厂的控制中心，要求监视方便，操作灵活，能与全厂进行联系。图 9－1 为火电厂主控制室的平面布置图。凡需要经常监视和操作的元件，须布置在主环的正面，如发电机和主变压器的控制元件，中央信号装置等；而线路和厂用变压器的控制屏和直流屏及远动屏等均布置在主环的两侧；凡不需要经常监视和操作的屏，如继电保护屏、自动装置屏及电度表屏等则布置在主环的后面。单机容量为 100MW 及以下的火力发电厂和大部分水电厂，一般采用主控制室的控制方式。

主控制室的位置，对于小型发电厂，可设在主厂房的固定端，对于中型的发电厂，则常与 6～10kV 配电装置相连。为了便于操作和事故处理，通常在主控制室与主厂房之间设有连通天桥。

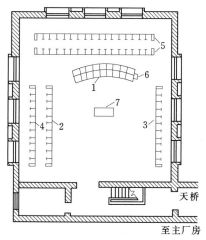

图 9－1　主控制室平面布置图
1—发电机、变压器、中央信号控制屏台；
2—线路控制屏；3—厂用变压器控制屏；
4—直流屏、远动屏；5—继电保护
及自动装置屏；6—同步小屏；
7—值班台

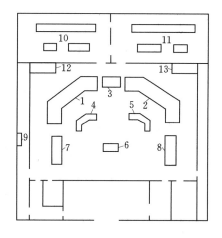

图 9－2　单元控制室平面布置图
1、2—炉、机、电控制屏；3—网络控制屏；
4、5—运行人员工作台；6—值长台；
7、8—发电机辅助屏；9—消防设备；
10、11—计算机；12、13—打印机

二、单元集中控制方式

火力发电厂锅炉与汽机之间蒸汽管道连接系统有两类：一类为母管制系统，即几台锅炉的蒸汽首先送到蒸汽母管上，再由母管分送至各汽轮机；另一类叫单元系统，就是一台锅炉与一台汽轮机单独连接，不同单元之间没有横向联系。这样管道最短，投资较少，管理方便。单机容量 200MW 及以上的大型机组，一般都采用这种方式。对于单元系统机组，宜采用单元集中控制方式。单元集中控制方式又可分为以下两种。

1. 炉、机、电集中控制方式

炉、机、电集中控制的范围，包括主厂房内的锅炉、汽轮机、发电机、厂用电以及与它们有密切联系的制粉、除氧、给水系统等，以便让运行人员注意主要的生产过程。对于主厂房以外的除灰系统、化学水处理系统等，可采用就地控制。

如果主接线比较简单或机组最终台数只有两台时，对升压站及出线等的控制部分可放在单元控制室内，否则，应另设网络控制室。属于网络控制的设备有：联络变压器、高压母线设备、110kV 及以上线路、高压或低压电抗器等。

图 9-2 为两台 600MW 机组、有网控屏的单元控制室的平面布置简图。

2. 炉、机集中控制方式

我国有一部分单元机组采用炉、机集中控制而另将电气部分集中在主控制室内控制的方式。采取炉、机集中控制的原因是，有些老厂原来已有主控制室，扩建时，仍将电气部分集中在主控制室控制，便于统一调度。另外，主控制室环境比单元控制室安静，如电气部分发生事故，分析和处理都比较方便，值长在主控制室更便于组织全厂生产。

随着机组容量的增大与主系统的简化，炉、机、电的关系将更加密切。同时，机组自动化水平正在不断提高，控制机与工业电视已逐渐采用，运行人员的操作技能日益熟练，单元控制室控制方式的优越性越来越显著，因此，单元集中控制方式已成为发展的方向。

第二节　二次接线图

发电厂的控制和信号都属于电气二次系统。本节将介绍二次回路及二次接线图的基本知识。

一、二次接线图及其分类

由二次设备所组成的低压回路称为二次回路。它包括交流电流回路、交流电压回路、断路器控制和信号回路、继电保护回路以及自动装置回路等。

用二次设备的图形符号和文字符号，表明二次设备互相连接的电气接线图称为二次接线图。

二次接线图可分为以下几类：

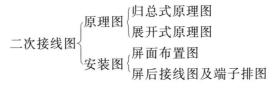

二、二次接线图中常用的图形符号和文字符号

二次接线图中，每个元件须用具有一定特征的图形符号表示出来，并用能表明各种设备或元件名称、类型、功能的文字符号标注在图形旁边，使接线清晰实用，以免发生混淆。

我国根据国际电工委员会（IEC）发布的图形符号和绘图标准，制定了国家标准

GB4728—84、85 详见附录十三。

三、二次接线图的绘制方法

（一）原理图

凡表示动作原理的二次接线图统称为原理图，又分以下两种。

1. 归总式原理图

这种原理图即各元件在图中是用整体形式来表示，如电流继电器的表示图形中，下面是线圈，上面是被线圈控制的触点。

2. 展开式原理图

展开式原理图又简称展开。在展开图中，交流回路与直流回路是互相分开的，同一继电器的线圈和触点也是分开的，并分别用规定的图形和相同的文字符号注明。展开图中有若干条由按钮、触点、线圈和指示灯等连成的回路，图的旁边还有说明各回路作用的文字，可进一步帮助了解回路的动作过程。由于展开图条理清晰，能一条一条地分析和检查，因此在实际工作中应用最多。

（二）安装图

表示二次设备的具体位置和布线方式的图称为安装图。安装图又分屏面布置图、屏后接线图和端子排图。

1. 屏面布置图

按各元件在屏面的安装位置绘制，图中各元件的尺寸和相互距离均要详细注明，以便于在屏上对应位置进行安装。

2. 屏后接线图

屏后接线图更是现场安装不可缺少的图纸。图中每个设备都有一定的代号和顺序号，设备接线柱上也写有标号。此外，每个接线柱还注有明确的去向。这种接线图用于安装和检查，远比原理图方便得多。

（1）设备编号。为了避免混淆，屏上的所有设备都有不同的编号。

（2）回路编号。为了便于安装，二次回路的每一段导线都应加以编号。

（3）端子排编号。凡屏内设备与屏外设备相连时，都要通过一些专门的接线端子，这些接线端子组合起来形成端子排。为了便于接线，端子排应位于屏的左右两侧。

端子排的一侧与屏内设备相连，另一侧用电缆与其他单元或屏的端子排相连。端子排应按下列顺序依次排列：交流电流回路—交流电压回路—信号回路—直流回路—其他回路—转接回路。这样既可节约导线，又利于安装和检查。

（4）相对编号法。在安装接线图上，设备之间的连接并不是以线条直接相连，而是采用一种"相对编号法"来表示。例如：要连接 A、B 两个设备，我们可在 A 设备接线柱上标出 B 设备接线柱的编号；而在 B 设备接线柱上标出 A 设备接线柱的编号。简单说来，就是"A 编 B 的号，B 编 A 的号"，两端互相呼应。

图 9-3 给出了 10kV 线路过电流保护全图，图中采用规定的图形符号和文字符号，用相对编号法表示互相连接关系。认真读懂这一全套二次图，对以后学习各种二次回路会有很大帮助。

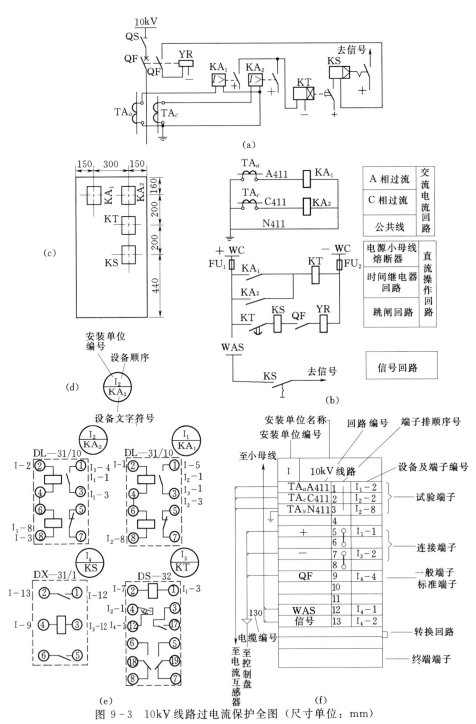

图 9-3 10kV 线路过电流保护全图（尺寸单位：mm）

(a) 原理接线图；(b) 展开接线图；(c) 盘面布置图；(d) 设备标示方法；

(e) 盘后接线图；(f) 端子排图

TA—电流互感器；KA₁、KA₂—电流继电器；KT—时间继电器；KS—信号继电器；

QF—断路器及其辅助触点；YR—跳闸线圈；QS—隔离开关；

WAS—事故音响信号小母线；WC—控制电路电源小母线

第三节 断路器的控制电路

为实现对断路器的控制，必须向断路器的操动机构发出合、跳闸操作命令（电流脉冲）。常用的操动机构有电磁、弹簧、液压及气动等几种形式。

一、对断路器控制电路的基本要求

各种断路器的控制电路会有所不同，但对其基本要求则是一致的。其基本要求如下：

（1）操动机构中的合闸和跳闸线圈都是按短时通电设计的，在完成操作后应立即自动断电，以免烧坏线圈。合、跳闸回路中分别串接入断路器常闭、常开辅助接点，即可在操作完成后自动切断合、跳闸回路，同时为下一步操作做好准备。

（2）断路器既可利用控制开关对其进行手动操作，也可由继电保护和自动装置实现自动操作。

（3）无论断路器是否带有机械闭锁，都应装设防止断路器"跳跃"的电气闭锁装置。

（4）应有反映断路器实际位置的位置信号，同时，自动合（跳）闸与手动合（跳）闸应显示不同的声、光信号。自动合（跳）闸时利用操作手柄位置与断路器实际位置不一致（不对应）来发信号。

（5）应有操作回路断线监视报警，及时发现操作回路的故障，以免事故时断路器不能跳闸。

（6）空气断路器应有气压降低闭锁，弹簧操动机构应有弹簧拉紧与否的闭锁，液压操动机构应有液压降低闭锁等。

（7）分相操作的断路器，应能监视三相位置是否一致。

（8）接线应简单可靠，使用电缆芯数应尽量少。

二、断路器的控制开关

断路器的控制开关是一种万能转换开关，俗称操作把手。

控制开关的种类很多，在发电厂和变电所中广泛使用的是 LW2 系列自动复归式控制开关。它主要由转动手柄和几种不同结构的触点盒组成。其操作手柄安装于屏面，与手柄固定连接的转轴上装有若干节触点盒。触点盒安装于屏后，每节触点盒中有四个固定触点和一个动触点，动触点随转轴转动，盒外有供接线用的四个引出端子。由于动触点的凸轮和簧片的形状以及安装位置不同，构成不同形式的触点盒。触点盒是封闭式的，每个操作开关所装的触点盒型式和节数可根据操作回路的需要随意组合。

LW2 系列转换开关的手柄可以逆时针或顺时针旋转一定的角度（90°或 45°），用限制机构加以定位。操作手柄可以在操作后自动复归（也有不能自动复归的），由自复机构来实现。这种自动复归的操作开关保证了发出跳、合闸命令的触点仅在发出命令瞬时接通。

图 9-4 （a）示出了常用的控制开关（LW2—YZ 型）触点通断情况。图中表明操作开关手柄处在不同位置时各对触点的通断情况，符号"·"表示触点闭合，"—"表示触点断开。

在断路器控制电路中，表示触点通断情况的图形符号如图 9-4 （b）所示。图中六条垂直虚线表示控制开关的六个操作位置，即 PC（预备合闸）、C（合闸）、CD（合闸后）、PT（预备跳闸）、T（跳闸）、TD（跳闸后），水平线为端子引出线，位于垂直虚线上的粗

在"跳闸"后位置的手柄(正面)的样式和触点盒(背面)接线图 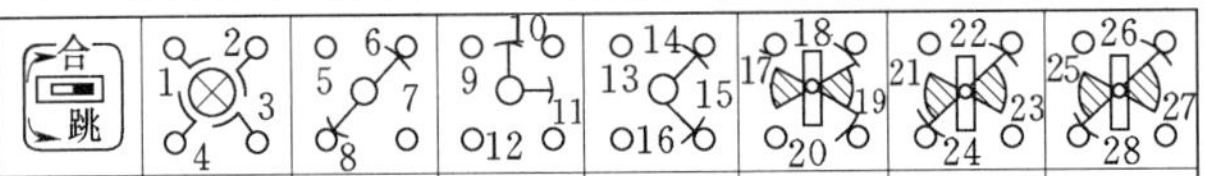	合跳	⊗							
手柄和触点盒型式	F1	灯	1a	4	6a	40	20	20	

触点号 位置	—	1-3	2-4	5-7	6-8	9-12	10-11	13-14	13-16	15-14	18-17	18-19	20-17	23-21	21-22	22-24	25-27	25-26	26-28
跳闸后		•	—	•	—	—	—	—	•	•	—	—	•	—	—	—	—	—	•
预备合闸		—	•	—	•	•	—	•	—	—	—	—	—	—	•	—	•	—	—
合闸		—	•	—	•	•	•	•	—	—	—	•	—	—	•	—	•	—	—
合闸后		•	—	•	—	—	•	—	•	•	—	•	—	—	—	•	—	—	•
预备跳闸		•	—	•	—	—	•	—	•	•	•	—	—	•	—	—	—	•	—
跳闸		•	—	•	—	•	—	•	•	•	•	—	•	•	—	—	—	—	•

(a)

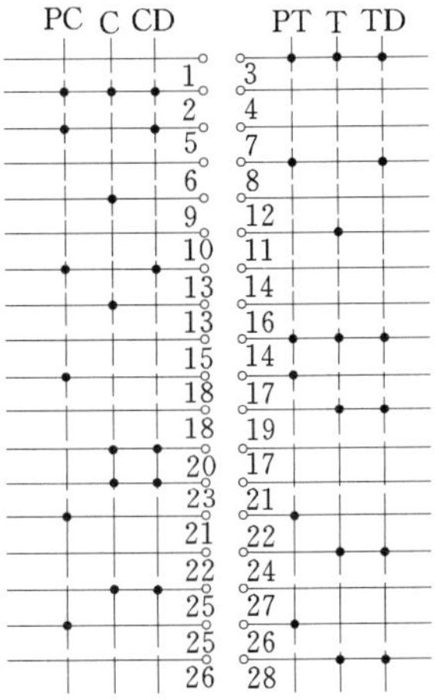

图 9-4 LW2—YZ—1a，4，6a，40，20，20/F₁ 型控制开关触点图

（a）手柄位置及触点盒内触点通断情况；（b）在电路图中触点通断的表示方法

黑点表示该对触点在此位置是闭合的。

三、断路器控制电路

目前所采用的断路器控制电路，按其跳、合闸回路的监视方式不同可分为两类。一类是将位置信号（红、绿灯）直接接在断路器的跳、合闸回路中，红灯亮表示断路在合闸位置，同时表明跳闸回路是完好的；绿灯亮说明断路器在跳闸位置，同时表明合闸回路是完好的。红、绿灯都不亮说明灯坏或者控制回路断线了。这种接线称为双灯制灯光监视的断路器控制电路，广泛用于中小型发电厂和变电站中。另一类是采用位置继电器来监视其跳、合闸回路的完好性，由位置继电器的触点使位置信号灯（单灯）发光，并在跳、合闸回路发生故障（如断线）时，发出音响信号，因此这类接线称为单灯制具有音响监视的断路器控制信号电路，在大中型发电厂和变电站中得到广泛的应用。

图 9-5 所示为单灯制具有音响监视的断路器控制电路。

图 9-5 中，M100（＋）为闪光小母线；M708 为事故音响小母线；700 为信号小母线；SA 为 LW2—YZ—La、4、6a、40、20、20/F1 型控制开关；KCF 为防跳继电器；KCT、KCC 为跳闸位置继电器和合闸位置继电器；M7131 为控制回路断线预告小母线；M711、M712 为预告信号小母线；H 为光字牌。电路动作过程如下：

（1）断路器跳闸后状态。操作开关手柄在跳闸后（TD）位置，断路器处在跳闸状态，此时断路器的常闭辅助触点 QF₁ 闭合，断路器跳闸位置继电器 KCT 线圈带电（此时合闸接触器 KM 也有电，但电流很小不启动），其常开触点 KCT（在位置信号灯回路中）闭合，回路＋700→SA 的触点 15—14→KCT 触点→SA 的触点 1—3（经 SA 手柄内附信号灯）→附加电阻 R→—700 形成通路。手柄内附信号灯发平光。

（2）断路器手动合闸。手动合闸时，控制开关 SA 先置于 PC（预备合闸）位置，SA 的触点 13—14 接通，SA 内附信号灯经过触点 1 和 KCT 触点接于 M100（＋）上，并经触点 3、附加电阻 R 接至—700，此时信号灯闪光。接着将 SA 置于 C（合闸）位置，其触

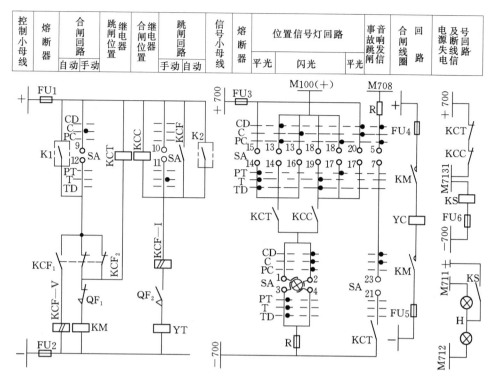

图 9-5　音响监视（单灯制）的断路器控制电路

点 9-12 接通，合闸接触器 KM 线圈通过较大电流，其常开触点 KM 闭合，合闸线圈 YC 通电使断路器合闸。

断路器合闸后，SA 自动复归到 CD（合闸后）位置。断路器常开辅助触点 QF$_2$ 闭合，合闸位置继电器 KCC 线圈通电，其常开触点闭合（跳闸线圈 YT 有电并不启动），回路 +700→SA 的触点 20-17→KCC 触点→SA 的触点 2-4（经 SA 内附信号灯）→附加电阻 R→-700 形成通路。信号灯发平光。

（3）断路器手动跳闸。将 SA 置于 PT（预备跳闸）位置，信号灯经 SA 的触点 18-17、触点 1 及 KCC 的触点接到闪光小母线 M100（+），信号灯闪光。再将 SA 置于 T（跳闸）位置，其触点 10-11 接通，跳闸线圈 YT 流过较大电流，使断路器跳闸。断路器跳闸后，SA 自动复归到 TD（跳闸后），SA 触点 15-14 接通，此时 KCT 触点接通，信号灯发平光。

（4）断路器自动控制。当自动装置动作时，触点 K1 闭合，SA 的触点 9-12 被短接，断路器自动合闸了，而断路器控制开关却仍处于"跳闸后"位置（不对应），回路 M100（+）→SA 的触点 18-19→KCC 触点→SA 的触点 1-3（经 SA 的内附信号灯）→附加电阻 R→-700，形成通路，信号灯闪光。当线路发生短路继电保护动作后，触点 K2 闭合，SA 的触点 10-11 被短接，YT 电流增大使断路器自动跳闸，而断路器控制开关仍处于"合闸后"位置，回路 M100（+）→SA 的触点 13-14→KCT 触点→SA 的触点 2-4（经 SA 的内附信号灯）→附加电阻 R→-700，形成通路，信号灯闪光。同时 SA 的触点 5-7、23-21 和 KCT 的常开触点闭合，接通事故音响小母线 M708，发出事故音响信号。

211

（5）对控制电路及电源的监视。当控制电路电源消失（熔断器 FU1、FU2 熔断或断线）时，KCT、KCC 同时断电，其常开触点断开，信号灯熄灭，其常闭触点闭合，启动信号继电器 KS，其常开触点闭合，接通光字牌 H，发出电源消失及断线预告信号。

当断路器、控制开关均在合闸（或跳闸）位置时，跳闸（或合闸）回路断线时，信号灯会熄灭，光字牌被点亮并延时发出预告音响信号。

（6）防跳闭锁。当同时满足以下两个条件时断路器会发生"跳跃"：①断路器合闸于故障线路；②合闸命令长期保持（由于操作开关的触点或自动装置出口继电器的触点粘住；或操作开关未复归）。所谓"跳跃"是指断路器在继电保护装置的作用下跳闸后马上又合闸，又跳闸……从而使断路器发生多次"跳—合"现象，这会使断路器损坏甚至发生爆炸。因此，在断路器的操作电路中应有防止"跳跃"的电气闭锁装置。

图 9-5 中防跳继电器 KCF 有两个线圈，电流启动线圈 KCF-I 串于跳闸回路中；另一个电压自保持线圈 KCF-V 经自身的常开触点 KCF$_1$ 并联于合闸接触器 KM 回路上，其常闭触点 KCF$_2$ 则串联于合闸回路中。当利用控制开关 SA 的触点 9—12 或自动装置的触点 K1 进行合闸时，如合闸在永久性故障上，保护装置动作，K2 闭合使断路器跳闸。此时电流线圈 KCF-I 通电，其常开触点 KCF$_1$ 闭合（电压线圈 KCF-V 启动并自保持），常闭触点 KCF$_2$ 断开（切断了合闸接触器 KM 回路）。如果此时 K1 接点粘住，断路器也不会再次合闸，起到了防跳的作用。只有人工断开粘住的 K1 接点，使自保持的电压线圈 KCF-V 断电，电路才会恢复原来的状态。

第四节　中央信号系统

一、信号的作用和分类

对运行中的电气设备不仅要通过测量表计监测其工作状态，还要用各种信号显示其运行的正常或异常。发生故障时，除保护装置做出相应的反应外，信号系统能及时告知值班人员相关信息，以便及时进行处理。

用来反应故障和不正常工作状态的信号，通常由音响信号和灯光信号两部分组成。前者用来引起值班人员的注意，后者表明故障和不正常工作状态的性质和地点。音响信号由发声器具（蜂鸣器或警铃）来实现；灯光信号是由装设在各控制屏上的各种信号灯或光字牌（又称示字信号灯）来实现。反映事故或异常（故障）的信号装置设在中央控制室内，属全厂性公用设备，所以也称为中央信号系统。

发电厂的信号除事故信号、预告（故障）信号外，还有位置信号和指挥、联系信号。

1. 事故信号

事故信号是当设备发生事故时，由继电保护或自动装置动作，在使断路器跳闸切除事故点的同时所发出的信号。通常是用蜂鸣器（电笛）发出音响并使相应的信号灯发光。

2. 预告信号

预告信号是在机组及其他主要设备处于不正常（故障）状态时发出的信号，以提醒值班人员及时采取适当措施加以处理，防止故障进一步扩大发展为事故。预告信号采用电铃和光字牌显示。

3. 位置信号

位置信号用来指示设备的运行状态。开关电器的通、断位置状态，机组所处的状态（准备起动状态、发电状态或调相状态）等，均由位置信号表示出来。例如，断路器合闸后红灯亮，跳闸后绿灯亮就是位置信号（又称为状态信号）。

4. 指挥信号和联系信号

指挥信号用于主控制室向各车间控制室发出操作命令。如向机炉控制室发"注意""增负荷""减负荷""停机"等命令。联系信号用于各控制室之间的联系。

二、弱电信号系统

信号回路按其电源可分为强电信号回路和弱电信号回路。我国以前采用较多的以冲击继电器为核心的中央信号属于强电信号系统，它有很多缺点，如反映信号不完善，动作次数有限，只能接受十几个信号，与计算机监控系统连接不方便等。下面介绍一种新型的弱电信号系统。

新型信号装置均采用模块式结构，根据工程需要，可选几个或几十个灯光盒、一个或两个音响盒，组成不同规模的模块式中央信号系统。

图 9-6 是由集成电路和微型中间继电器构成的模块式中央信号系统。图中二进制元件均为正逻辑约定，即高 H 电平对应逻辑 1 态，低 L 电平对应逻辑 0 态。

信号系统动作过程如下：

当一次系统中发生故障时，继电保护动作，其出口继电器的常开触点 KCO1 闭合，继电器 K 线圈通电，事故信号模块 1 中的或门 D1 和与门 D8 有高电平输入，或门 D1 输出高电平，经延时元件 D2（延时可调）延时后分别启动单稳元件 D3、与门 D8 及与门 D6。此时与门 D8 输出高电平，S2 的常开触点闭合，一方面启动自动监测装置（事件记录器）；另一方面启动成组信号。D3 输入高电平后立即翻转，输出的低电平一方面输入至双稳元件 D4；另一方面启动音响信号模块，发出音响信号。

在音响信号模块Ⅲ中，或门 D1 输出低电平，使双稳元件 D2 输出高电平，使电子开关 S 闭合，启动蜂鸣器 HAU1。事故信号模块Ⅰ中，双稳元件 D4 输入低电平翻转后，将其输出的高电平送至与门 D5 并反相后，送至与门 D6。与门 D5 的另一输入端为闪光源，使其输出为间断信号，与门 D6 输出为低电平，二者作为或门 D7 的输入，使或门 D7 输出为间断信号，从而使模块Ⅰ中的电子开关 S1 时闭时断，使红色信号灯 RD 闪光。

按下模块Ⅲ中的音响解除按钮 SB1，模块Ⅲ中启动音响的双稳元件 D2 复归，电子开关 S 打开，音响停止；按下模块Ⅰ中的复归按钮 SB1，Ⅰ中的双稳元件 D4 复归，使其输出低电平，与门 D5 也随其输出低电平。与门 D6 因有两个高电平输入，则输出高电平，经或门 D7 使电子开关 S1 持续闭合，红色信号灯 RD 发平光。

事故消失，继电保护出口继电器触点 KCO1 断开，与门 D8 输出低电平，自动切除送往自动监测装置的信号，与门 D6 也输出低电平，红色信号灯 RD 熄灭，模块Ⅰ复归。

预告信号模块Ⅱ与事故信号模块结构相同，动作原理也相同，不同的是预告信号模块延时较长，信号灯颜色为橘黄色（YE）。

若干个信号模块公用一套试验按钮 SB、一套音响模块和闪光模块。当按下试验按钮 SB 时，因为与门 D8 此时只输入一个高电平信号，因而输出低电平，不能启动自动监测装置及发遥信。

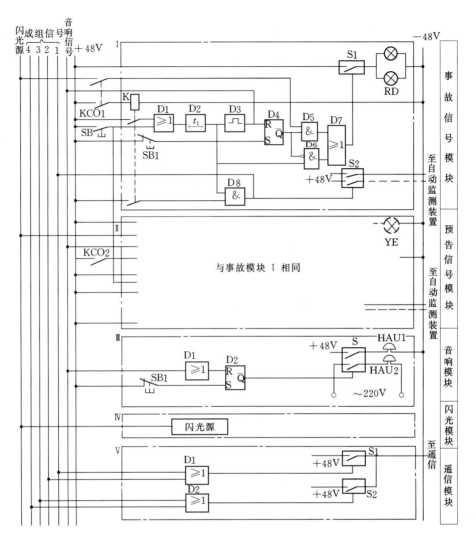

图 9-6　模块式中央信号系统

第五节　发电厂的弱电选线控制

一、弱电选线控制及其优点

在发电厂和变电所的控制和测量系统中，以前多采用强电电源，即用直流220V（或110V）以及交流100V作为电压源，用交流5A电流作为电流源。这就使控制设备和仪表的体积较大，电缆较粗，控制屏台和主控制室也显得庞大，相应的投资也大。为改进这种状况，可采用较低的电压和较小的电流作为操作和信号电源（通常采用直流12V、24V、48V和交流50V电压，1A或0.5A电流），这种方式称为弱电监控。

按开关电器操作方式不同，操作电路分为按对象分别操作和选线操作两类。前者是指一个控制开关对一个操作对象进行的操作，又称为一对一操作。后者则是通过选择操作对象和分组进行操作的方法，在控制台上用较少的操作设备去操作较多的操作对象，又称为一对 n 操作。

选线操作可以是强电也可以是弱电。操作对象不多的发电厂和变电所，多采用一对一操作。当操作对象较多时，采用弱电选线操作会有显著的经济效益。

弱电选线操作按其所采用的逻辑元件不同，分为有触点和无触点两类。前者是利用弱电小开关和有触点的电磁继电器等构成的逻辑电路，对断路器进行操作；后者则是利用无触点器件如半导体器件等为主要逻辑元件所构成的逻辑电路对断路器进行操作。目前还是有触点弱电选线控制在大、中型发电厂中应用较为广泛。

弱电控制中用的弱电电缆很细（线芯仅 $0.8\sim1.0\text{mm}^2$），设备比较小巧，使控制屏台和主控制室面积也较小。控制屏台的结构常用的有两种，一种是控制台与返回屏分开结构，另一种是屏台合一结构。

屏台分开结构由控制台和布置于控制台前的信号返回屏组成，适用于主接线复杂、被控对象较多的情况。控制台上布置选控按钮、控制开关及少量仪表；而信号返回屏上则有全厂电气主接线图，图中断路器和隔离开关等被控对象由灯光信号显示其状态。

屏台合一结构适用于主接线比较简单、被控对象较少的情况。将测量仪表、光字牌等布置在屏台较矮的直立面上，台面上则布置选控按钮、控制开关等元件。此种结构更加紧凑，操作直观方便。

二、断路器弱电有触点选线控制电路

图 9-7 为具有信号返回屏的断路器弱电选控回路。控制对象与其选控按钮一般是一对一的，即每一断路器都有各自的选择按钮；也有采用 #0～#9 按键式选择对象号的。而跳合闸操作是分组进行的，例如将发电机、主变压器和厂用变压器等几台断路器分为一组，将 220kV 若干台断路器分为另一组，将 110kV 断路器分为第三组……，每一组只设一个公用的断路器控制小开关 SA。下面以选线操作断路器 QF_1 为例，介绍选线操作步骤如下：

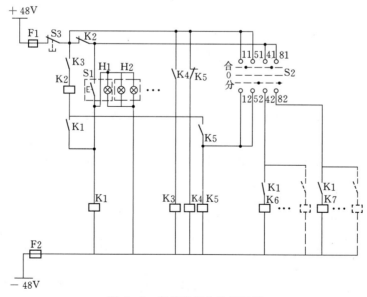

图 9-7　断路器弱电选控回路

215

（1）操作对象选择。先按下对应 QF_1 的选线按钮 S1，按钮内的指示灯 H1 和信号返回屏上的对象灯 H2 点亮。同时对应的选线继电器 K1 动作，并通过自身的常开触点 K1 实现自保持（经触点 K3 和闭锁继电器 K2 实现自保持，操作前复归继电器 K3 的常开触点处于闭合状态）。K1 另外两对常开触点闭合，分别使跳、合闸继电器 K6 和 K7 处于待命状态，等待跳闸或合闸的命令。

（2）对象执行操作。操作公共的控制开关 S2 进行跳闸或合闸操作，合闸操作时，使 S2 手柄向"合闸"方向右旋转 45°，其触点 11－12 和 41－42 接通。触点 41－42 接通合闸继电器 K6，K6 又启动合闸接触器，使断路器合闸。

如断路器原来在合闸状态，需要进行跳闸操作时，将公共控制开关 S2 的手柄向"跳闸"方向左旋转 45°，其触点 51－52 和 81－82 接通。触点 81－82 接通跳闸继电器 K7。由 K7 启动跳闸接触器，使断路器跳闸。

（3）自动复归。在操作完成之后，选线操作回路能够自动复归原状，等待下一个选线操作。在手动合闸过程中，S2 的触点 11－12 接通，使复归继电器 K5 带电，并通过其自身的一对触点实现自保持，另一对常闭触点断开复归继电器 K4，K4 触点又使复归继电器 K3 断电，使常开触点 K3 打开切断选线继电器 K1 的自保持回路，选控回路随着操作的完成自动复归。

（4）对象闭锁。在选线操作中，设有"先选有效"回路，只能选择一个操作对象，防止多台断路器同时进行跳、合闸操作情况发生。在选线操作回路中装设了选线闭锁继电器 K2，起选重闭锁作用。

当 K1 动作并自保持后，闭锁继电器 K2 动作，其常闭触点 K2 断开，切断向本选线操作分组所有的选线按钮供电的电源，以保证每次只选择一个被操作的对象。

（5）误选复归。根据信号返回屏上点亮的对象灯 H2 核对所选择的操作对象是否正确，防止误操作。如发现操作对象选择有误，可重新选择操作对象，先按下复归按钮 S3，切断已选择对象的自保持回路，使选线开关和闭锁继电器复归，然后重新选择操作对象。

第六节　发电厂计算机监控系统

随着发电厂规模和单机容量越来越大，对运行的安全可靠性和经济性提出了更高要求，同时对于运行工况的监视和系统操作控制的要求也越来越严格，需要监视的变量及其相应的数据处理量也越来越多。所有这些复杂而繁重的任务，靠运行人员和老式的控制装置来完成十分困难。目前国内外大中型发电厂均采用计算机监控系统。

一、发电厂中计算机可实现的功能

发电厂应用计算机，一般可实现如下几方面的功能：

1. 自动监测

（1）运行参数监视。对生产过程中的各种参数周期性地进行巡回检测，若发现参数超出正常范围则立即报警、显示、记录。

（2）打印制表。定时打印必要的运行参数，供运行分析，代替运行人员手工抄表。

（3）趋势分析和预报。除随时响应控制对象发生的异常现象外，还可对异常情况的运行趋势进行分析并提出采取相应措施的报告。

2．自动计算

（1）机组最佳运行台数计算。根据发电厂具体条件通过一定的数学模型进行计算，确定最佳的运行机组台数，使电站在最佳工况下运行。

（2）机组功率经济分配计算。根据电力系统的要求和电站具体条件，确定机组间有功和无功功率的经济分配，提高电站运行的经济效益。

（3）其他计算。例如稳定计算、电力电量平衡计算等。

3．自动控制与调节

自动开机和并列，自动解列及停机，运行工况的自动转换，机组有功无功负荷自动调节，自动执行经济调度以及根据系统调度的遥控或遥调指令进行自动控制等。

4．自动事故处理

发电厂出现事故时，计算机能对各参数的变化和各种装置的动作情况进行记录和存储，对事故进行分析和报告。有些情况下能转而执行预先制定好的事故处理程序，自动对事故进行处理。

5．生产的经营管理、统计及其他

根据系统调度命令和设备状况，编制和修改运行计划，核算和分析运行指标、电站的生产管理和办公管理等。

二、计算机监控方式

计算机监控系统由计算机、外围和外部设备及被控制对象构成。生产过程的有关参数，通过外围设备输入计算机，经过计算、分析、判断后，再通过外围设备送到执行机构对生产过程进行控制，或送到外部设备进行打印、制表及显示。图 9-8 给出了微机监控系统的原理框图。

计算机监控系统在发电厂中的早期应用，是实现数据采集和数据处理功能，包括传统

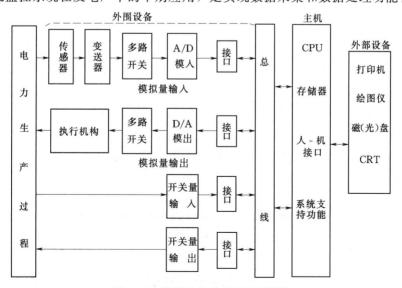

图 9-8　微机监控系统的原理框图

的测量、监视和报警，还可对事件发生的顺序加以分辨，对运行情况进行记录和制表。仅实现了这些最基本的功能，称为数据采集和处理方式。随后发展成开环控制方式，即计算机的输出不直接作用在被控制对象上，而是输出一些数据。运行人员根据这些数据去完成相应的控制和操作。计算机只起运行指导的作用，故这种控制方式又称为运行指导控制方式。

随着计算机技术的发展，发电厂的控制方式由开环发展到闭环的实时控制方式，称监督控制方式。它通过输入通道对被控制对象的有关参数进行采集后，根据生产过程的数学模型由计算机计算出最佳控制数值，通过输出通道直接去改变控制装置的给定值，或直接去完成操作，见图9-9。监督控制方式的计算机处于管理、监视和矫正的地位，一般它不取代常规的自动化装置，但可使它们具有综合功能和自适应能力。计算机退出工作时，常规的自动装置仍然能够独立工作，维持电站的正常运行。这种控制方式的最大优点是避免了不同运行人员按各自经验进行操作时可能造成的误差，从而可使电站和机组处在最佳的运行状态。

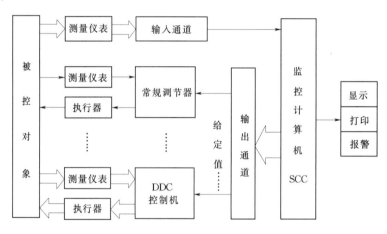

图9-9 监督控制方式
DDC—直接数字控制；SCC—监视控制

发电厂实时控制方式，一般可分为集中控制和分布（集散）控制两种类型。

（1）集中控制型。这是用一台计算机对整个电站进行全面控制，所有的电量及非电量信息，都由这台计算机进行处理，并发出控制命令。这种控制系统的计算机若发生故障，则可能影响整个电站的安全经济运行。

（2）分布控制型。这种控制方式是在计算机成本大大降低、功能大大增强后发展起来的，正在得到广泛的应用。它将整个电站的控制分为两级：全电站管理级和单元控制级。全电站管理级主要负责协调处理全面性的自动化功能，如经济运行、发电控制、安全控制、自动电压控制以及监测和报表等。一般采用高级微型机或小型计算机。基层的控制任务则由单元控制级来完成，它通常按控制对象设置，一般采用微型机。单元控制级能独立完成对控制对象的数据采集、运行监视、控制操作及稳定调节等任务。单元控制器是构成整个控制系统的基础，由于它具有一定的处理能力，能分担全电站管理级的部分处理任务，故可减少控制系统的信息流通量，降低对全站管理级计算机在规模、速度和可靠性方面要求。单元控制级接收全站管理级命令实行对控制对象的控制，而全站管理级则对整个电厂的生产过程进行调度管理和监控。

分布控制系统具有如下优点：

1）工作可靠。由于各个单元互相独立，一个单元控制器故障只影响一个被控对象，不影响全局，故可靠性较高。又因单元控制器具有独立处理能力，所以全站管理级出现故障时仍可维持被控对象的可靠运行。另外，许多数据不必远传到中央主机，减少了长线传输干扰，也使可靠性提高。

2）功能强。由于每台微型机只担负有限的任务，可以充分满足各种要求，从而使整个控制系统的功能增强。此外，多台微型机同时处理，也使整个控制系统吞吐量增大、处理速度加快。

3）便于实现标准化。不同被控对象单元控制级的硬件设备是相同的，这就为实现控制设备的标准化、模块化创造了条件，为设计、制作、安装和维修带来了很大的方便。

4）经济性较好。与集中控制方式相比，可节约控制电缆。另外，单元控制级实现的功能相对来说比较少，处理速度的要求不高，因此可采用性能价格比高的微型机，使控制系统具有较好的经济指标，也可降低以后扩充和修改时的费用。

分布控制系统不仅在发电厂而且在其他领域也得到了广泛的应用。

图9-10为某水电厂计算机监控系统配置图，该厂装机21台，总容量271.5万kW。计算机监控系统是采用按功能划分和按被控对象划分相结合的分布式控制系统，即大江电厂采用按控制对象分布处理方式，而二江电厂采用按功能划分的方案。大江电厂上位计算机采用两台MICRO—VAX—Ⅱ计算机，下位机用微处理机可代替常规控制设备的功能。二江电厂监控系统采用PDP—11/24小型计算机系统加上一些监测、调节和显示记录装置。

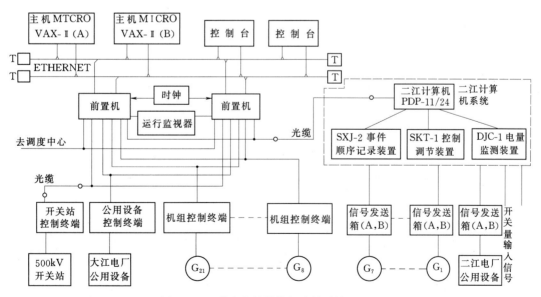

图9-10 某水电站计算机监控系统配置图

思 考 题

1. 发电厂的主要控制方式有哪几种？各有何特点？

2. 二次接线图有哪几种类型？

3. 展开式原理接线图有哪些特点？

4. 音响监视的断路器控制与信号的动作过程如何？

5. 什么是断路器的"跳跃"？断路器防跳闭锁装置是如何构成的？

6. 发电厂弱电选线控制的特点是什么？有何优点？

7. 弱电控制方式中"先选有效"的含义是什么？

8. 发电厂中央信号包括哪些内容？作用是什么？

9. 发电厂中计算机能承担哪些任务？

10. 分布式控制的特点是什么？有何优点？

附录一　架空线及硬母线的技术数据

钢芯铝绞线的结构及技术参数表

附表 1-1

型号类型	标称截面 (mm²)	结构尺寸 根数/直径 (mm) 铝	结构尺寸 根数/直径 (mm) 钢	截面 (mm²) 铝	截面 (mm²) 钢	铝钢截面比	直径 (mm) 导线	直径 (mm) 钢芯	直流电阻 (Ω/km)(20℃)	拉断力 (kg)	弹性系数 (kg·mm²)	线胀系数 1/℃ (×10⁻⁶)	单位重量 (kg/km)	载流量(A) 70℃	载流量(A) 80℃	载流量(A) 90℃
LGJ 普通型	10	6/1.50	1/1.5	10.6	1.77	6.0	4.50	1.5	2.774	367	7800	19.1	42.9	65	77	87
	16	6/1.80	1/1.8	15.3	2.54	6.0	5.40	1.8	1.926	530	7800	19.1	61.7	82	97	109
	25	6/2.20	1/2.2	22.8	3.80	6.0	6.60	2.2	1.289	790	7800	19.1	92.2	104	123	139
	35	6/2.80	1/2.8	37.0	6.16	6.0	8.40	2.8	0.796	1190	7800	19.1	149	138	164	183
	50 (1)	6/3.20	1/3.2	48.3	8.04	6.0	9.60	3.2	0.609	1550	7800	19.1	195	161	190	212
	70	6/3.80	1/3.8	68.0	11.3	6.0	11.40	3.8	0.432	2130	7800	19.1	275	194	228	255
	95	28/2.07	7/1.8	94.2	17.8	5.3	13.68	5.4	0.315	3490	8000	18.8	401	248	302	345
	95 (1)	7/4.14	7/1.8	94.2	17.8	5.3	13.68	5.4	0.312	3310	8000	18.8	398	230	272	304
	120	28/2.30	7/2.0	116.3	22.0	5.3	15.20	6.0	0.255	4310	8000	18.8	495	281	344	394
	120 (1)	7/4.60	7/2.0	116.3	22.0	5.3	15.20	6.0	0.253	4090	8000	18.8	492	256	303	340
	150	28/2.53	7/2.2	140.8	26.6	5.3	16.72	6.6	0.211	5080	8000	18.8	598	315	387	444
	185	28/2.88	7/2.5	182.4	34.4	5.3	19.02	7.5	0.163	6570	8000	18.8	774	368	453	522
	240	28/3.22	7/2.8	228.0	43.1	5.3	21.28	8.4	0.130	7860	8000	18.8	969	420	520	600
	300	28/3.80	19/2.0	317.5	59.7	5.3	25.20	10.0	0.0935	11100	8000	18.8	1348	511	638	740
	400	28/4.17	19/2.2	382.4	72.2	5.3	27.68	11.0	0.0778	13400	8000	18.8	1626	570	715	832
LGJQ 轻型	150	24/2.76	7/1.8	143.6	17.8	8.0	16.44	5.4	0.207	4150	7400	19.8	537	318	389	447
	185	24/3.06	7/2.0	176.5	22.0	8.0	18.24	6.0	0.168	5110	7400	19.8	661	359	442	509
	240	24/3.67	7/2.4	253.9	31.7	8.0	21.88	7.2	0.117	7120	7400	19.8	951	446	553	638
	300	24/3.97	7/2.6	297.8	37.2	8.0	23.70	7.8	0.0997	8630	7400	19.8	1116	485	602	695
	300 (1)	24/3.98	7/2.6	298.6	37.2	8.0	23.72	7.8	0.0994	8360	7400	19.8	1117	491	610	707

型号类型	标称截面 (mm²)	结构尺寸 (mm) 根数/直径 铝	结构尺寸 (mm) 根数/直径 钢	截面 (mm²) 铝	截面 (mm²) 钢	铝钢截面比	直径 (mm) 导线	直径 (mm) 钢芯	直流电阻 (Ω/km)(20℃)	拉断力 (kg)	弹性系数 (kg·mm²)	线胀系数 1/℃ (×10⁻⁶)	单位重量 (kg/km)	载流量 (A) 70℃	载流量 (A) 80℃	载流量 (A) 90℃
LGJQ 轻型	400	54/3.06	7/3.0	397.1	49.5	8.0	27.36	9.0	0.0748	11100	7400	19.8	1487	573	716	829
	400 (1)	24/4.60	7/3.0	398.9	49.5	8.0	27.40	9.0	0.0744	10700	7400	19.8	1491	582	729	847
	500	54/3.36	19/2.0	478.8	59.7	8.0	30.16	10.0	0.0620	13900	7400	19.8	1795	639	802	929
	600	54/3.70	19/2.2	580.6	72.2	8.0	33.20	11.0	0.0511	16200	7400	19.8	2175	714	900	1040
	700	54/4.04	19/2.4	692.2	86.0	8.0	36.24	12.0	0.0429	19400	7400	19.8	2592	790	995	1150
LGJJ 加强型	150	30/2.50	7/2.5	147.3	34.4	4.3	17.50	7.5	0.202	6170	8370	18.2	677	326	400	460
	185	30/2.80	7/2.3	184.7	43.1	4.3	19.60	8.4	0.161	7200	8370	18.2	850	373	460	530
	240	30/3.20	7/3.20	241.3	56.3	4.3	22.40	9.6	0.123	9410	8370	18.2	1110	437	542	626
	300	30/3.67	19/2.2	317.4	72.2	4.4	25.68	11.0	0.0937	12500	8330	18.3	1446	513	640	743
	400	30/4.17	19/2.5	409.7	93.3	4.4	29.18	12.5	0.0726	16100	8330	18.3	1868	596	750	873

附表 1−2　用钢芯铝绞线数设的架空线路的感抗和电阻

导线型号	LGJ-35	LGJ-50	LGJ-70	LGJ-95	LGJ-120	LGJ-150	LGJ-185	LGJ-240	LGJ-300	LGJ-400	LGJJ-300	LGJJ-400
电阻 (Ω/km)	0.91	0.63	0.45	0.33	0.27	0.21	0.17	0.131	0.105	0.078	0.105	0.078
线间几何均距 (m)　线路电抗 (Ω/km)												
2.0	0.403	0.392	0.382	0.371	0.365	0.358	—	—	—	—	—	—
2.5	0.417	0.406	0.396	0.385	0.379	0.372	—	—	—	—	—	—
3.0	0.429	0.418	0.408	0.397	0.391	0.384	0.377	0.369	—	—	—	—
3.5	0.438	0.427	0.417	0.406	0.400	0.393	0.386	0.378	—	—	—	—
4.0	0.446	0.435	0.425	0.414	0.408	0.401	0.394	0.386	—	—	—	—
4.5	—	—	0.433	0.422	0.416	0.409	0.402	0.394	0.404	0.396	0.402	0.393
5.0	—	—	0.440	0.429	0.423	0.416	0.409	0.401	0.409	0.400	0.407	0.398
5.5	—	—	—	—	0.429	0.422	0.415	0.407	0.414	0.406	0.412	0.403
6.0	—	—	—	—	0.435	0.425	0.420	0.413	0.418	0.409	0.417	0.408
6.5	—	—	—	—	—	0.432	0.425	0.420	0.422	0.414	0.421	0.412
7.0	—	—	—	—	—	0.438	0.430	0.424	0.425	0.418	0.424	0.416
7.5	—	—	—	—	—	—	0.435	0.428	—	—	—	—
8.0	—	—	—	—	—	—	—	0.432	—	—	—	—
8.5	—	—	—	—	—	—	—	—	—	—	—	—

附表 1-3　用钢芯铝线敷设的架空线路的电纳

导线型号 线间几何均距（m）	LGJ-70	LGJ-95	LGJ-120	LGJ-150	LGJ-185	LGJ-240	LGJ-300	LGJ-400	LGJ-300	LGJ-400
	线路电纳 （S/km）×10^{-6}									
3.0	2.79	2.87	2.92	2.97	3.03	3.10	—	—	—	—
3.5	2.73	2.81	2.85	2.90	2.96	3.02	—	—	—	—
4.0	2.68	2.75	2.79	2.85	2.90	2.96	—	—	—	—
4.5	2.62	2.69	2.74	2.79	2.84	2.89	—	—	—	—
5.0	2.58	2.65	2.69	2.74	2.82	2.85	—	—	—	—
5.5	—	2.62	2.67	2.70	2.74	2.80	—	—	—	—
6.0	—	—	2.64	2.68	2.71	2.76	2.81	2.88	2.84	2.91
6.5	—	—	2.60	2.63	2.69	2.72	2.78	2.84	2.80	2.87
7.0	—	—	—	2.60	2.66	2.70	2.74	2.78	2.77	2.83
7.5	—	—	—	—	2.62	2.67	2.71	2.76	2.73	2.80
8.0	—	—	—	—	—	2.65	2.69	2.73	2.70	2.77
8.5	—	—	—	—	—	—	2.67	2.70	2.68	2.75

附表 1-4　LJ 型铝绞线的技术数据表

额定截面（mm²）	16	25	35	50	70	95	120	150	185	240
50℃的电阻（Ω/km）	2.07	1.33	0.96	0.66	0.48	0.36	0.28	0.23	0.18	0.14
线间几何均距（mm）	线路电抗（Ω/km）									
600	0.36	0.35	0.34	0.33	0.32	0.31	0.30	0.29	0.28	0.28
800	0.38	0.37	0.36	0.35	0.34	0.33	0.32	0.31	0.30	0.30
1000	0.40	0.38	0.37	0.36	0.35	0.34	0.33	0.32	0.31	0.31
1250	0.41	0.40	0.39	0.37	0.36	0.35	0.34	0.34	0.33	0.33
1500	0.42	0.41	0.40	0.38	0.37	0.36	0.35	0.35	0.34	0.33
2000	0.44	0.43	0.41	0.40	0.40	0.39	0.37	0.37	0.36	0.35
室外气温25℃导线最高允许温度70℃时的允许载流量（A）	105	135	170	215	265	325	375	440	500	610

附表 1-5

矩形导体长期允许载流量 (A) 和集肤效应系数 K_f

导体尺寸 h×b (m×m)	单条			双条			三条			四条		
	平放	竖放	K_f	平放	竖放	K_f	平放	竖放	K_f	平放	竖放	K_f
25×4	292	308										
25×5	332	350										
40×4	456	480		631	665	1.01						
40×5	515	543		719	756	1.02						
50×4	565	594		779	820	1.01						
50×5	637	671		884	930	1.03						
63×6.3	872	949	1.02	1211	1319	1.07	1908	2075	1.2			
63×8	995	1082	1.03	1511	1644	1.1	2107	2290	1.26			
63×10	1129	1227	1.04	1800	1954	1.14						
80×6.3	1100	1193	1.03	1517	1649	1.18	2355	2560	1.44			
80×8	1249	1358	1.04	1858	2020	1.27	2806	3050	1.6			
80×10	1411	1535	1.05	2185	2375	1.3						
100×6.3	1363	1481	1.04	1840	2000	1.26	2778	3020	1.5			
100×8	1547	1682	1.05	2259	2455	1.3	3284	3570	1.7	3819	4180	2.0
100×10	1663	1807	1.08	2613	2840	1.42						
125×6.3	1693	1840	1.05	2276	2474	1.28	3206	3485	1.6			
125×8	1920	2087	1.08	2670	2900	1.4	3903	4243	1.8	4560	4960	2.2
125×10	2063	2242	1.12	3152	3426	1.45						

注 载流量系按最高允许温度+70℃，基准环境温度+25℃，无风、无日照计算的。

附表1-6

槽型母线的技术特性（载流量按最高允许温度+70℃计）

高度 h (mm)	宽度 b (mm)	壁厚 c (mm)	弯曲半径 r (mm)	双槽导体截面 (mm²)	铜母线双槽容许电流(A) 25℃	35℃	40℃	铜集肤效应系数 K_f	铝母线双槽容许电流(A) 25℃	35℃	40℃	铝集肤效应系数 K_f	h抗弯 截面系数 W_x (cm³)	惯性矩 I_x (cm⁴)	惯性半径 r_x (cm)	b抗弯 截面系数 W_y (cm³)	惯性矩 I_y (cm⁴)	惯性半径 r_y (cm)	双槽焊成整体时 截面系数 W_{y0} (cm³)	惯性矩 I_{y0} (cm⁴)	惯性半径 r_{y0} (cm)	静力矩 S_{y0} (cm³)	铝母线共振最大允许距离(cm) 双槽实连时或不实连时绝缘子间的	垫片间的或不实连时绝缘子间的
75	35	4	6	1040	2730	—	—	1.02	—	—	—	1.012	10.1	41.6	2.83	2.52	6.2	1.09	23.7	89	2.93	14.1		
75	35	5.5	6	1390	3250			1.04	2670	2350	2160	1.025	14.1	53.1	2.76	3.17	7.6	1.05	30.1	113	2.85	18.4	178	114
100	45	4.5	8	1550	3620			1.038	2820	2480	2280	1.02	22.2	111	3.78	4.51	14.5	1.33	48.6	243	3.96	28.8	205	125
100	45	6	8	2020	4300			1.074	3500	3080	2830	1.038	27	135	3.7	5.9	18.5	1.37	58	290	3.85	36	203	123
125	55	6.5	10	2740	5500			1.085	4640	4080	3760	1.05	50	290	4.7	9.5	37	1.65	100	620	4.8	63	228	139
150	65	7	10	3570	7000			1.126	5650	4970	4580	1.075	74	560	5.65	14.7	68	1.97	167	1260	6.0	98	252	150
175	80	8	12	4880	8550			1.195	6430	5660	5210	1.103	122	1070	6.65	25	144	2.4	250	2300	6.9	156	263	147
200	90	10	14	6870	9900			1.32	7550	6640	6120	1.175	193	1930	7.55	40	254	2.75	422	4220	7.9	252	285	157
200	90	12	16	8080	10500			1.465	8830	7770	7150	1.237	225	2250	7.6	46.5	294	2.7	490	4900	7.9	290	283	157
225	105	12.5	16	9760	12500			1.515	10300	9070	8350	1.285	307	3450	8.5	66.5	490	3.2	645	7240	8.7	390	299	163
250	115	12.5	16	10900	—			1.563	10800	9500	8750	1.313	360	4500	9.2	81	660	3.52	824	10300	9.82	495	321	200

附录二 部分高压断路器技术数据

部分高压断路器技术数据表

型号	额定电压 (kV)	额定电流 (A)	额定开断电流 (kA)	极限通过电流 (kA)		热稳定电流 (kA)					固有分闸时间 (s)	合闸时间 (s)
				峰值	有效值	1s	2s	4s	5s	10s		
SN10—10Ⅰ/630	10	630	16	40			16				0.05	0.2
SN10—10Ⅱ/1000	10	1000	31.5	80			31.5				0.05	0.2
SN10—10Ⅲ/2000	10	2000	43.3	130				43.3			0.06	0.25
SN10—10Ⅲ/3000	10	3000	43.3	130				43.3			0.06	0.2
SN9—10/600	10	600	14.4	36.8				14.4			0.05	0.2
SN8—10/600	10	600	11.6	33	19			11.6			0.05	0.25
SN3—10/2000	10	2000	29	75	43.5	43.5			30	21	0.14	0.5
SN3—10/3000	10	3000	29	75	43.5	43.5			30	21	0.14	0.5
SNA—10G/5000	10	5000	105	300	173	173			120	85	0.15	0.65
SN4—10G/6000	10	6000	105	300	173	173			120	85	0.15	0.65
SN4—20G/8000	20	8000	87	300	173	173			120	85	0.15	0.65
SN5—20G/6000	20	6000	87	300	173	173			120	85	0.15	0.65
SN5—20G/12000	20	12000	87	300	173	173			120	85	0.15	0.65
ZN5—10/630	10	630	20	50				20			0.05	0.1
ZN5—10/1000	10	1000	25	63				25			0.05	0.1
ZN9—10/1250	10	1250	20	50				20			0.05	0.15
ZN13—10/1250	10	1250	31.5	80				31.5			0.06	0.15
LN2—10/1250	10	1250	25	63				25			0.06	0.15
SW2—35/600	35	600	6.6	17	9.8			6.6			0.06	0.12
SW2—35/1000	35	1000	24.8	63.4	39.2			24.8			0.06	0.04
DW8—35/600	35	600	16.5	41	29			16.5			0.07	0.3
DW8—35/1000	35	1000	16.5	41	29			16.5			0.07	0.3
SW3—110G/1200	110	1200	15.8	41				15.8			0.07	0.4
SW4—110/1000	110	1000	18.4	55	32	32			21	14.8	0.06	0.25
SW6—220/1200	220	1200	21	55				21			0.04	0.2
SW7—220/1500	220	1500	21	55				21			0.04	0.15
KW4—330/1500	330	1500	26.2	67					26.2		0.04	
LW—220/3150	220	3150	40	100				40			0.04	0.15
FA2—220/3150	220	3150	40	100				40			0.03	0.09
FA4—550/3150	500	3150	40	125				50 (3s)			0.03	

注 SN—户内少油式；SW—户外少油式；DW—户外多油式；ZN—户内真空式；LN—户内六氟化硫式；LW、FA—户外六氟化硫式；KW—户外压缩空气式；G—改进型。

附录三 部分高压隔离开关技术数据

部分高压隔离开关技术数据表

型 号	额定电压 （kV）	额定电流 （A）	动稳定电流 （kA）	热稳定电流（s） （kA）	附 注
GN6—6T GN8—6T	6	200 400	25.5 52	10 (5) 14 (5)	GN8 型带 穿墙套管
GN6—10T GN8—10T	10	600 1000	52 75	20 (5) 30 (5)	
GN–6	6	400	30	12 (4)	联合设计 新系列
GN—10	10	600 1000	52 80	20 (4) 31.5 (4)	
GN10—10T	10	3000 4000 5000 6000	160 160 200 200	75 (5) 80 (5) 100 (5) 105 (5)	
GN10—20T	20	5000 6000 8000 9000	224 224 224 300	105 (5) 105 (5) 120 (5) 100 (5)	
GN14—20	20	10000 13000			
GN2—35T	35	400 600 1000	52 64 70	14 (5) 25 (5) 27.5 (5)	
GW5—35G、35GD GW5—35GK	35	600 1000	72 83	16 (4) 25 (4)	35GK： 0.25s（分闸）
GW5—60G、60GD GW5—60GK	60	600	72	16 (4)	60GK： 0.30s
GW5—110G、110GD GW5—110GK	110	1000	83	25 (4)	110GK： 0.35s
GW6—220G、220GD	220	1000	50	21 (5)	
GW6—330	330	2000	62	40 (3)	
GW7—110、110D	110	600	55	14 (5)	
GW7—220、220D	220	600 1000 1200	55 83 80	21 (5) 33 (4) 36 (5)	
GW7—330、330D	330	1000 1500	55 67	21 (5) 33.6 (5)	
GW8—35 GW8—60 GW8—110	35 60 110	400 400 600	15	5.6 (5)	中性点隔离开关
GW9—10G	10	200 400 600	15 21 35	7 (5) 14 (5) 19.6 (5)	单极式

注 1. 型号中符号意义：D—带有接地刀，K—快分型。

2. 热稳定电流栏内括号内的数字为热稳定时间（s）。

部分电压互感器技术数据表

型　号	额　定　电　压（kV）			二次额定容量（VA）			最大容量（VA）	重量（kg）
	一次线圈	二次线圈	辅助线圈	0.5级	1级	3级		
JDG6—0.38	0.38	0.1		15	25	60	100	
JDZ—3	3（3/$\sqrt{3}$）	0.1（0.1/$\sqrt{3}$）		30	50	120	200	
JDZ—6	6（6/$\sqrt{3}$）	0.1（0.1/$\sqrt{3}$）		50	80	200	400	
JDZ—10	10（10/$\sqrt{3}$）	0.1（0.1/$\sqrt{3}$）		50	80	200	400	
JDZ—35	35	0.1		150	250	500	1000	
JDZJ—3	3/$\sqrt{3}$	0.1/$\sqrt{3}$	0.1/3	25	40	100	200	
JDZJ—6	6/$\sqrt{3}$	0.1/$\sqrt{3}$	0.1/3	50	80	200	400	
JDZJ—10	10/$\sqrt{3}$	0.1/$\sqrt{3}$	0.1/3	50	80	200	400	
JDZJ—35	35/$\sqrt{3}$	0.1/$\sqrt{3}$	0.1/3	150	250	500	1000	
JDJ—3	3	0.1		30	50	120	240	23
JDJ—6	6	0.1		50	80	200	400	23
JDJ—10	10	0.1		80	150	320	640	36.2
JDJ—13.8	13.8	0.1		80	150	320	640	95
JDJ—15	15	0.1		80	150	320	640	95
JDJ—35	35	0.1		150	250	600	1200	248
JSJB—3	3	0.1		50	80	200	400	48
JSJB—6	6	0.1		80	150	320	640	48
JSJB—10	10	0.1		120	200	480	960	105
JSJW—3	3/$\sqrt{3}$	0.1/$\sqrt{3}$	0.1/3	50	80	200	400	115
JSJW—6	6/$\sqrt{3}$	0.1/$\sqrt{3}$	0.1/3	80	150	320	640	115
JSJW—10	10/$\sqrt{3}$	0.1/$\sqrt{3}$	0.1/3	120	200	480	960	190
JSJW—13.8	13.8/$\sqrt{3}$	0.1/$\sqrt{3}$	0.1/3	120	200	480	960	250
JSJW—15	15/$\sqrt{3}$	0.1/$\sqrt{3}$	0.1/3	120	200	480	960	250
JDJJ—35	35/$\sqrt{3}$	0.1/$\sqrt{3}$	0.1/3	150	250	600	1000	120
JCC—60	60/$\sqrt{3}$	0.1/$\sqrt{3}$	0.1/3		500	1000	2000	350
JCC—110	110/$\sqrt{3}$	0.1/$\sqrt{3}$	0.1		500	1000	2000	530
JCC1—110GY	110/$\sqrt{3}$	0.1/$\sqrt{3}$	0.1/3		500	1000	2000	600
JCC2—110	110/$\sqrt{3}$	0.1/$\sqrt{3}$	0.1		500	1000	2000	350
JCC2—220	220/$\sqrt{3}$	0.1/$\sqrt{3}$			500	1000	2000	250
JCC2—220TH	220/$\sqrt{3}$	0.1/$\sqrt{3}$	0.1		500	1000	2000	1120
YDR—110	110/$\sqrt{3}$	0.1/$\sqrt{3}$	0.1	150	220	440	1200	
YDR—220	220/$\sqrt{3}$	0.1/$\sqrt{3}$	0.1	150	220	400	1200	

注　J—电压互感器（第一字母），油浸式（第三字母），接地保护用（第四字母）；Y—电压互感器；D—单相；S—三相；G—干式；C—串级式（第二字母），瓷绝缘（第三字母）；Z—环氧浇注绝缘；W—五柱三绕组（第四字母），防污型（在额定电压后）；B—防爆型（在额定电压后）；R—电容式；F—测量和保护二次绕组分开。型号后加 GY 为用于高原地区；型号后加 TH 为用于湿热地区。

部分电流互感器技术数据表（一）

型号	额定电流比（A）	级次组合	准确级次	二次负荷 0.2（V·A）	0.5（Ω）	1（Ω）	3（Ω）	5p（V·A）	10p（V·A）	10%倍数 二次负荷（Ω）	10%倍数 倍数	1s热稳定 电流（kA）	1s热稳定 倍数	动稳定 电流（kA）	动稳定 倍数
LA—10	300~400/5	0.5/3 及 1/3	0.5		0.4	0.4	0.6				<10 <10 ≥10		75		135
	600~1000/5		1 3										50		90
LFZJ1—6 3 10	20~200/5 300/5 400/5	0.5/3 及 1/3	0.5 1 3		0.8	1.2 0.8	1						120 80 75		210 140 130
LMC—10	2000,3000/5 4000,5000/5	0.5/0.5 及	0.5 3		1.2	3	2						75		
LMZ1—10	2000,3000/5 4000,5000/5	0.5/D	0.5 D		1.6 2	2.4 3				2 2.4	15				
LCW—35	15~1000/5	0.5/3	0.5 3		2	4	2		4（Ω）	2 2	28 5		65		100
LCWB—35	20~1200/5	0.5/P	0.5 P		2				50			1.3~16.5		3.4~42	
LCWD—110	(2×50)~(2×600)/5	D₁/D₂ 0.5	D₁ D₂ 0.5		1.2					1.2 1.2	20 15		75		130
LCWB6—110B	(2×75)~(2×600)/5	0.2/0.2 P/P	0.2 P	50					50		15	2×11~2×30		2×2.8~2×76	
LCW—220	4×300/5	D/D D/0.5	D 0.5	50	2	4				1.2	30		60		60
LCWB2—220W	(2×200)~(2×600)/5	0.2/0.5 P/P P/P	0.2 0.5 P	50	2				60	2	20	31.5	60	80	

注　L—电流互感器；A—穿墙式；F—复匝式；M—母线型；C—瓷绝缘或瓷箱串级式；W—户外型或防污型（在电压等级后）；Z—浇注绝缘式；D、P—差动保护用；B—保护用和防爆型；J—加大容量（在电压等级后）。

部分电流互感器技术数据表（二）

型　号	额定电流比（A）	级次组合	准确级	二次负荷（Ω）				10%倍数	1s热稳定倍数	动稳定倍数
				0.5级	1级	3级	D级			
LAJ—10 LBJ—10	20，30，40，50/5	0.5/D 及 1/D、 D/D	0.5	1				＜10	120	215
	75，100，150/5		1		1			＜10		
	200/5		D				2.4	≥15		
	300/5	0.5/D 及 1/D、 D/D	0.5	1				＜10	100	180
			1		1			＜10		
			D				2.4	≥15		
	400/5	0.5/D 及 1/D、 D/D	0.5	1				＜10	75	135
			1		1			＜10		
			D				2.4	≥15		
	500/5	0.5/D							60	110
	600～800/5	0.5/D 及 1/D、 D/D	0.5	1				＜10	50	90
			1		1			＜10		
			D				2.4	≥15		
	1000～1500/5	0.5/D 及 1/D、 D/D	0.5	1.6				＜10	50	90
			1		1.6			＜10		
			D				3.2	≥15		
	2000～6000/5	0.5/D 及 1/D、 D/D	0.5	2.4				＜10	50	90
			1		2.4			＜10		
			D				4.0	≥15		
LRD—35	100～300/5	3/D				0.8	3.0			
LRD—35	200～600/5	3/D				1.2	4.0			
LCWD—35	15～1500/5	0.5/D	0.5	1.2	3				65	150
			D		0.8		3	35		
LCWD₂—110	（2×50）～（2×600）/5	0.5/D D	0.5	2					75	130
			D				2	15		
LCLWD₂—220	（4×300）/5	0.5/D D/D	0.5	4					21	38
			D				4	40		

注　1. LRD—35由二次线圈接头改变变化，例如LRD—35，100～300/5；（A—B）～100/5；（A—C）～150/5；（A—D）～200/5；（A—E）～300/5。

　　2. LCWD由一次线圈串、并联改变变比。110kV可得两种变比，220kV可得4种变比。

230

附录六 支柱绝缘子技术数据

支柱绝缘子技术数据表

型 号		额定电压 （kV）	绝缘子高度 （mm）	机械破坏负荷 （kg）
户内	ZA—10—35	10 35	190 380	375
	ZNA—10	10	125	
	ZLA—35	35	380	
	ZB—10—35	10 35	215 400	750
	ZNB—10	10	125	
	ZLB—35—35GY	35	380 445	
	ZC—10	10	225	1250
	ZPC—35	35	400	
	ZD—10—20	10 20	235 315	2000
	ZND—10	10	168	
	ZLD—10—20	10 20	215 315	
	ZNE—20	20	203	3000
户外	ZPB—10	10	180	750
	ZPD—10—35	10 35	210 400	2000
	ZS—10	10	210	500
	ZS—20	20	350	1000
	ZS—35	35	400	400
			420	600、800
			485	1000
	ZS—110	110	1060	300、400、500、800、850
			1200	1500、2000
	ZS—220	220	2100	250、400
	ZS—330	330	3200	400

附录七 穿墙套管技术数据

穿墙套管技术数据表

型 号		额定电压（kV）	额定电流（母线尺寸）（A）	套管长度（mm）	机械破坏负荷（kg）
户内	CLB—10 —35	10	250、400、600 1000、1500	505 520	750
		35	250、400 600、100、1500	980 1020	
	CLC—10 —20	10		620	1250
		20	2000、3000	820	
	CLD—10	10	2000 3000、4000	580 620	2000
	CMD—10 —20	10	（60×6、60×8）	480	2000
		20	（60×8、80×8、80×10）	720	
	CME—10	10	（60×8、80×8、80×10、100×10）	488	3000
	CMF₁—20	20	6000	782	4000
	*CMF₂—20	20	8000（220×210）	600	
	CNR—110	110	600	3050	
户外	CWLB—10 —35	10	250、400、600 1000、1500	230 600	750
		35	250、400 600、1000、1500	1020 1060	
	CWLC—10 —20	10	1000、1500 2000、3000	570 650	1250
		20	2000、3000	880	
	CWLD—10	10	2000、3000 4000	645 685	2000
	*CMWD₂—20	20	4000（220×210）	645	2000
	*CMWF₂—20	20	8000（220×210）	625	4000
	CMWF₁—35	35	6000	942	
	CRL₂—110	110	600、1200	～3700	
	CR—220	220	600、1200	～5500	
	CRQ—330	330	800	7300	

* 括号内数字为母线孔尺寸，mm。

穿墙套管热稳定电流

额定电流（A）	热稳定电流（kA）不小于		额定电流（A）	热稳定电流（kA）不小于	
	铜导体，10s	铝导体，5s		铜导体，10s	铝导体，5s
250	3.8	5.5	1500	23.0	30.0
400	7.6	7.6	2000	27.0	40.0
600	12.0	12.0	2500	29.0	—
1000	18.0	20.0	3000	31.0	60.0

附录八 避雷器技术数据

FZ 系列普通阀型避雷器及 FCZ 系列磁吹避雷器的
电气特性（发电厂、变电所用）

型 号	组合方式	额定电压（kV）	灭弧电压（kV，有效值）	工频放电电压（kV，有效值）不小于	工频放电电压（kV，有效值）不大于	预放电时间 1.5～20μs 的冲击放电电压（kV，幅值）不大于	5、10kA 冲击电流（波形 10/20μs）下的残压（kV，幅值）5 千安下不大于	5、10kA 冲击电流（波形 10/20μs）下的残压（kV，幅值）10kA 下不大于
FZ—3	单独元件	3	3.8	9	11	20	14.5	(16)
FZ—6	单独元件	6	7.6	16	19	30	27	(30)
FZ—10	单独元件	10	12.7	26	31	45	45	(50)
FZ—15	单独元件	15	20.5	42	52	78	67	(74)
FZ—20	单独元件	20	25	49	60.5	85	80	(88)
FZ—30J	组合用元件	—	25	56	67	110	83	(91)
FZ—30	单独元件	30	38	80	91	116	121	(134)
FZ—35	2×FZ—15	35	41	84	104	134	134	(148)
FZ—40	2×FZ—20	40	50	98	121	154	160	(176)
FZ—60	2×FZ—20+FZ—15	60	70.5	140	173	220	227	(250)
FZ—110J	4×FZ—30J	110	100	224	268	310	332	(364)
FZ—110	FZ—20+5×FZ—15	110	126	254	312	375	375	(440)
FZ—154J	4×FZ—30J+2×FZ—15	154	141	306	372	420	466	(512)
FZ—154	3×FZ—20+5×FZ—15	154	177.5	352	441	500	575	(634)
FZ—220J	8×FZ—30J	220	200	448	536	630	664	(728)
FCZ—35		35	40	72	85	108	103	(113)
FCZ—110J		110	100	170	195	265	265	(295)
FCZ—110		110	126	255	290	345	332	(365)
FCZ—154J		154	142	241	277	374	374	(412)
FCZ—154		154	177	330	377	500	466	(512)
FCZ—220J		220	200	340	390	515	515	(570)
FCZ—330J		330	290	510	580	780	740	820

注 括号中数值为参考值。

附录九 10kV NKL 型铝电缆水泥电抗器技术数据

10kV NKL 型铝电缆水泥电抗器技术数据表

型　号	额定电压（kV）	额定电流（A）	额定电抗（％）	通过容量（kV·A）	无功容量（kvar）	一相中当75℃时损耗（W）	稳定性 动稳定电流（A）	稳定性 1s热稳定电流（A）
NKL—10—300—3			3		52	2015	19500	17150
4	10	300	4	3×1734	69.2	2540	19100	17450
5			5		86.5	3680	15300	12600
NKL—10—400—3			3		69.4	3060	26000	22250
4	10	400	4	3×2310	92.4	3625	25500	22200
5			5		115.4	4180	20400	22000
NKL—10—500—3			3		86.5	3290	23500	27000
4	10	500	4	3×2890	115.6	4000	31900	27000
5			5		144.5	5640	24000	21000
NKL—10—600—4			4		138.5	4130	38250	34000
5	10	600	5	3×2470	173.5	5870	30600	28600
6			6		208	6800	22500	24700

注　N—水泥柱式；K—电抗器；L—铝电缆。

附录十 限流式熔断器技术数据

限流式熔断器技术数据表

型　号	额定电压（kV）	额定电流（A）	最大开断容量（MV·A）	最大切断电流（有效值）（kA）	最小切断电流或过电压倍数	备　注
RN1	3 6 10 15	20～400 20～300 20～200 5～40	200		$1.3I_N$	电力线路短路或过电流保护用
RN2	3，6 10，20，35	0.5 0.5	500 1000	85 50，28，17	0.6～1.8（A）	保护屋内 TV
RW10—35	35	0.5	2000	28	≤$2.5U_N$	保护屋外 TV

注　R—熔断器；N—户内；W—户外。

附录十一 XDJ 消弧线圈技术数据

XDJ 消弧线圈技术数据表

额定容量（kVA）	额定电压（kV）	额定电流（A）	各分接头容许电流（A）				
175	6	25～50	25	29.7	35.3	42	50
350	6	50～100	50	59.5	70.5	84	100
300	10	25～50	25	29.7	35.3	42	50
600	10	50～100	50	59.5	70.5	84	100
1200	10	100～200	100	119	141	168	200
275	35	6.2～12.5	6.2	7.3	8.7	10.5	12.5
550	35	12.5～25	12.5	14.9	17.7	21	25
1100	35	25～50	25	29.7	35.3	42	50
2200	35	50～100	50	59.5	70.5	84	100

注　X—消弧线圈；D—单相；J—油浸自冷式。

附录十二 发电机短路电流运算曲线

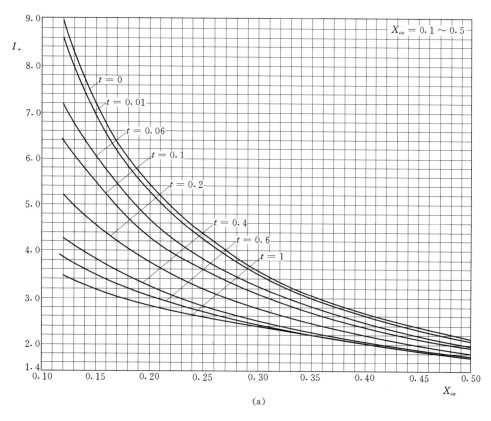

(a)

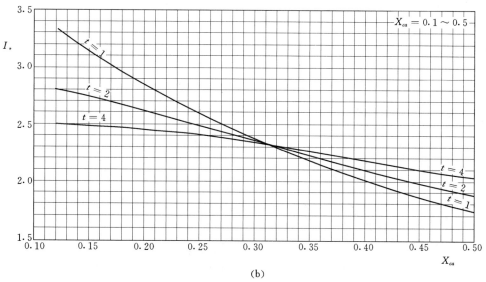

(b)

汽轮发电机运算曲线（一）

(a) $X_{ca} = 0.1 \sim 0.5$，$t = 0 \sim 1s$；(b) $X_{ca} = 0.1 \sim 0.5$，$t = 1 \sim 4s$

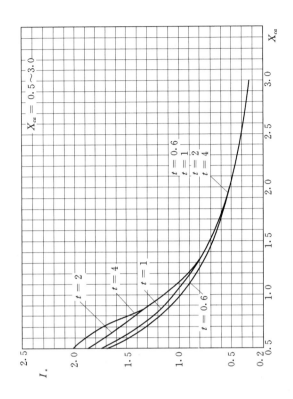

汽轮发电机运算曲线（三）
$X_{ca} = 0.5 \sim 3.0, t = 0.6 \sim 4s$

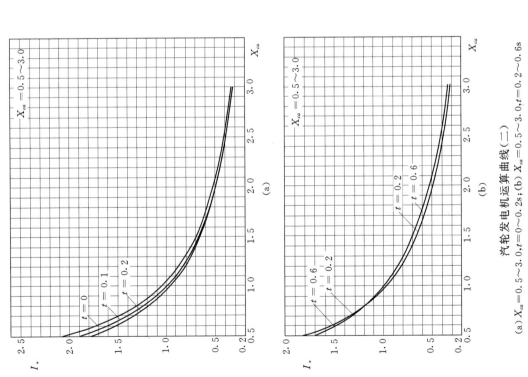

汽轮发电机运算曲线（二）

（a）$X_{ca} = 0.5 \sim 3.0, t = 0 \sim 0.2s$；（b）$X_{ca} = 0.5 \sim 3.0, t = 0.2 \sim 0.6s$

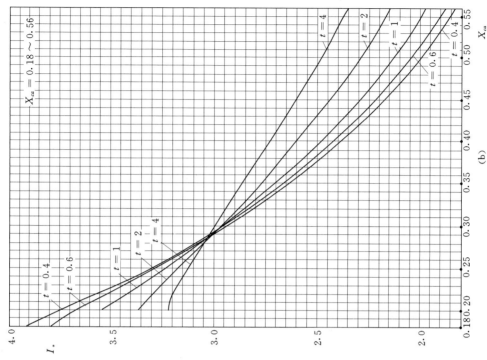

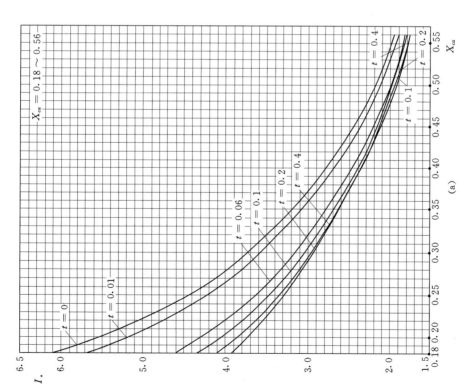

水轮发电机运算曲线（一）

(a)$X_{ca}=0.18\sim0.55,t=0\sim0.4\mathrm{s}$；(b)$X_{ca}=0.18\sim0.55,t=0.4\sim4\mathrm{s}$

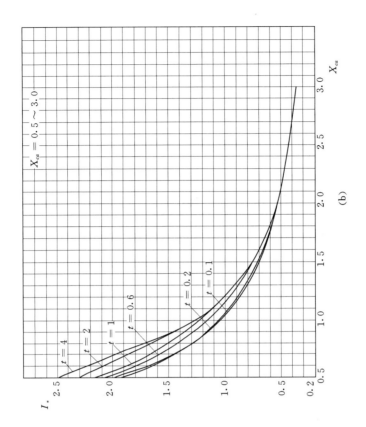

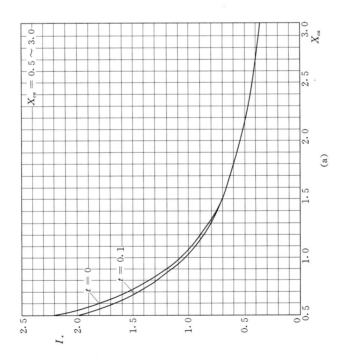

水轮发电机运算曲线（二）

(a) $X'_{ca} = 0.5 \sim 3.0, t = 0 \sim 0.1s$；(b) $X_{ca} = 0.5 \sim 3.0, t = 0.1 \sim 4s$

附录十三 部分常用电气图形符号

部分常用电气图形符号（GB4728—84、85 及 1996～2000）

名称	新符号	旧符号	名称	新符号	旧符号	名称	新符号	旧符号
发电机	Ⓖ	Ⓕ	自耦变压器一般符号		单线 多线	电流互感器、脉冲变压器	或	单线表示 多线表示
电动机	Ⓜ	Ⓓ						
同步发电机	ⒼⓈ	Ⓕ~	星形—三角形连接的三相变压器	或	单线表示 多线表示	电压互感器	或	单线表示 多线表示
同步电动机	ⓂⓈ	Ⓓ~						
并励直流电动机	Ⓜ	Ⓓ						
单相笼型异步电动机	Ⓜ1~		星形—星形连接的三相变压器	或	单线表示 多线表示	具有两个铁芯和两个二次绕组的电流互感器	或	单线表示 多线表示
三相笼型异步电动机	Ⓜ3~							
原电池或蓄电池								
双绕组变压器一般符号	或	单线 多线	由三只单相变压器组成的三相变压器星形—三角形连接	或		在一个铁芯上有两个二次绕组的电流互感器	或	单线 多线
三绕组变压器一般符号	或	单线 多线	电抗器、扼流圈一般符号	或		电感器、线圈、绕组、扼流圈		
						带磁芯（铁芯）连续可调的电感器		

239

续表

名称	新符号	旧符号
电容器的一般符号		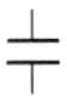
电阻器的一般符号		
可变电阻器	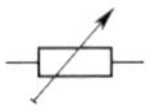	
压敏电阻器	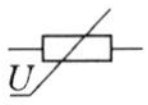	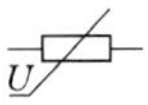
滑线式变阻器	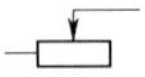	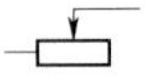
直流		
交流		
三根导线的单线表示		
导线的连接		
导线的多线连接	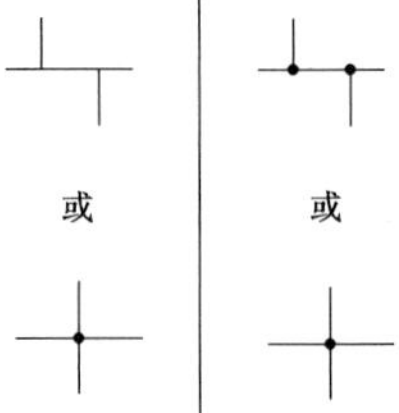	
接机壳或接底板	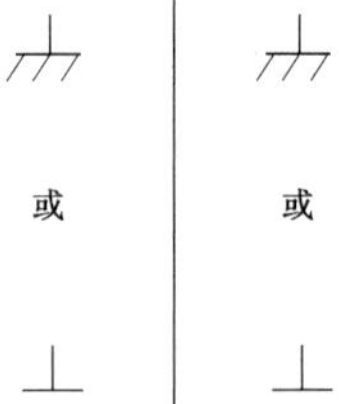	
故障		
闪络、击穿	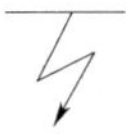	
接地一般符号		
插头和插座	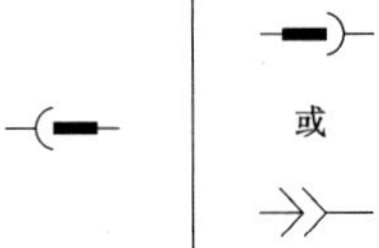	
接通的连接片	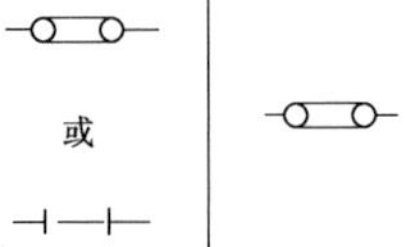	
断开的连接片		
电缆终端头		
断路器		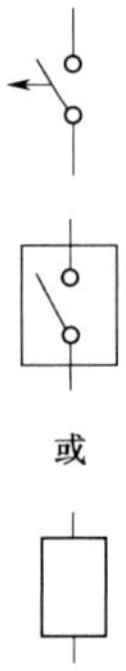
三极断路器	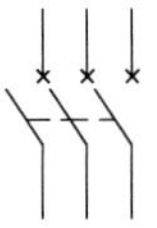	
隔离开关		
三极隔离开关	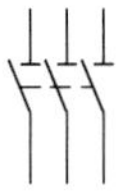	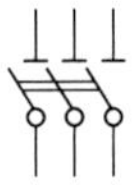
负荷开关		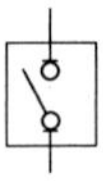
三极负荷开关	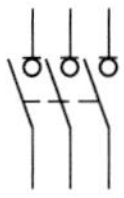	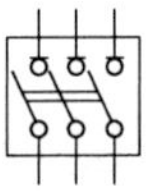

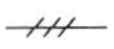

名称	新符号	旧符号	名称	新符号	旧符号	名称	新符号	旧符号
熔断器一般符号			开关一般符号	或	或	旋钮开关、旋转开关动合触点不能自动复位		
带机械连杆的熔断器（撞击式熔断器）			三极开关（单线表示）		或	位置开关和限制开关（动合触点）		或
跌开式熔断器						动合（常开）触点	或	或 或
熔断器式开关			三极开关（多线表示）		或			
熔断器式隔离开关								
熔断器式负荷开关			手动开关一般符号			动断（常闭）触点		或 或
火花间隙		→ ←	动合（常开）按钮且自动复位	E--				
避雷器								
灯的一般符号	⊗	⊗ ⊗	动断（常闭）按钮	E--		先断后合的转换触点		或 或
电喇叭		或	带动断（常闭）和动合（常开）触点的按钮	E--				

241

名称	新符号	旧符号	名称	新符号	旧符号	名称	新符号	旧符号
中间断开的双向转换触点		或	吸合时延时闭合和释放时延时断开的动合触点			继电器和接触器操作器件（线圈）一般符号	或	或
当操作器件被吸合时延时闭合的动合触点			位置开关动断触点		或	缓慢释放继电器线圈		
			热敏开关动合触点注：θ可用动作温度代替	θ	或 t°	缓慢吸合继电器的线圈		
当操作器件被释放时延时断开的动合触点						缓吸和缓放继电器线圈		
			接触器（在非动作位置触点断开）			快速继电器线圈（快吸和快放）		
						交流继电器线圈	~	~
当操作器件被释放时延时闭合的动断触点			接触器（在非动作位置触点闭合）			过流继电器线圈	$I>$	$I>$
						欠压继电器线圈	$U<$	$U<$
						热继电器的驱动元件（发热元件）		
			电流表	Ⓐ	Ⓐ			
当操作器件被吸合时延时断开的动断触点			电压表	Ⓥ	Ⓥ	三相电路中三极热继电器的驱动元件	3 或	
			功率表	Ⓦ	Ⓦ			
			电能表（瓦时计）	Wh	Wh			

名称	新符号	旧符号	名称	新符号	旧符号	名称	新符号	旧符号
半导体二极管一般符号			双向击穿二极管（双向稳压二极管）			无指定形式的三极晶体闸流管		
发光二极管			双向二极管			反向阻断三极晶体闸流管（阴极侧受控）		
光电二极管			PNP 型半导体管			可关断晶体闸流管（阴极侧受控）		
单向击穿二极管（稳压二极管）			NPN 型半导体管					
桥式全波整流器方框符号			集电极接管壳的 NPN 型半导体管			具有 P 型双基极单结半导体管		

243

附录十四　常用电气设备文字符号

文字符号	中　文　名　称	英　文　名　称	旧符号
A	放大器	Amplifier	FD
APD	备用电源自动投入装置	auto – put – into device of Reserve – source	BZT
ARD	自动重合闸装置	Auto – reclosing device	ZCH
C	电容、电容器	(electric) Capacity，Capacitor	C
EW	电笛	Electric whistle	DD
F	避雷器	Arrester	BL
FR	热继电器的热元件		JF
FU	熔断器	Fuse	RD
G	发电机	Generator	F
GN	绿色指示灯	Green indicator lamp	LD
HDS	高压配电所	High – voltage distribution substation	GBS
HA	电铃、蜂鸣器	Trembler	DL，FM
HL	指示灯、信号灯	Indicator lamp，pilot lamp	XD
HSS	总降压变电所	Head step – down substation	ZBC
K	继电器，接触器	Relay，contactor	J，JC
KA	电流继电器	Current relay	LJ
KV	电压继电器	Voltage relay	YJ
KS	信号继电器	Signal relay	XJ
KT	时间继电器	Timing relay	SJ
KM	中间继电器，接触器	Medium relay，contactor	ZJ，JC
KD	差动继电器	Differential relay	CJ
KE	接地继电器	Earthing relay	JDJ
KF	频率继电器	Frequency relay	FJ
KPO	保护出口继电器	protective – out relay	BCJ
KU	冲击继电器	impulsing relay	XMJ
KFL	闪光继电器	Flash – light relay	SGJ
KTE	温度继电器	Temperature relay	WJ
KG	气体继电器	Gas relay	WSJ
KH	热继电器	Heating relay	RJ
KM	接触器	Contactor	C、JC
KO	合闸接触器	Closing operation relay	HC
L	电感	Inductance	L
L	电抗器	reactor	L
M	电动机	Motor	D
N	中性线	Neutral wire	N
PA	电流表	Ammeter	A
PE	保护线	Protective wire	—
PEN	保护中性线	Protective neutral wire	N
PJ	电度表	Watt hour meter	Wh，varh
PV	电压表	Voltmeter	V
Q	电力开关	Power switch	K

文字符号	中 文 名 称	英 文 名 称	旧符号
QF	断路器	Circuit – breaker	DL
QF	低压断路器（自动开关）	Low – voltage circuit – breaker（auto – switch）	ZK
QK	刀开关	Knife – switch	DK
QL	负荷开关	Load – switch	FK
QS	隔离开关	Disconnector	GK
R	电阻	Resistance	R
RD	红色指示灯	Red indicator lamp	HD
RP	电位器	Potential meter	W
S	电力系统	Electric power system	XT
SA	控制开关	Control switch	KK
SA	选择开关	Selector switch	XK
SB	按钮	Push – button	AN
STS	车间变电所	Shop transformer substation	CBS
T	变压器	Transformer	B
TA	电流互感器	Current transformer	LH
TAN	零序电流互感器	Neutral – current transformer	LLH
TV	电压互感器	Potential transformer	YH
U	变流器	Converter	BL
U	整流器	Rectifier	ZL
V	二极管	Diode	D
V	晶体管	Transistor	BG
W	导线，母线	Wire，busbar	L；M
WL	线路	Line	L
WB	母线	Busbar	M
WC	控制电路电源小母线	Control circuit source small – busbar	KM
WF	闪光信号小母线	Flash – light signal small – busbar	SM
WFS	预报信号小母线	Forecast signal small – busbar	YBM
WL	灯光信号小母线	Lighting signal small – busbar	DM
WAS	事故音响信号小母线	Accident sound signal small – busbar	SYM
WO	合闸电路电源小母线	Switch – on circuit source small – busbar	HM
WR	"掉牌未复归"信号小母线		PM
WS	信号电路电源小母线	Signal circuit source small – busbar	XM
WV	电压小母线	Voltage small – busbar	YM
X	电抗	Reactance	X
X	端子板	Terminal strip	—
XB	连接片	Link	LP
YA	电磁铁	Electromagnet	DC
YO	合闸线圈	Closing operation coil	HQ
YR	跳闸线圈	Opening operation coil	TQ

附录十五　常用物理量下角标的文字符号

文字符号	中文名称	英　文　名　称	旧符号	文字符号	中文名称	英　文　名　称	旧符号
a	年	Year（拉丁文 annum）	n	nat	自然的	Natural	zr
a	有功	Active	a，yg	np	非周期	Non‑periodic	$f-zq$
Al	铝	Aluminium	Al	off	断开	off, open	
al	允许	Allowable	yx	oc	断路	Open circuit	dl
av	平均	Average	pj	oh	架空线路	Over‑head line	K
C	电容	Electric capacity	C	ol	过负荷	Over‑load	gh
ca	计算	Calculate	js	op	动作	Operating	dz
cab	电缆	Cable	L	on	闭合	on, close	
cr	临界	Critical	lj	out	输出	output	
Cu	铜	Copper	Cu	p	有功功率	Active power	p
d	需要	Demand	X	p	周期性的	Periodic	zq
d	基准	Datum	B	p	保护	Protect	J
d	差动	Differential	cd	pk	尖锋	Peak	jf
dsq	不平衡	Disequilibrium	bp	q	无功功率	Reactive power	q
E	地，接地	Earth, Earthing	d，jd	qb	速断	Quick break	sd
e	设备	Equipment	S	R	右	Right	
e	有效的	Efficient	yx	re	返回	Returning	f
ec	经济	Economic	ji，j	rel	可靠（性）	Reliability	k
eq	等效的	Equivalent	dx	S	系统	System	XT
es	电动稳定	Electrokinetic stable	dw	s	短延时	Short‑delay	
Fe	铁	Iron	Fe	saf	安全	Safety	
h	高	Height	h	sh	冲击	Shock, impulse	cj，ch
i	电流	Current	i	st	起动	Start	q，qd
ima	假想的	Imaginary	jx	step	跨步	step	kp
in	输入	Input		T	变压器	Transformer	B
k	短路	Short‑circuit	d	t	时间	Time	t
L	电感	Inductance	L	tou	接触	Touch	jc
L	负荷	Load	H	U	电压	Voltage	u
L	灯	Lamp	D	w	接线	Wiring	JX
L	线	Line	L	w	工作	Working	gz
L	左	Left	L	wl	导线、线路	Wire, Line	l
L	低	Low	L	x	某一数值	a number	n
M	电动机	Motor	D	θ	温度	Temperature	$θ$
man	人工的	Manual	rg	Σ	总和	Total, Sum	$Σ$
m	最大	Maximum	m	φ	相	Phase	$φ$
max	最大	Maximum	max	0	零，无，空	Zero, Nothing, Empty	0
min	最小	Minimum	min	0	起始的	Initial	0
N	额定	Nominal	e	0	周围（环境）	Ambient	0
N	中性线	Neutral	O	30	半小时［最大］	30min	30
n	数目	Number	n				

参 考 文 献

1　季一峰. 水电站电气部分. 第二版. 北京：水利电力出版社，1985

2　范锡普. 发电厂电气部分. 第二版. 北京：中国电力出版社，1995

3　王士政. 工矿企业电气工程师手册. 北京：中国水利水电出版社，2001

4　刘万顺. 电力系统故障分析. 北京：水利电力出版社，1986

5　刘从爱，徐中立. 电力工程. 北京：机械工业出版社，1992

6　能源部西北电力设计院. 电力工程电气设计手册. 电气一次部分. 北京：水利电力出版社，1989

7　能源部西北电力设计院. 电力工程电气设计手册. 电气二次部分. 北京：水利电力出版社，1991

8　西安交通大学，电力工业部西北电力设计院，电力工业部西北勘测设计院. 短路电流实用计算方法. 北京：电力工业出版社，1982

9　水电站机电设计手册编写组. 水电站机电设计手册. 电气一次. 北京：水利电力出版社，1982

10　水电站机电设计手册编写组. 水电站机电设计手册. 电气二次. 北京：水利电力出版社，1984

11　西北电力设计院. 发电厂变电所电气接线和布置. 上册. 北京：水利电力出版社，1984

12　楼樟达，李扬. 发电厂电气设备. 北京：中国电力出版社，1998

13　雷践仁，庄日平. 短路电流计算（不对称短路）. 北京：水利电力出版社，1994

14　解广润. 电力系统过电压. 北京：水利电力出版社，1985

15　刘绍俊. 高压电器. 北京：机械工业出版社，1982

16　周文俊. 电气设备实用手册（上、下册）. 北京：中国水利水电出版社，1999

17　赵修民. 电流互感器. 济南：山东科技出版社，1990

18　李光琦. 电力系统暂态分析. 第二版. 北京：中国电力出版社，1995

19　熊泰昌. 电力避雷器的原理、试验与维护. 北京：水利电力出版社，1993

20　本书编委会编. 新编电气工程师实用手册. 北京：中国水利水电出版社，1998

21　肖大雏. 火电厂计算机控制. 北京：中国水利水电出版社，1995

22　华东电机工程学会. 电气设备及其系统. 北京：中国电力出版社，2000

23　长委会设计研究院. 水力发电厂过电压保护和绝缘配合设计技术导则. 北京：中国电力出版社，1999

24　吴希再等. 电力工程. 武汉：华中理工大学出版社，1997

25　王锡凡. 电力工程基础. 西安：西安交通大学出版社，1998

26　蓝之达. 供用电工程. 北京：中国电力出版社，1998